高等学校软件工程专业系列教材

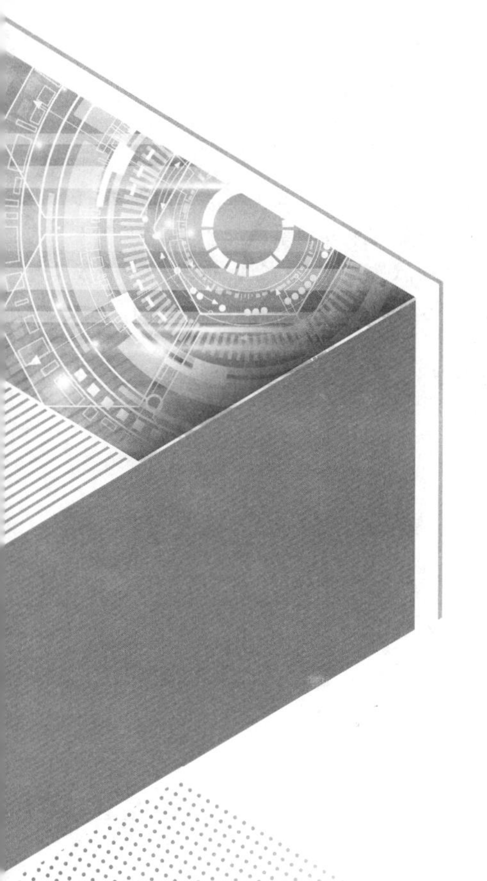

软件需求分析和设计实践指南

◎ 韩雪燕 李楠 孙亚东 陈尘 编著

清華大學出版社
北京

内容简介

本书在全面系统地介绍系统需求分析和设计领域涉及的相关概念，以及概念之间关系的基础上，着重介绍了如何从系统所属组织着手系统需求分析，如何基于系统需求分析的结果开展系统设计，如何基于系统设计的结果开展软件需求分析，以及如何基于软件需求分析结果开展软件设计，并在这一系列软件开发活动中，如何落实国家军用标准相关要求。最后，通过一个网络数据采集系统的系统需求分析、设计和软件需求分析、设计过程，举例说明文中描述方法的具体应用。

本书适合作为军工企业的软件开发人员和软件测试人员的培训教材，同时可作为高等学校计算机、软件工程专业高年级本科生的教材。

图书在版编目(CIP)数据

软件需求分析和设计实践指南/韩雪燕等编著. —北京：清华大学出版社，2021.3（2021.8重印）
高等学校软件工程专业系列教材
ISBN 978-7-302-57095-0

Ⅰ. ①软… Ⅱ. ①韩… Ⅲ. ①软件需求分析－高等学校－教材 ②软件设计－高等学校－教材
Ⅳ. ①TP311.521 ②TP311.1

中国版本图书馆 CIP 数据核字(2021)第 258438 号

责任编辑：黄 芝 薛 阳
封面设计：刘 键
责任校对：徐俊伟
责任印制：宋 林

出版发行：清华大学出版社
网　　址：http://www.tup.com.cn，http://www.wqbook.com
地　　址：北京清华大学学研大厦 A 座　　**邮　　编**：100084
社 总 机：010-62770175　　**邮　　购**：010-83470235
投稿与读者服务：010-62776969，c-service@tup.tsinghua.edu.cn
质量反馈：010-62772015，zhiliang@tup.tsinghua.edu.cn
课件下载：http://www.tup.com.cn，010-83470236
印 装 者：三河市天利华印刷装订有限公司
经　　销：全国新华书店
开　　本：185mm×260mm　　**印　　张**：14.75　　**字　　数**：362 千字
版　　次：2021 年 4 月第 1 版　　**印　　次**：2021 年 8 月第 2 次印刷
印　　数：1501～3000
定　　价：49.80 元

产品编号：088780-01

序

计算机是20世纪改变人类生活的重大科技发明之一，使人类生活步入数字世界。数字化就是将真实世界(物理域)转化后“放入”计算机世界，物理域业务经过数字化后转化为数字域业务。计算机软件成为人与计算机实现业务处理的桥梁，实质上有两个方面的价值：一个是让人处理业务变得更快、更准、更灵活，利用了计算机处理二进制的独特优势；另一个是让人处理业务时更加聪明，能够重复成功，这是因为将物理域进一步转化到认知域，将人类日常积累的一些经验、智慧凝练转化为软件系统的算法、模型。为此，计算机软件行业吸引了大量的优秀研究人员和从业人员。

软件开发是人的智力的高度发挥，不是传统意义上的硬件研制。软件大多存在人们的大脑里或纸面上，它正确与否、是好是坏，很多时候一直要到软件部署运行时才知道。这给软件需求分析、设计开发的管理带来了很大的困难和风险。清华大学郑人杰教授在介绍软件开发面临的严重问题时，特别强调了需求分析的不恰当，用漫画的形式形象表达了系统分析员的设想、分析员的描述、软件人员完成的设计、程序员开发出的产品、用户安装后的系统与用户初始的需求之间可能会出现的很大的差异。用户想要品尝软件产品这块信息化奶酪就必须面对这样的现实难题。

软件需求来源于用户，形成于软件开发人员对需求的开发、理解和表达。软件规格说明是对需求的陈述，既是设计开发的输入，也是测试验证和考核验收的依据。软件需求开发就显得尤为重要。软件需求描述要确保完整、正确/无二义性、前后一致、可追溯、可验证。这些要求大多很好理解，而需求描述的正确/无二义性要求的提出是因为语言表达经常会产生歧义，语言表达的歧义才会出现商场告示争议——“必须抱着狗上电梯”“如果你有狗，那你就必须抱着狗上电梯”“如果你带着狗，那你就必须抱着狗上电梯”，理想的告示应该是“如果你和你的狗一起上电梯，那么你必须抱着狗上电梯”。

软件需求分析还需要关注派生需求和低层需求，这都与软件设计实现相关。派生需求是软件开发过程中产生的附加需求，它不可以直接追踪到更高层需求，例如嵌入式系统需要结合目标机开发中断处理软件，用户从来没有直接提出这样的需求。低层需求是指无须进一步信息，即可编制软件源代码，实际上就是设计实现。用户很多时候是需要关注低层需求的，例如排序是用户的需求，而用户还要参与讨论和审查排序实现的方法。因此，软件设计实现时不仅是基于需求，往往还要高于需求。

本书作者从软件开发和软件测试的多年实践出发，特别是比较系统地介绍了系统需求分析、系统设计、软件需求分析、软件设计的方法和逻辑关系，提供了宝贵的案例，相信对读者是一个很好的借鉴和参考。

GJB 438B 编写组成员、中国人民解放军93216部队　周宏建

前　言

在作者十余年的软件开发工作中，虽然也写过一些软件需求、设计文档，但是因为没有经过这方面的学习与训练，毫无章法，只能将做的工作如实记录下来，那个年代没有严格的软件工程化的标准规范，只要记录下来、逻辑清晰、内容完整即可顺利交差。后来在从事软件测评工作初期，发现做文档审查时，根本无从判断文档内容的正确性，这才醒悟到缺乏软件需求分析、设计的技能是不能胜任软件测评工作的。

于是，拜读了徐锋老师的《软件需求最佳实践》，开启了软件需求分析的启蒙阶段。由于资质愚钝，没有真正理解书中方法，在混沌状态中，有幸两次参加UMLChina首席专家潘加宇老师的培训课，并反复阅读领悟潘加宇老师的《软件方法》(上册)，方才有所顿悟。本书也大量引用了上述两本书的精华内容，在此，向两位老师表示衷心的感谢！

本书共7章，主要内容有：概念与定义；软件开发过程；系统需求分析方法；系统设计方法；软件需求分析方法；软件设计方法；软件开发活动质量评价。

本书的组织结构如下。

(1) 第1章重点阐述系统需求分析和设计活动中涉及的相关概念，这些概念非常重要，是后续章节描述的方法的基础。

(2) 第2章重点阐述软件开发团队中常见的软件开发过程，以及对开发过程中的系统/软件需求分析和设计活动进行了综合性概要说明，目的是建立整体性概念。

(3) 第3～6章是本文的重点内容，分别对系统需求分析、系统设计、软件需求分析和软件设计的方法进行了详细阐述。并将这些活动中应该记录的内容与GJB 438B的要求进行了相关说明。对GJB 438B要求的四个文档模板内容进行了解析，详细说明了按照本文所阐述的需求分析和设计方法开展各项软件开发活动后，落实在GJB 438B的相关章节的具体内容，这些内容基本上都以表格或图(含UML图)的形式体现。

在第3章和第4章中，贯穿了一个案例，案例中选取的组织对象是某个第三方软件测评机构，系统对象是测评机构的测试项目管理系统。案例具体说明了如何从组织的业务用例分析得到系统的用例，如何针对关键需求确定系统设计决策，如何得到系统的概念架构，如何分配系统职责给相应的部件等；详见3.10节和4.4节。

在第3章的3.4.4节，用一个ATM设备的系统用例和一个自动饮料售卖机的系统用例说明系统用例规约的写法，供读者参考。

在第5章的5.4节，用自动饮料售卖机控制软件的用例规约作为例子，读者可以与3.4.4节的系统用例进行比较。

(4) 第7章是基于上述章节描述的需求分析、设计方法，归纳总结了系统需求分析、系统设计、软件需求分析和软件设计活动产出的软件工作产品需要考核评价的内容，并对这些内容的定量评价提供了方便、可操作的方法。

(5) 附录A是一个实例,以网络数据采集系统为例,给出系统规格说明、系统设计说明,以及系统中的一个软件配置项的软件需求规格说明和软件设计说明的主要内容。这个实例的特点是系统由两个软件配置项和一个硬件设备组成,但是硬件设备属于货架产品,无须专门研制,所以在系统设计说明的执行方案章节中可以发现,系统的职责都被分配给了这两个软件配置项。

本书第1～6章由韩雪燕编写;第7章由孙亚东编写,附录A-1、A-2和A-3由李楠编写,附录A-4由陈尘编写。除附录A-4中的UML图外,书中其他UML图均由李楠提供。

本书可作为软件工程技术人员的培训、参考用书,适用于系统能力需求论证人员、系统研制总体单位的系统需求分析人员、系统架构设计人员、软件开发组织的软件需求分析人员、软件设计人员、软件编码人员和软件测试人员以及第三方软件测试机构的测试需求分析人员;也可作为高等学校计算机软件工程专业的本科生教材。

由于编者水平有限,书中不当之处在所难免,欢迎广大同行和读者批评指正。

韩雪燕

2020年8月

目　　录

第1章 概念与定义

1.1 初　　衷

本书致力于从系统性、针对性和实践性三个维度协助软件开发人员解决遇到的问题。

系统性是指本书从系统需求分析、系统设计到软件需求分析和软件设计全过程、全方位详细阐述相关的软件方法。

针对性是指本书紧密结合 GJB 438B 的要求，详细、全面地阐述使用软件方法开展一系列软件开发活动中如何记录符合标准要求的内容。

实践性是指本书列举实践中出现的普遍性错误，通过对这些错误的原因进行分析，引导读者建立正确的概念，并通过模板和实例指导读者正确落实 GJB 438B 的文档化要求。

作者在近十年的专业第三方软件测评工作中，无论是参与软件需求评审，还是指导测试人员开展测试需求分析，发现很多项目的系统规格说明、设计说明和软件需求规格说明、设计说明是不满足 GJB 438B 要求的，大概率出现的问题归纳为以下几类。

1. 不符合能力需求定义的软件功能

此类问题经常表现为以下两种情况。

第一种情况是不知所云的功能，诸如人机交互功能、命令处理功能、网络/串口/CAN 通信功能等，这些貌似功能的东西，掩盖了真实的能力需求。例如，一个控制汽车四个轮子升降的软件，开发人员描述的需求是命令采集功能、命令处理功能、CAN 总线通信功能，从这三个功能完全看不出软件对车轮的控制能力，其真实需求应是人工控制左前轮上升/下降、人工控制左后轮上升/下降、人工控制右前轮上升/下降、人工控制右后轮上升/下降，以及自动控制整车上升/下降。

另一种情况是不完整的功能表述，诸如接收 CAN 总线数据，但是不表述接收数据的用途、目的，导致丢失了真实需求。由于这种情况没有分析清楚接收 CAN 总线数据的真正用途，可能导致软件开发人员拿到这样的需求描述后，往往将数据简单显示或存储了事。

这些问题在系统/软件需求分析中最为常见，其根本原因是不理解什么是能力需求，不掌握系统需求分析的方法，毫无章法地进行系统需求分析。例如，如果系统具备三个能力需求，我们将其三个能力需求比作三幅完整的拼图，正确的需求分析做法是描述每幅拼图的规格；错误的做法是将拼图全部拆散，有的人按拼块的颜色归类描述，有的人按拼块的形状归类描述，有的人按拼块的尺寸归类描述，这样做不仅无法体现完整的功能（三幅拼图），而且使得原本只有一个答案的需求分析结果（三幅拼图），变成每个人都可以随意给出的不同答案。

2. 软件需求与设计混淆

经常听到软件开发组织的人员在需求评审会上抱怨说：专家老说我们的需求写得太粗，你看我们现在写得这么详细，你们又说不能写设计内容。这是典型的将设计域与需求域混淆的概念性错误，需求域是问题域，是提出需要解决的问题；而设计域是解决问题域，是针对需求提出解决问题的方案。因此，需求是问题，找准问题、准确描述问题是关键，不能用粗细衡量问题，更不能直接用解决方案代替问题。

经常看到软件需求文档出现三类错误的 UML 模型：错误的用例图、错误且无用的序列图、无用的带泳道的活动图。

（1）错误的用例图。一是层层分解用例，往往是先画一个软件用例图，然后将其中的每个用例再层层分解为一个个用例，在分解过程中，软件边界居然被定义为用例名称，完全违反 UML 组织对用例图的定义；二是用例串糖葫芦，将多个用例用箭头连接，完全违反 UML 组织对用例关系的定义；三是存在没有主执行者的用例，不知道这种用例在没有激励的情况下如何执行；四是存在大量假用例。每每看到这样的用例图，就好像看到假借面向对象的概念包装面向过程的代码，只能默认看到的不是 UML 图，只是开发人员自创的仿照 UML 图的草图而已。

（2）错误且无用的序列图。错误主要表现为序列图中出现的对象不正确，常见错误的对象有软件、用例、软件的模块等；另一种错误是将序列图的消息完全表述为数据流向，而非职责分配。无用的序列图主要是指序列图经常出现在 CSCI 用例规约表后面，其意图似乎是想用图再次表达对应用例的流程。开发人员没有真正理解序列图的主要用途是对其中的对象分配指责，此时，软件的职责（用例）已经明确，再画序列图已经没有意义了！

（3）无用的带泳道的活动图。说其无用，和序列图一样，出现在用例规约表后面，只是将用例规约表中基本流程、扩展流程的文字描述又用活动图再次表述而已，提供重复的信息，没有实际意义。

3. 无意义的质量因素

质量因素应该是在分析软件功能需求的过程中，随着分析的深入和详细而逐渐发现的，每个系统/软件都应该有与之适合的质量因素。但是，经常看见的某个软件的质量因素是完全与其无关的、或放之四海而皆准的。这样缺少实际意义的质量因素，使得设计和开发人员得不到有效信息。

4. 系统需求是各软件配置项需求的罗列

对系统进行需求分析时，毫无章法，完全没有“系统是个黑盒子”“软件配置项是系统内部的部件、是系统设计的结果”的概念，直接将系统和软件混淆，在系统需求分析阶段就出现软件配置项，以及软件能力需求，导致出现非常严重的问题：系统需求不是需求，而是似是而非的系统设计，系统设计就干脆变身成了软件设计。结果，可想而知，一切需求都是无源之水，一切设计都是无法溯源的。

5. 设计和需求完全脱节

从设计说明文档完全看不出与需求的关系，缺乏明示需求提出的那些关键功能、性能是如何实现的相关内容，完全偏离了“设计是针对需求给出的解决方案”的基本理念。在设计说明内容上表现的主要错误包括：一是对设计决策的要求理解错误，经常是将需求的相关内容再次罗列一番，不理解设计决策是要针对三类关键性需求给出相应的解决对策；二是对体系结构设计要求理解错误，经常是直接冒出处理逻辑、处理流程之类的内容，不理解体系结构设计是需要说明设计了哪些部件、这些部件之间存在的静态关系，以及部件之间如何形成职责链协同工作实现相关的能力需求。

6. 软件设计是一团乱麻

软件开发组织普遍存在两种现象：一是人员流动性大；二是重代码轻文档。完全不将软件开发文档作为组织的重要资产进行管理，其实是开发组织最大的损失。如果有高质量的开发文档，无论是复用上一代源代码还是弃用上一代源代码重新开发，都具备良好的质量基础。如果没有好的设计说明书，每一代程序员都无法理解上一代的源代码，只好在源代码上盲目打补丁。

作者曾经遇到过一个经过多代程序员开发的嵌入式软件，使用测试工具抓取函数调用关系图后，出现惊人的一团乱麻结构，即便是让人刻意设计，都不太可能设计出如此混乱的调用关系。也有一些多代程序员开发的嵌入式软件，出现了多达上百个全局变量。当测试发现了这类软件的缺陷后，无人敢对前辈们编写的代码进行修改。

导致上述一系列问题出现的根本原因，是各类角色的开发人员没有真正掌握系统需求分析和设计方法。这也是导致出现下面三类问题的根本原因。

(1) 为什么按照 GJB 438B 模板不能写出合格的文档？

(2) 为什么许多通过了 GJB 5000A 二级资质认证的软件研发团队写不出合格的符合 GJB 438B 要求的文档？

(3) 为什么对同一个软件，不同的人写的软件需求规格说明完全不一样？

GJB 2786A 和 GJB 438B 只对需要开展的软件开发活动提出了要求，但是作为标准，无须规定开展这些活动的具体方法。所以开发人员仅靠阅读和理解标准是不能从根本上解决问题的。希望本书能够对相关人员有所帮助，帮助读者理清系统需求分析、设计和软件需求分析、设计的脉络，掌握需求分析和设计的基本方法。

1.2 系统/软件需求

1.2.1 需求的分类

系统需求或软件需求包括三类：功能需求、质量因素和设计约束。即系统/软件需求＝功能需求＋质量因素＋设计约束。

需求必须是有所属的，即必须是某个研究对象的需求，本书中的研究对象分为三类：组织、系统和软件配置项(CSCI)。

这三类研究对象之间的关系见图 1-1。

也就是说，组织是由系统和业务工人组成的，即系统是组织的部件[1]；系统是由软件配置项和硬件配置项组成的，即软件配置项是系统的部件；软件配置项是由软件单元组成的，即软件单元是软件配置项的部件。

对每类研究对象而言，其能力需求是指对外部可见的、有价值的一段完整功能。可见，能力需求必须具备以下特性：一是外部视角，是站在研究对象的外面，即研究对象是个黑盒子；二是外部可见性，即从外部视角要看得见，具备可测试性；三是对外提供价值，如果对外没有价值，就不能称其为能力需求。

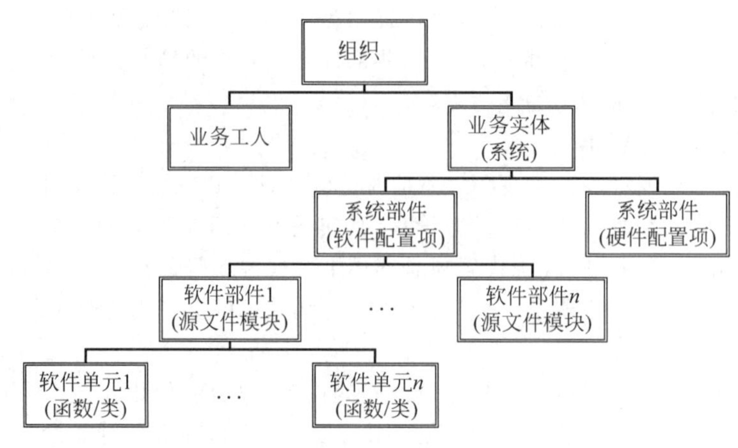

图 1-1　三类研究对象之间的关系

1.2.2　需求的分层

需求根据来源还分为三个层次：业务级需求、用户级需求、开发级需求。这三层需求对应三类与系统相关的涉众，即业务级需求来自出资方，用户级需求来自使用方，开发级需求来自开发方和保障方。

"任何需求都可定位于业务级需求、用户级需求、开发级需求这三个层次的某一层，同时也必属于功能、质量属性、设计约束这三类需求的某一类"[2]。因此，需求是由{层次，类型}构建的二维矩阵，见表 1-1。需求分析人员在对功能、质量因素和设计约束这三类需求进行分析时，一定要明确这些需求属于哪个层次，即来自哪类涉众。

表 1-1　需求矩阵

	功　能	质量因素	设计约束
业务级需求			
用户级需求			
开发级需求			

1.3　涉　众

与系统相关的一个重要概念是涉众，在此我们摒弃常见的用词"用户"，因为用户这个词容易让人产生误解，似乎直接使用系统的人是用户，而其他与系统有关系、会影响系统需求的人就不是用户了。而涉众是指从系统直接或间接得到价值的组织或人，分为以下几类。

(1) 出资方，为系统研制付费的用户。

(2) 使用方，使用系统的用户。

(3) 保障方，支持保障系统的用户。

(4) 开发方，开发系统的用户。

例如，银行的 ATM 系统，决策采购 ATM 系统的是银行高层人员，他们期望得到的价值是降低人员成本；使用 ATM 的是银行储户，他们期望得到的价值是系统提供便捷的银行业务；保障 ATM 正常运行的是银行 IT 技术部门，它们期望得到的价值是远程监控、故障告警及时；开发 ATM 系统的公司期望所开发的 ATM 系统具备各家银行的普适性，能够在改动最少的情况下，对接更多的银行后台系统等。

1.4 组　　织

组织是系统需求分析的第一类研究对象。

组织是指一群特定的人的集合，可以是有法人的组织，也可以是无法人的组织。组织的特征是能够对外部涉众提供有价值的服务（业务用例），组织由业务工人（组织中的人员）和业务实体（组织中使用的系统、设备、设施等）组成。

例如，医院作为组织，由医生、护士、财务人员、行政人员等业务工人，以及医院病历管理系统、医疗设备等业务实体组成。医院对外部涉众（患者）提供的有价值的服务（业务用例）是看病。

因此，从组织的外部视角看，组织是价值（业务用例）的集合，见图 1-2；从组织的内部视角看，组织是业务工人和业务实体的集合，见图 1-3。或者可以说，从组织的外部看，看不到组织内部的分工合作，看到的是组织对外提供的服务；如果想知道组织是如何提供这些服务的，就需要到组织的内部看，能够看到组织内部的人员（业务工人）和系统（业务实体）如何分工协调、各司其职，共同实现对外服务的。

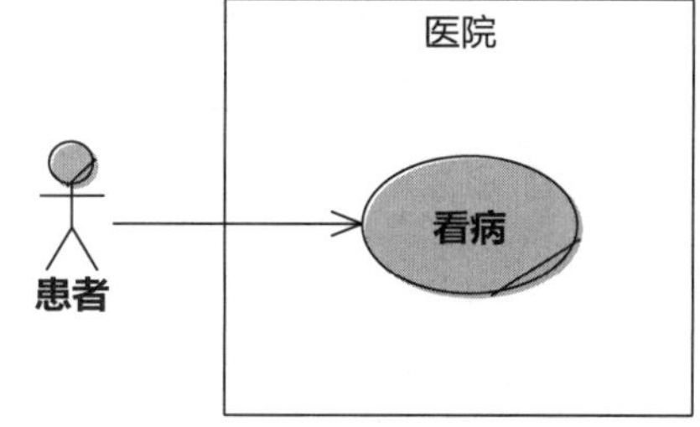

图 1-2　医院的业务用例图

小结：从组织的外部看，组织是价值的集合，使用 UML 用例图对其进行建模；从组织的内部看，组织是系统（包括软/硬件系统和人）的集合，使用 UML 的序列图进行建模。

1.4.1　业务用例

业务用例是组织的价值体现，是（组织外部的）业务执行者希望通过和组织交互获得的、组织能够提供的价值。

业务用例通常用 UML 的用例图表示。业务用例是属于某个组织的，是所属组织的本质价值，很难发生变化。

业务用例是以业务执行者的角度，站在组织的外部，发现组织的价值。此时，组织在业务执行者的眼中，应该是黑盒子，也就是说，业务执行者并不知道组织的内部有哪些角色、哪些系统在为组织工作，更不知道这些角色和系统是如何分工协作实现了业务执行者希望组织为其提供的服务。

综上，UML 用例图表达的组织的业务用例包含以下两层意思。

（1）从组织的外部看，组织是价值的集合。

（2）业务用例代表组织的本质价值，稳定性高，不易于变化。

1.4.2　业务流程

业务流程是业务用例的实现，是指（组织的）每个业务用例，在组织内部的各个系统（含

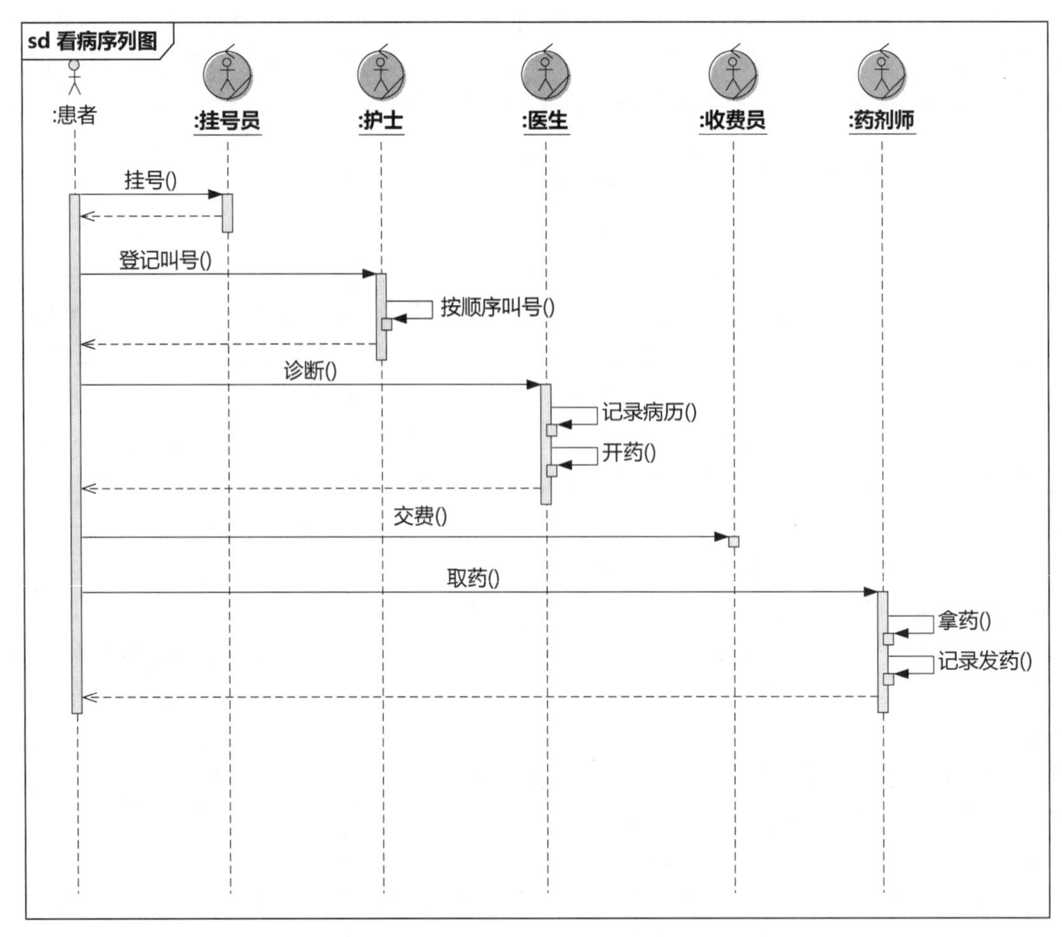

图 1-3　医院的业务用例(看病)的序列图

人)之间如何协作实现的过程。

业务流程通常用 UML 的序列图表示。业务流程是属于某个业务用例的,当组织引进新的系统或变更组织内部结构后,相应的业务流程就会发生变化。所以,新的系统或改进的系统不会影响组织的业务用例的存在与否,而是影响业务用例实现的过程。

业务流程是站在组织内部,以组织的业务管理者的视角,对组织对外提供的服务(业务用例)进行流程设计,即组织内部的业务工人和业务实体之间分工协作实现业务用例的流程。

综上,UML 序列图表达的业务流程包含以下三层意思。

(1) 从组织的内部看,组织是系统(含业务工人)的集合。

(2) 序列图表达了组织中各个系统的职责。

(3) 组织的业务用例的实现过程是容易发生变化的。即组织引入新系统或改进旧系统,就能够改进组织的业务流程。

1.4.3　业务执行者

业务执行者是指在组织的外部,与组织交互的人群或组织。

业务执行者是组织为其提供服务的人群或其他组织,业务执行者不能是系统。任何组织的存在都是为其他组织(人群)服务的,否则就没有存在的必要。

业务执行者通常出现在描述业务用例的 UML 用例图中。

1.4.4 业务工人

业务工人是指被组织雇佣、在组织的内部为组织工作的人。

业务工人是组织的成本,是可以被组织替换的。

业务工人通常出现在描述业务流程的 UML 序列图中。因为业务工人属于组织的组成部分,因此,业务工人不能出现在组织的业务用例图中。

1.4.5 业务实体

业务实体是指被组织采购、在组织内部为组织工作的系统。

业务实体是组织的成本,是可以被组织替换的。

业务实体通常出现在描述业务流程的 UML 序列图中。因为业务实体属于组织的组成部分,因此,业务实体不能出现在组织的业务用例图中。

1.5 系　　统

系统是系统需求分析的第二类研究对象。

系统是指特定的软件和硬件的集合,也可以是纯软件或纯硬件的系统。系统的特征是能够对(系统的)外部涉众或其他系统提供有价值的服务(系统用例),系统由软件配置项(CSCI)和硬件配置项(HWCI)组成。

例如,医院就诊系统由自助挂号终端、医生记录病历软件等组成,该系统对外部涉众(患者)提供的有价值服务(系统用例)是挂号,对外部涉众(医生)提供的有价值服务(系统用例)是记录病历,对外部其他系统(医院收费系统)提供的有价值服务(系统用例)是推送用药。

因此,从系统的外部视角看,系统是价值(系统用例)的集合,见图 1-4;从系统的内部视角看,系统是 CSCI 和 HWCI 的集合,见图 1-5。或者可以说,从系统的外部看,看不到系统内部的部件之间的分工合作,看到的是系统对外提供的功能;如果想知道系统是如何实现这些功能的,就需要到系统的内部看,能够看到系统内部的部件(软件配置项和硬件配置项)如何分工协调、各司其职,共同实现对外功能。

小结:从系统的外部看,系统是价值的集合,使用 UML 用例图进行建模;从系统的内部看,系统是软件配置项和硬件配置项的集合,使用 UML 序列图进行建模。

1.5.1 系统用例

系统用例是系统的价值体现,是(系统外部的)系统执行者希望通过和系统交互达到的、系统能够提供的价值。

系统用例通常用 UML 的用例图表示。

系统用例是以系统执行者的角度,站在系统的外部,发现系统的价值。此时,系统在系

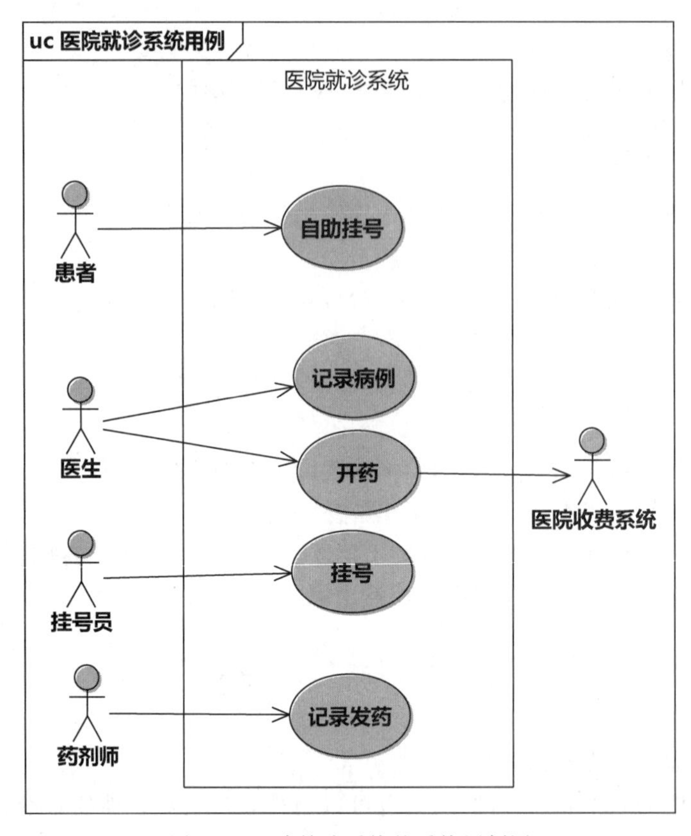

图 1-4　医院就诊系统的系统用例图

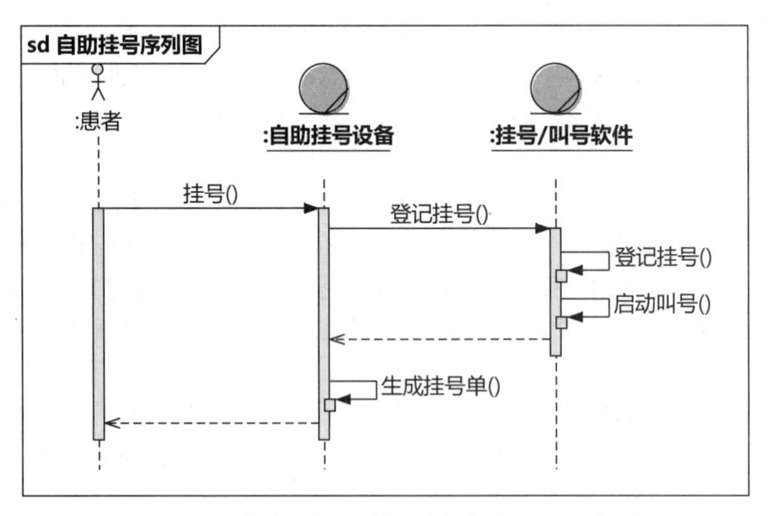

图 1-5　医院就诊系统的系统用例(自助挂号)的序列图

统执行者的眼中应该是黑盒子,也就是说,系统执行者并不知道系统的内部有哪些软件和硬件为系统工作,更不知道这些软件和硬件是如何分工协作实现了系统执行者希望系统为它提供的服务。

1.5.2 系统工作流程

系统工作流程是系统用例的实现，是指（系统的）每个用例，在系统内部的各个软件和硬件配置项之间如何协作实现的过程。

系统流程通常用UML的序列图表示。系统流程是属于某个系统用例的，每个系统用例的实现流程是系统设计的工作内容，就是对系统设计的各个部件（软件和硬件）进行能力分配，确保系统的每个能力需求都能够通过系统的内部部件分工协作实现。

系统流程是站在系统内部，以系统设计者的视角，对系统对外提供的服务（系统用例）进行流程设计，即系统内部的软件和硬件之间分工协作实现系统用例的流程。

1.5.3 系统执行者

系统执行者是指在系统的外部，与系统交互的人或其他系统。

系统执行者通常出现在描述系统用例的UML用例图中，分为主执行者和辅助执行者。

系统执行者可以是组织外部的业务执行者、组织内部的业务工人、时间或其他系统。

1.5.4 系统部件

系统部件是指组成系统的软件和硬件，是在系统的内部为系统工作的。

系统部件是被系统设计者设计出来的，是系统的成本，是可以被替换的。

系统部件通常出现在描述系统流程的UML序列图中。因为系统部件属于系统的组成部分，因此，系统部件不能出现在系统用例图中。

1.6 软件配置项

软件配置项（CSCI）是软件需求分析的研究对象，是本书所说的第三类研究对象。

按照GJB 2786A的定义，软件配置项是“满足最终使用要求并由需求方指定进行单独配置项管理的软件集合，CSCI的选择基于对下列因素的权衡：软件功能、规模、宿主机或目标计算机、开发方、保障方案、重用计划、关键性、接口考虑、需要单独编写文档和控制，以及其他因素”。

不能简单地认为，只要是独立运行的软件，就是一个软件配置项。CSCI具有以下特征。

首先，CSCI是为满足配置管理的要求，而对一些软件进行打包形成的集合，在配置管理过程中，应作为单个配置项实体进行管理。

其次，满足最终使用要求作为CSCI划分的必要条件，是需要重点考虑的。如某些独立部署在一个芯片上的嵌入式软件，只是作为其他软件的辅助性软件存在，不能单独满足使用要求，这样的软件将其视为一个CSCI进行管理是不合适的。

CSCI能够对（软件的）外部硬件或其他软件提供有价值的服务（软件用例），CSCI由软件部件（部件可大可小，可继续分解）组成。

因此，从CSCI的外部视角看，CSCI是软件价值（即CSCI用例）的集合，对软件价值使用UML用例图建模，如图1-6所示；从CSCI的内部视角看，CSCI是软件部件的集合，对部件之间交互关系使用UML序列图建模，如图1-7所示。

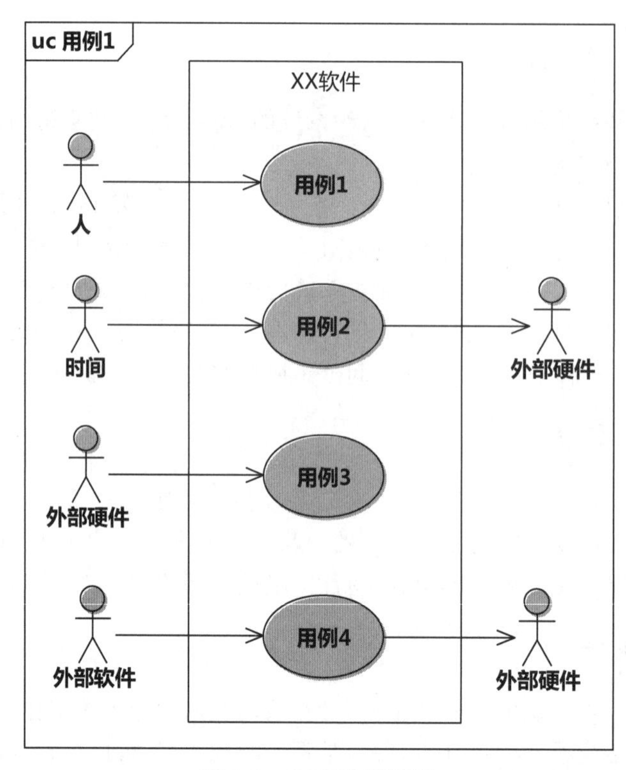

图 1-6　CSCI 的用例图

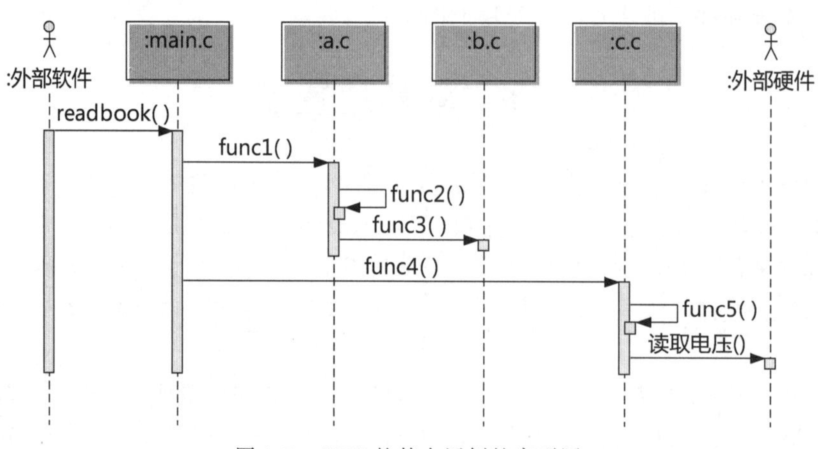

图 1-7　CSCI 的某个用例的序列图

或者可以说，从 CSCI 的外部看，看不到 CSCI 内部的部件之间的分工合作，看到的是 CSCI 对外提供的功能；如果想知道 CSCI 是如何实现这些功能的，就需要到 CSCI 的内部看，能够看到 CSCI 内部的部件如何分工协调、各司其职，共同实现对外功能。

小结：从软件配置项的外部看，软件配置项是价值的集合，使用 UML 用例图进行建模；从软件配置项的内部看，软件配置项是软件单元的集合，使用 UML 序列图进行建模。

1.6.1　CSCI 用例

CSCI 用例是软件的价值体现，是(CSCI 外部的)执行者希望通过和软件交互获得的、软件能够提供的价值。

软件用例通常用 UML 的用例图表示。

软件用例是以执行者的角度,站在软件的外部,发现软件的价值。此时,软件在执行者的眼中应该是黑盒子,也就是说,执行者并不知道软件的内部有哪些软件单元为软件工作,更不知道这些软件单元是如何分工协作实现了执行者希望软件为它提供的服务。

1.6.2 软件处理流程

软件处理流程是软件用例的实现,是指(软件的)每个用例,在软件内部的各个软件单元之间如何协作实现的过程。

软件处理流程通常可以使用 UML 的序列图、活动图、状态图表示。软件处理流程是属于某个软件用例的,每个软件用例的实现流程是软件概要设计的工作内容,就是对所设计的各个软件单元进行能力分配,确保软件的每个能力需求都能够通过软件的内部单元分工协作合理实现。

软件处理流程是以软件设计者的视角,站在软件内部,设计软件内部的软件单元之间分工协作实现软件用例的过程。

1.6.3 执行者

执行者是指在软件的外部,与软件交互的人或其他系统(软件或硬件),以及时间。

执行者通常出现在描述软件用例的 UML 用例图中,分为主执行者和辅执行者。

执行者可以是系统执行者、系统内部的部件(软件或硬件)、时间。

1.6.4 软件单元

软件单元是指组成软件的部件,是在软件的内部为软件工作的零部件。

软件单元是被软件设计者设计出来的,是软件的成本,是可以被替换的。所以,软件单元不能出现在软件用例图中。

软件单元可大可小,可以继续分解。通常在 C 语言开发的嵌入式软件中,第一层软件单元是源代码文件(即.c 模块),第二层(最小的)软件单元是文件中包含的函数;在面向对象编程语言中,第一层软件单元同样是源代码文件,第二层(最小的)软件单元是类。

1.7 UML 模型

1.7.1 概述

UML 是 Unified Modeling Language 的缩写,即统一建模语言。

首先,UML 是一种统一的、标准化的、被 OMG 组织认可的工业标准;这种标准化,确保了使用 UML 的软件开发人员都能够基于共同的建模知识理解业务、需求。

其次,UML 是一种建模手段,不仅适用于软件需求、软件设计建模,而且适用于组织的业务建模、流程建模等应用领域。

另外,UML 是一种语言,即是一种表示方法,但是它本身不是一种方法论。也就是说,

UML 只是一种表达工具，只有在掌握了软件需求分析方法论的基础上，才可能用这个表达工具正确建立模型。

UML 模型分为三种：状态模型、行为模型和状态变化模型。

(1) 状态模型，即数据需求建模，包括类图。

(2) 行为模型，即功能/行为需求建模，包括用例图、序列图、活动图。

(3) 状态变化模型，即对象随时间变化的建模，包括状态图。

UML 模型和研究对象之间的关系如下。

(1) 一个研究对象只有一个用例图，表示了该研究对象的全部职责/价值。

(2) 一个研究对象只有一个类图，表示了该研究对象在执行用例中涉及的需处理的全部数据对象。

(3) 一个用例至少有一个序列图，表示研究对象执行该用例的内部流程，即在研究对象的内部是如何组织各部件协作完成用例的。

(4) 有的用例可能需要状态图，不是所有的类都需要用状态图描述，仅对有明确意义的状态且在不同状态下行为有所不同的类才需要用状态图描述。

UML 模型的用途见表 1-2；UML 模型在软件开发活动中的应用指南见表 1-3。

表 1-2　UML 模型用途概述

序号	UML 模型	用　途
1	用例图	描述研究对象(组织、系统/软件)与外部用户、外部系统的交互。即以图形化方式描述了谁将使用该研究对象，以及外部用户期望以什么方式与研究对象交互
2	类图	描述系统的对象结构，即以图形化方式描述构成系统的类，以及类之间的关系
3	序列图	以图形化方式描述了在用例的执行过程中，系统各部件(软件配置项和硬件配置项)之间如何通过消息协作实现用例。图中的消息应有发送顺序
4	活动图	以图形化方式描述了用例执行过程中的系统活动顺序
5	状态图	描述一个特定的对象所有可能的状态，以及由于各种事件的发生而引起的状态之间的转移和变化
6	包图	描述类或构件组成的包，以及包之间的依赖关系
7	构件图	描述程序的物理组成结构，以及构件之间的静态关系
8	部署图	描述构件在系统的硬件“节点”的物理体系结构中的部署

表 1-3　UML 模型在软件开发活动中的应用指南

开发活动	研究对象	推荐使用的 UML 模型	用　途
系统需求分析	组织	用例图	对组织价值建模：业务用例图
		类图	对组织内事物建模：领域模型类图
		序列图	对组织的业务流程建模：每个业务用例的序列图，便于为系统分配职责
		活动图	对组织的业务流程建模：便于系统需求分析人员正确理解组织的业务
	系统	用例图	对系统职责建模：系统用例图
		类图	对系统内事物建模：细化的领域模型类图

续表

开发活动	研究对象	推荐使用的UML模型	用途
系统设计	系统/子系统内部组成	部署图	对系统中软件和硬件的物理架构建模：描述系统部件组成关系
		构件图	对系统中软件构件的物理架构建模：描述软件构件的关系
		类图	对系统内事物建模：领域模型演化为分析模型类图
		序列图	对系统的工作流程建模：每个系统用例的序列图，便于将系统职责分配给 CSCI 和 HWCI
		活动图	对系统的工作流程建模：可视化系统用例中执行步骤的次序，描述活动状态之间的转换
		状态图	对与系统相关的业务规则建模：相关的类的状态的转换关系
软件需求分析	CSCI	用例图	对 CSCI 职责建模：CSCI 用例图
		类图	对 CSCI 内事物建模：分析模型类图
软件设计	CSCI 内部组成	构件图	对 CSCI 中软件部件的物理架构建模：描述软件部件的关系
		类图	对 CSCI 内事物建模：分析模型演化为设计模型类图
		序列图	对 CSCI 的工作流程建模：每个 CSCI 用例的序列图，便于将 CSCI 职责分配给软件单元
		状态图	对与 CSCI 相关的业务规则建模：相关的实体类的状态的转换关系
		活动图	在 CSCI 架构设计阶段，为多线程并发控制流建模 在 CSCI 详细设计阶段，为复杂的算法流程建模

1.7.2 用例图

1. 用例图的概念

用例图是指由参与者(actor)、用例(use case)、边界以及它们之间的关系构成的用于描述所研究对象的职责的视图。用例图描述了所研究对象为外部涉众(参与者)提供的价值。

所以，用例图是从属于某个研究对象的。组织有组织的业务用例图，系统有系统用例图，CSCI 有软件用例图。

组织的业务用例图体现的是组织的价值，主要用于系统需求分析前期。

系统的系统用例图是系统的蓝图，主要用于在系统需求分析后期，对系统、子系统的功能行为进行建模。

CSCI 的软件用例图是在软件需求分析阶段，对软件的功能行为进行建模。

在 UML 中，用例图包含四个基本要素：边界、执行者(主执行者和辅助执行者)、用例，以及要素之间的关系。

要素之间的关系是指执行者与用例之间的关系、执行者与执行者之间的关系、用例与用例之间的关系。

2. 用例图的要素

1）边界

边界是指所研究对象的职责边界，而非物理边界。研究对象可以是组织、系统、子系统和 CSCI。边界用一个矩形框表示，框内正上方标识研究对象的名称。因此，框内的用例即表示研究对象的职责。

2）执行者

执行者是在研究对象的外部，通过边界与研究对象进行有意义交互的事物。

执行者分为两类：一类是主执行者，在用例图中出现在边界的左边，它是研究对象的外部激励，也就是说，没有主执行者的激励，就不可能有交互，而且这种交互对主执行者而言是有价值的；另一类是辅助执行者，在用例图中出现在边界的右边，它是辅助研究对象完成用例职责的执行者，也就是说，主执行者激励研究对象启动用例后，研究对象在执行用例时，发现自身无法完成，需要辅助执行者协助。

执行者在用例图中虽然都是用表示，但是执行者包括三种：人、其他系统（包括软件、硬件）和时间。

另外需要注意的是，执行者是角色，不是特定的人，一个人是可以承担多个角色的。

3）用例

简单而言，一个用例就是研究对象的一个职责。也就是说，用例是站在研究对象外部视角而言的，即站在主执行者视角，所看到的主执行者与研究对象发生交互的一系列动作，这些交互的结果一定是对主执行者可见的、有价值的。

从上述定义可以看出如下几个关键信息。

（1）用例是研究对象的职责，主要表现为对外部执行者提供有价值结果。例如，ATM 系统在存款、取款等用例执行过程中，均有登录要求，但是登录不能是单独的用例，因为它不是 ATM 系统的职责，它也不可能对储户提供有价值的操作结果。

（2）用例是从研究对象外部看到的交互场景。既然是从研究对象外部看到的，用例一定不能涉及研究对象内部的组成部件。既然是交互场景，用例一定是由一系列步骤组成的。这些步骤形成了以下两类流程。

① 基本流程。按这个流程执行交互过程，用例正常结束，产生预期的价值。例如，ATM 系统的取款用例，其基本流程的最终结果是成功取款。

② 扩展流程。在基本流程执行过程中，由于某些异常而导致偏离基本流程，走向的分支流程。例如，ATM 系统的取款用例，可能遇到账户余额不足、机器中没有足够的钱的异常情况。

在 UML 模型中，用例用椭圆表示，用例名称在椭圆中间以文字说明。

用例不是孤立存在的，一定从属于某个研究对象，这里的研究对象包括：组织、系统、CSCI，因此，根据研究对象不同，用例也可以分为以下几种。

（1）业务用例：即组织的用例，描述的是组织对外呈现的业务步骤。

（2）系统用例：描述的是与系统相关的业务用例的实现流程。

（3）CSCI 用例：描述的是与 CSCI 相关的系统动作。

这三种用例具有深刻的相关性。当组织中引入一个系统时，系统将作为组织的部件参与组织的某些业务用例的完成，而由于系统的参与，这些业务用例的内部实现流程得到改善，这种改善使得组织对外提供的价值得到某些方面（如时间、效率、准确性等）的提升。同理，CSCI 用例与系统用例的关系也是如此。

从根本上说，业务用例是组织存在的价值，所以是随组织天生存在的；系统用例是组织为了更好地实现业务用例而设计出来的；CSCI 用例是系统研制人员为了更好地实现系统用例而设计出来的。注意，此处的“设计”不是“系统设计”和“软件设计”中的“设计”。

3. 用例图要素之间的关系

1）执行者与用例之间的关系

执行者与用例之间只有通信关系，在 UML 中使用带箭头的线段表示，从主执行者指向用例，再从用例指向辅助执行者。

从主执行者指向用例，表示的是主执行者激励研究对象启动执行用例，并进行交互。

从用例指向辅助执行者，表示的是研究对象在执行用例过程中，需要向辅助执行者请求协助才能够完成用例。

可见，用例必须有主执行者，但是不一定有辅助执行者。

2）执行者与执行者之间的关系

由于执行者实质上也是类，所以它拥有与类相同的关系描述，即角色之间存在泛化关系。泛化关系的含义是，把某些角色的共同行为提取出来表示为通用的行为。所以，执行者与执行者之间只有泛化关系。执行者与执行者之间的泛化是为了降低模型表示的复杂度，避免用例图中由于出现多个执行者，导致执行者与用例之间出现较多交叉线，影响阅读的直观性。

泛化表示的是继承关系。这种继承是指角色的权限的继承。对执行者进行泛化处理前后的用例对比图见图 1-8。

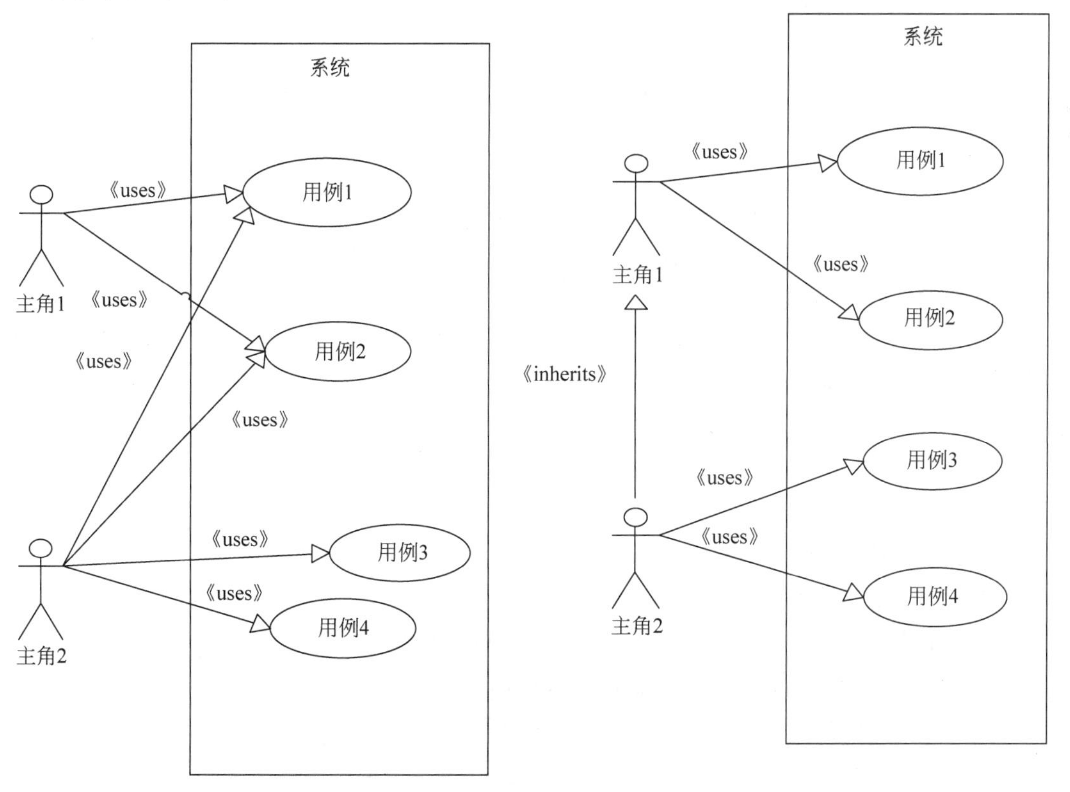

图 1-8　对执行者进行泛化处理前后的用例对比图

3）用例与用例之间的关系

用例与用例之间的关系包括扩展、包含和泛化，不存在通信关系、层层分解关系，以及执行顺序关系。

（1）扩展：在UML中，扩展关系用构造型《extend》表示。扩展关系是指一个用例的基本事件流当满足某种特定条件时，基本事件流出现分支，分支下的扩展流程被抽取出来，成为一个扩展用例，被抽取扩展流程的用例称为基用例。扩展关系是从多个扩展用例指向基用例，见图1-9。可见，基用例是可以独立于扩展用例存在的，只是在特定条件下，它的事件流被另一个用例的行为所扩展。

（2）包含：在UML中，包含关系用构造型《include》表示。包含关系是指当一些用例中包含同样的一个事件流，可以将这个公共事件流抽取出来作为一个用例存在；包含这个事件流的用例称为基用例，多个基用例指向一个被包含的用例，见图1-10。也就是说，被包含的用例不能够孤立存在，它只是基用例的一部分，必须依存于基用例而存在。

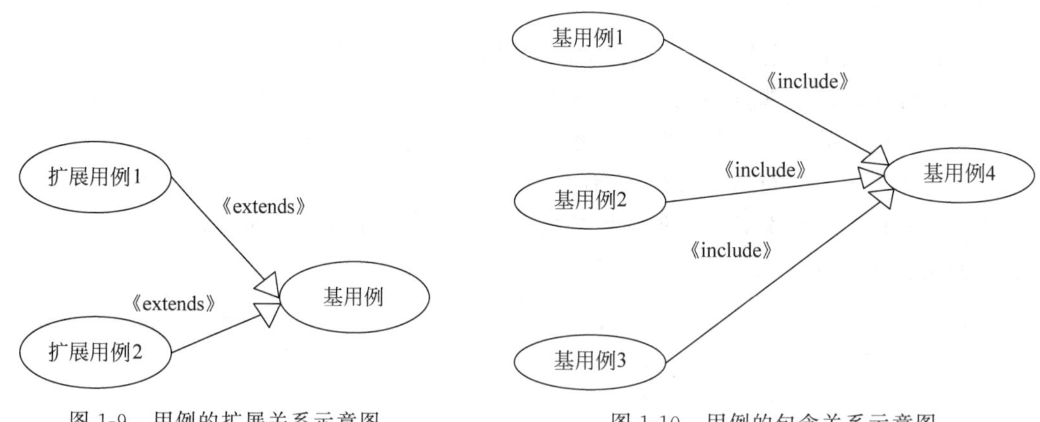

图1-9　用例的扩展关系示意图

图1-10　用例的包含关系示意图

需要注意的是，从多个用例中抽取存在共性的子事件流，这个事情应该是开发团队为了简化和清晰化基用例的事件流描述而做的，并不是需方关注或要求的。所以，在与需方沟通时，用例图通常没有必要出现包含关系。

（3）泛化：在UML中，泛化关系用构造型《inherit》表示。泛化表示子用例继承了父用例的行为和含义，也就是说，子用例可以替代父用例出现。

小结：*扩展用例是基用例的子事件流，包含用例是基用例的扩展事件流，它们都不是真正意义上的用例。因此，这些用例通常是开发团队为了模型便于阅读而归纳提取出来的。*

4. 常见的用例图错误

常见的用例图错误包括以下几种。

（1）用例没有主执行者。

（2）用例与主执行者的关系错误：由用例指向主执行者。

（3）用例与辅助执行者的关系错误：由辅助执行者指向用例。

（4）研究对象的概念性错误：将功能作为研究对象，边界的名称不是三类研究对象，而是某某功能。

（5）用例之间关系错误：用例之间存在顺序执行关系，出现串糖葫芦现象。

(6) 用例存在层次分解关系。一个系统或 CSCI 出现了多个用例图,先是一个所谓的大用例图,然后,这些用例被组织为目录,目录之下又分解出一层用例图,甚至以此类推,出现层层分解现象。

(7) 某些用例根本不是用例。不符合用例的定义,不能对外提供有价值的结果。

(8) 错用用例的 include 和 extend 关系。

(9) 滥用 CRUD。

其中,第 1～5 类问题属于低级错误,是由于需求分析人员完全没有掌握 UML 用例图的基础知识而导致的。

导致第 6～9 类问题的主要原因是需求分析人员没有真正掌握需求分析的方法。为了更好地避免上述几类问题,以下分别对这些错误进行举例说明。

1) 第一类问题——用例出现层次分解关系

这类问题是最常见问题,通常有以下两种情况:第一种情况是混淆研究对象,对不同研究对象的用例直接进行分解;第二种情况是混淆需求与设计,直接用设计方案描述需求。

第一种情况见图 1-11,该图的错误原因在于混淆了研究对象,对不同的研究对象的用例进行了分解。

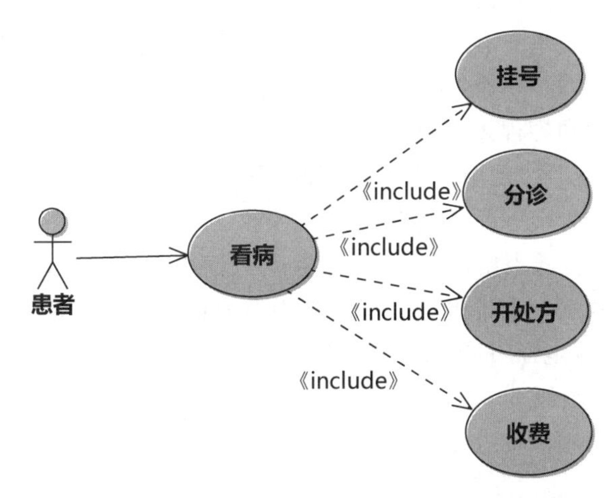

图 1-11　错误的用例分层关系——混淆研究对象

首先,"看病"用例是组织(医院)的业务用例,不是某个医院的信息系统的用例。

其次,"挂号""分诊""开处方""收费"是"看病"用例中的业务流程包含的步骤,既不是医院的业务用例,也不可能是医院中同一个信息系统的用例。而且如果这些是医院中某个信息系统的用例,其主执行者不可能都是患者,例如,患者不可能使用医院的某个信息系统开处方。

类似错误情况在系统需求分析时最为常见,分析人员经常将组织的业务用例直接进行分解,形成系统的用例。同一个研究对象的用例不存在上层和下层的关系,不同研究对象的用例之间没有直接分解关系,也就更不存在上层和下层的关系。

需要注意的是,"功能分解"这个词严格意义上只能在设计阶段出现,其实质是将系统的功能分配给不同的系统部件,研究对象发生了改变。

第二种情况见图 1-12,该图的错误原因在于混淆了需求与设计,避过需求,直接给出设计方案。

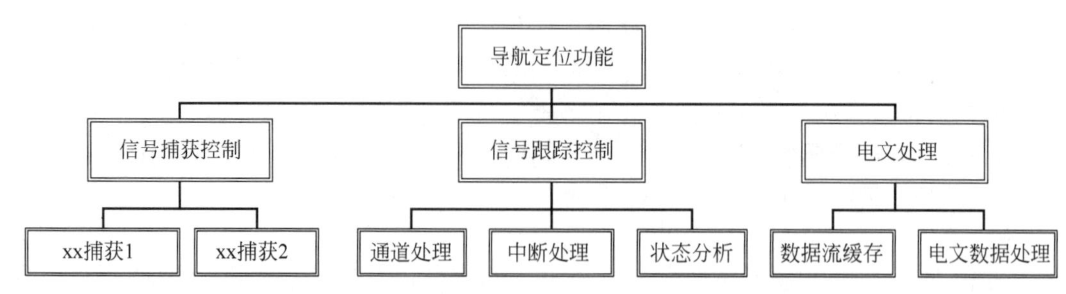

图 1-12 错误的用例分层关系——混淆需求与设计

本书用树状图直观地表述这种用例分层关系。实际情况是开发人员使用了三层标题组织用例关系，每层标题下画个 UML 用例图，层层展开。

如果不看第一层的“导航定位功能”，几乎难以从图中意识到这是什么领域的软件，如果开发方向需方展示这个图，希望说明需方所关注的软件能力，这个图是完全失败的。因为软件的真实能力需求是 GPS 导航、北斗导航和 GLONASS 导航，需要详细描述这三个导航用例的具体规约，包括导航精度要求、导航范围要求、导航中断后重新恢复的时间要求等。

这类问题又出现了“分解”现象，需要注意的是，“分解”是指将一个整体分为各个组成部分，例如物质、分子、原子、电子、中子等关系，通常可以用“组合”“聚合”表示，但是在 UML 定义中，用例之间并不存在“组合”和“聚合”关系，只有类之间有这种关系。所以，用例是不能被分解的，系统、软件和硬件才能被分解。

2）第二类问题——某些用例根本不是用例

这类错误经常表现为以下几种情况。

(1) 把用例的部分步骤当用例。

例如，“采集电压数据”“处理电压数据”和“串口通信”“人机交互界面显示”等，这些实际上是一个系统用例“监测电压”的基本流程中的步骤。

(2) 把设计内容当用例。

避免出现把设计当用例的办法是把握以下要点。

① 用例必须是主执行者发起的。

② 用例必须是“能卖”的价值。

③ 用例必须是系统应完成的职责。

④ 用例必须是主执行者和系统交互的过程，即站在系统的角度看，用例必须有至少一次与系统外部的输入和输出。

(3) 把非系统的职责当作系统用例。

在如图 1-13 所示用例图中，医生作为主执行者出现时，该用例图就应该是某系统的用例图。此时，“开处方”是这个系统的职责，医生作为该用例的主执行者，使用系统开处方。但是“诊断”是医生的职责，不是系统的职责，所以“诊断”不是系统的用例。除非未来出现智能诊断系统，能够代替医生看病，“诊断”就是该系统用例，但是“诊断”用例的主执行者是患者。

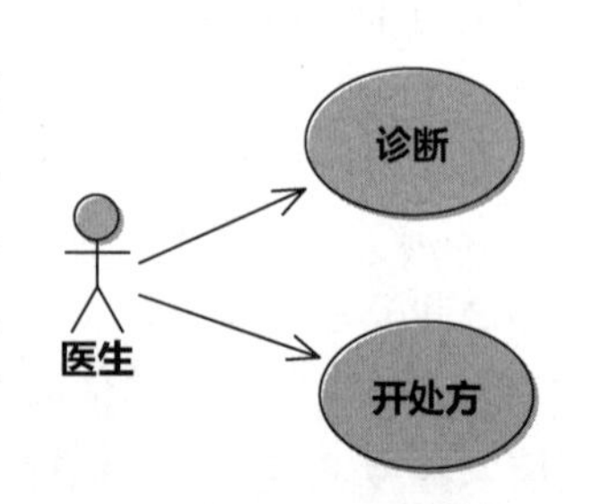

图 1-13 错误的系统用例——非系统职责

3）第三类问题——滥用用例的 include 和 extend 关系

extend 和 include 用例不是真实意义的用例，它们都不是执行者所关心的。

4）第四类问题——CRUD原则对于“系统创造的东西”才适用，如管理系统用户、管理数据字典、管理权限、管理购物车等

例如，一个图书馆的书籍借阅管理系统用例分析见表1-4。

表1-4 图书馆的书籍借阅管理系统用例分析

正确用例	业务分析	错误用例
为借阅人开卡	什么时候做这个事情？当借阅人办理借阅卡后	创建客户
更新借阅人信息补卡	什么时候做这个事情？在两种情况下：一是借阅人自主完成修改电话等信息；二是借阅卡丢失，需要补卡	更新客户
归还借阅卡	什么时候做这个事情？当借阅人归还借阅卡时，需变更借阅卡关联的信息	删除客户

5）第五类问题——真正影响用例大小的是工作任务分工，是职责划分问题

例如，“将被测软件纳入配置管理系统”这件事，在不同的软件测评机构，由于公司规定的业务流程不同，导致系统用例大小不同。

A测评机构：规定由项目负责人接收被测件，将被测件清单和相关实体提交至系统，配管人员负责对提交实体进行审核，批准入库。因此，系统有两个用例：“提交被测件”和“审批入库”。

B测评机构：配管人员负责接收被测件，完成审核后将被测件清单和实体导入系统。系统只有一个用例“被测件入库”。

1.7.3 类图

1. 类图的概念

类是一组具有同样属性和操作的对象的描述器。它是对象创建的模板。在UML中，类用矩形表示，其中包含三个分栏，每个分栏分别是类名、属性（成员变量）和操作（成员方法）。

类就是一类事物，是对同类对象的归纳，如一只拉布拉多狗是一个对象，狗就是一个类；其属性有品种、颜色、重量、身高等，其操作有吠、奔跑、嗅闻等。一张订单是一个对象，订单就是一个类。订单的属性有下单日期、收货人、收货地址、价格、付款方式等，订单的操作有下单、付款、出货等。订单类表示见图1-14。

类中包含三个要素：类名、类的属性和类的操作。类的职责包括两部分内容，一是类所维护的知识，二是类能够执行的行为。

UML的类图贯穿系统需求分析、系统设计和软件需求分析、软件设计的全部阶段，在不同的阶段，需求分析人员和设计人员对类图持续分析，使得类图持续迭代演化[3]。

在系统需求分析的初始阶段，类图主要对现实世界的事物建模，是对（系统所属的）组织内部与新研/改进系统相关的对象进行建模，此时的类图称为领域模型。

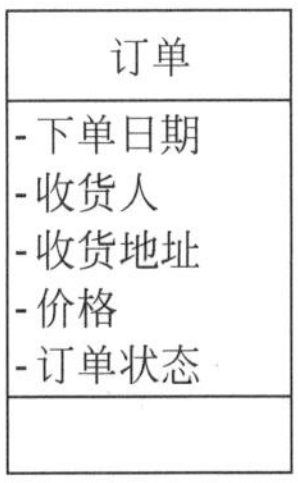

订单
-下单日期 -收货人 -收货地址 -价格 -订单状态

图1-14 订单类

在系统需求分析和软件需求分析阶段，类图主要面向系统/软件进行

分析，通过类图描述系统/软件中各种事物之间的关系。此时的类图称为分析模型。

在系统/软件设计阶段，在分析模型的基础上，加入设计元素(设计出来的抽象类)，继续描述系统/软件中各种事物之间的关系。此时的类图称为设计模型。

2. 类之间的关系

类之间最常见的关系有三种：关联、泛化和聚合/组合。

1) 关联

关联表示各类之间存在某种语义上的联系。在UML中，使用一条实线表示。它是所有关系中语义最弱的，仅表示通信关系。

(1) 关联度：定义被这个关联连接起来的类的数目，最常见的是二度关联。关联还可以只定义在一个类上，称为一元关联。

(2) 关联多重性：定义被这个关联连接起来的类的对象数量。表示为“$n..m$”，其中，n定义所连接的最少对象数目，m表示最多数目，当不知道确定数目时，用*表示。

例如，一个客户可以有0个或多个订单，每个订单只能有1个收货人，如图1-15所示。

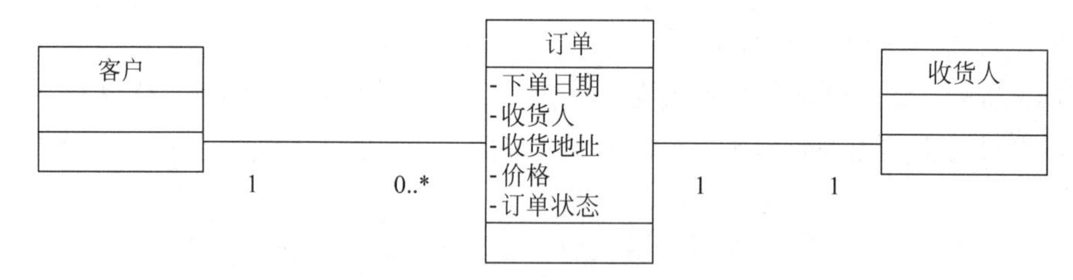

图1-15 类之间的关联多重性

(3) 两个类之间可以存在多个关联。每个关联表示一种关系。

例如，教师和课程之间存在两个关联，一个关联表示一位教师可以教授多门课或不承担授课，一门课也可由多位教师教授；另一个关联表示一位教师负责课程安排，如图1-16所示。

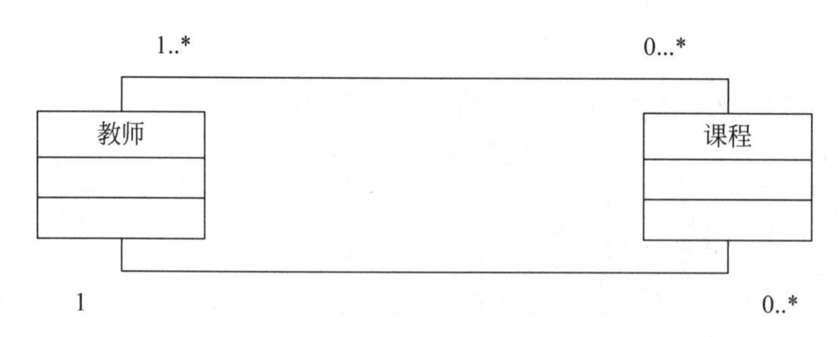

图1-16 类之间的多个关联

(4) 角色名称：用文字进一步明确两个类的关联关系。

例如，供应商是产品的提供者，供应商是送货单的执行者，如图1-17所示。

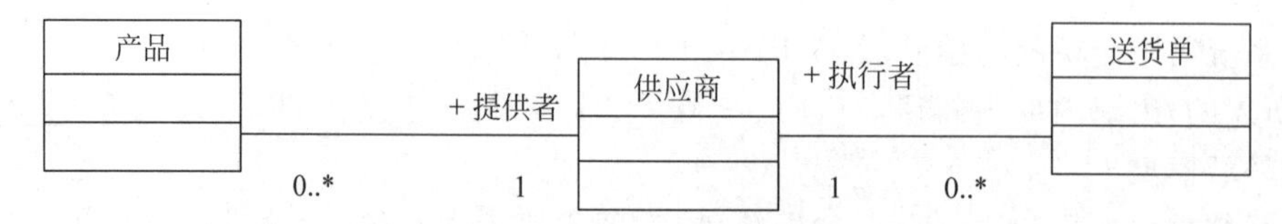

图1-17 关联关系中的角色名称

(5) 约束：用文字明确类的业务规则。在 UML 中，放在类的外面，使用花括号将文字括起来。

2) 泛化

表示父与子的关系。子是父的一个种类。在 UML 中，使用带空心箭头的实线表示，箭头指向父类。通常可以表述为“A 是 B 的一类”。泛化的特点如下。

(1) 多态性：不同子类中某个操作可以有不同的实现。

(2) 继承：子类可以复用父类中声明的属性和操作。

(3) 抽象类：类中至少有一个操作被定义为抽象型(abstract)，且这个操作的实现由具体的子类定义。这样的类就是抽象类。抽象类不能被实例化，只有它的子类才能被实例化。

3) 聚合和组合

表示整体与部分之间的关系，通常可以表述为“A 由 B 组成”。

(1) 组合：部分与整体之间紧耦合。离开整体，部分没有存在的意义。在 UML 中，使用带实心菱形的实线表示，实心菱形指向代表整体的类。

(2) 聚合：部分与整体之间松耦合。表示部分可以独立于整体而存在。在 UML 中，使用带空心菱形的实线表示，空心菱形指向代表整体的类。

3. 类图建立的模型

在系统开发活动中，类模型一直在演化。其演化过程如下。

(1) 系统需求分析阶段，对系统用例中涉及的实体类进行建模，得到系统领域模型。

(2) 软件需求分析阶段，对软件用例中的实体类进行建模得到软件领域模型。

(3) 软件概要设计初始阶段，从软件需求分析向软件设计过渡时，对软件领域模型引入控制类和边界类，得到软件的分析模型。

(4) 软件概要设计结束阶段，在分析模型基础上，引入更详细的抽象类等，得到软件的设计模型。

因此，在系统开发过程中，类图建立的模型是从需求分析阶段到设计阶段不断演化的。需求分析阶段属于“问题域”，是针对研究对象提出需要解决的问题，此时类图建立的模型是面向问题域的，称为领域模型；在设计、编码阶段，属于“计算机域”，需要依据领域模型演化形成分析模型和设计模型。

最终目标是识别出所有必须的类，并分析这些类之间的关系，类的识别贯穿于整个建模过程，分析阶段主要识别问题域相关的类，在设计阶段需要加入一些反映设计思想、方法的类以及实现问题域所需要的类，在编码实现阶段，因为语言的特点，可能需要加入其他的类。

1) 领域模型

领域模型中识别出来的是实体类，分别来自客观世界中与业务相关的事物、系统用例中出现的客观事物、软件用例中出现的客观事物。

通过类图描述现实世界中各种事物之间的关系。构建领域模型时，最重要的是找出相关的领域类、类之间的关系(包括重要的多重性关系)，以及部分业务规则性约束。此时，很少考虑或完全不考虑实现问题。

注意，此时找出的类，一定是用核心领域(研究对象所属的领域)专业词汇命名的，不应该出现其他领域专业词汇。而且，因为现实世界中各事物之间的关系是明确的，那么，这些类所建立的领域模型是唯一的。

2）分析模型

分析模型是从软件需求分析到软件设计的中间结果，通过类图描述软件中各种事物（类）之间的关系。构建分析模型时，最重要的是找出相关的实体类、细化类之间的关系，以及细化业务规则性约束。

在目前面向对象的软件开发方法中，分析模型中通常使用三种类的构造型描述系统/软件中的事物：实体类（《entity》）、控制类（《control》）、边界类（《boundary》）。

（1）实体类：实体对象的抽象。主要用来描述用例中出现的实体信息；实体类通常保存着要放进持久存储体的信息。持久存储体就是数据库、文件等可以永久存储数据的介质。通常每个实体类在数据库中有相应的表，实体类中的属性对应数据库表中的字段。

需求分析阶段需要从用例规约中找出实体类，实体类定义了任何信息系统的本质。

（2）控制类：控制对象的抽象。主要用来描述用例的执行逻辑；控制类是控制其他类工作的类。每个用例通常有一个控制类，控制用例中的事件流转顺序，控制类也可以在多个用例间共用。其他类并不向控制类发送很多消息，而是由控制类发出很多消息。

（3）边界类：边界对象的抽象。主要用来描述执行者（其他系统/软件、涉众）与系统/软件交互所使用的对象。边界类位于研究对象（系统、软件）与外界的交界处，窗体，报表，以及表示通信协议的类，直接与外部设备交互的类，直接与外部系统交互的类等都是边界类。通过用例图可以确定需要的边界类，每个 Actor/Use Case 对至少需要一个边界类。

用这三种类建立的分析模型，所描述的软件中的事物与具体实现策略无关，即与开发平台、运行平台等均无关。也就是说，软件编程人员并不能直接按照该模型编写代码，还需要软件设计人员继续加工该模型，添加设计元素。

3）设计模型

设计模型是面向软件进行设计，在分析模型的基础上，加入设计元素，描述软件中各种事物之间的关系。

在目前面向对象的软件开发方法中，设计模型中通常使用抽象类、模板类、框架类、设计模式等。设计模型所描述软件中的事物，除了分析模型中与具体实现策略无关的类外，所增加的其他类描述的是与实现策略相关的事物，如框架类，与所选择的开发语言有关。可见，软件编码人员能够直接按照设计模型编写代码。

对同一个系统/软件，设计模型不是唯一的，因设计人员的设计经验的影响而不同。

4. 发现类的方法

此处的类，主要指实体类。类的识别是一个需要大量技巧的工作，寻找类的一些技巧包括：名词识别法，根据用例描述确定类，使用 CRC 分析法等。

1）名词识别法

领域类主要通过分析业务用例中的名词获取；这种方法的关键是识别系统问题域中的实体。对系统进行描述，描述应该使用问题域中的概念和命名，从系统描述中标识名词及名词短语，其中的名词往往可以标识为对象，复数名词往往可以标识为类。

2）从用例中识别类

实体类主要通过分析系统用例/CSCI 用例中的名词获取。用例图实质上是一种系统描述的形式，自然可以根据用例规约描述识别类。针对各个用例，可以通过如下问题辅助识别。

(1) 用例规约描述中出现了哪些名词(概念)?
(2) 用例的完成需要哪些名词(概念)合作?
(3) 用例执行过程中会产生并存储哪些信息?
(4) 用例要求与之关联的每个角色的输入是什么?
(5) 用例反馈与之关联的每个角色的输出是什么?
(6) 用例需要操作哪些硬设备?
(7) 这个概念是一个数据容器吗?
(8) 它有取不同值的独立属性吗?
(9) 它已经有实例对象吗?
(10) 它在应用领域范围内吗?

1.7.4 活动图

1. 活动图的概念

活动图是 UML 的动态视图之一,用图表示某个用例的事件流。

活动图在系统开发过程中具有以下 3 种用途。

(1) 在系统需求分析初期,在任何用例被识别出来之前,使用带泳道的活动图为组织的业务流程建模。此时,活动图的作用相当于序列图。

(2) 在系统需求分析中,系统用例规格明确后,为复杂的系统用例建模。表示用例的哪些步骤应按次序执行,哪些步骤可以并发执行。此时,活动图用来可视化系统用例中执行步骤("活动状态")的次序,显示活动状态之间的转换。虽然系统用例规格和系统用例的活动图都是为用例建模,但是两者之间存在一个重要区别,用例规格是从系统外部执行者视角描述规约,而活动图是从系统内部的角度出发,所以,活动状态应以系统观点命名,而非外部参与者的观点命名。

(3) 在 CSCI 详细设计阶段,为复杂的算法或多线程并发控制流建模。

2. 活动图要素 1——活动

活动表示的是某流程中的执行步骤,也可以表示某算法过程中执行的语句。

活动分为动作状态(action state)和活动状态(activity state),如图 1-18 所示。

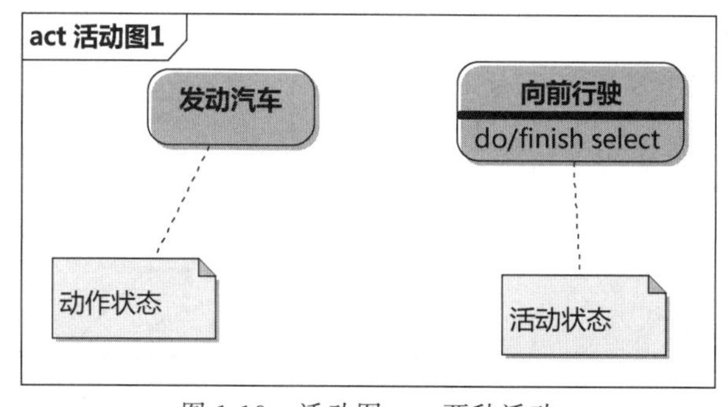

图 1-18 活动图——两种活动

1) 动作状态

动作状态是指执行原子的、不可中断的动作。动作状态使用平滑的圆角矩形表示,动作状态所表示的动作写在圆角矩形内部。

2）活动状态

活动状态是可分解的，不是原子的，其工作的完成需要一定的时间。可把动作状态看作活动状态的特例。活动状态也是用平滑的圆角矩形表示，可以在图标中给出入口动作和出口动作等信息。

3. 活动图要素 2——动作流

所有动作状态之间的转换流称为动作流。用带箭头的直线表示，可在直线上用方括号表示守护条件，限制转换，如图 1-19 所示。

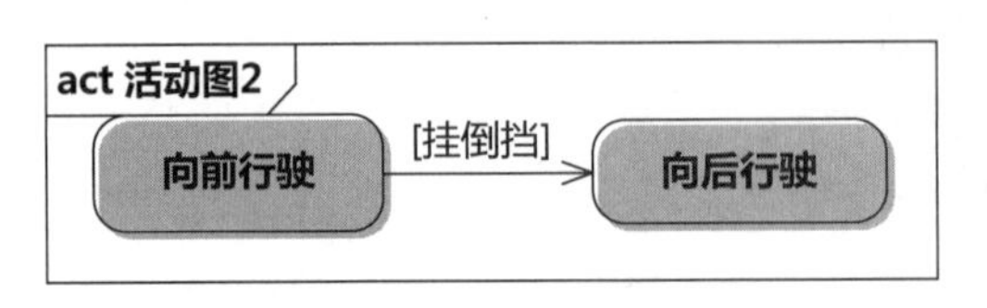

图 1-19　活动图——动作流

活动图的转换不需要特定事件的激发，一个动作状态执行完后自动转换到另外一个状态。

4. 活动图要素 3——分支与合并

活动转换的条件行为用分支和合并表达，都用菱形表示，如图 1-20 所示。

分支是一个菱形、一个入转换箭头和两个带条件的出转换箭头，且出转换的条件是互斥的。

合并是一个菱形、两个带条件的入转换箭头和一个出转换箭头，合并表示从对应的分支开始的条件行为的结束。

5. 活动图要素 4——分叉与汇合

分叉用于将动作流分为两个或者多个并发运行的活动。用一条加粗线、一个入转换箭头和多个出转换箭头表示，如图 1-21 所示。

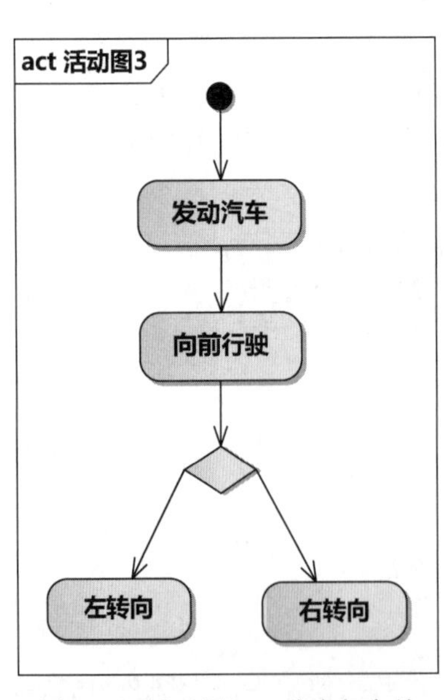

图 1-20　活动图——分支与合并

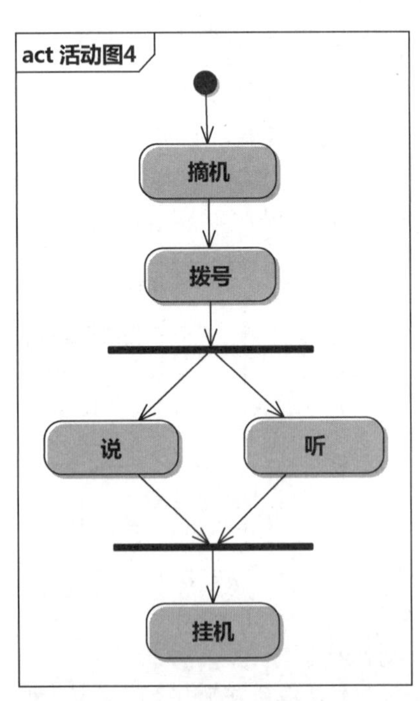

图 1-21　活动图——分叉与汇合

汇合则用于同步这些并发活动，以达到共同完成一项事务的目的。用一条加粗线、对应多个入转换箭头和一个出转换箭头表示。

分叉可以用来描述并发线程，表示多个并发控制流同步发生。汇合表示当所有并发控制流都达到汇合点后，控制才能继续往下进行。

6. 活动图要素5——泳道

泳道将活动图中的活动划分为若干组，并把每一组指定给负责这组活动的对象。泳道区分了负责活动的对象，明确地表示了哪些活动是由哪些对象进行的。每个活动只能属于一个泳道，如图1-22所示。

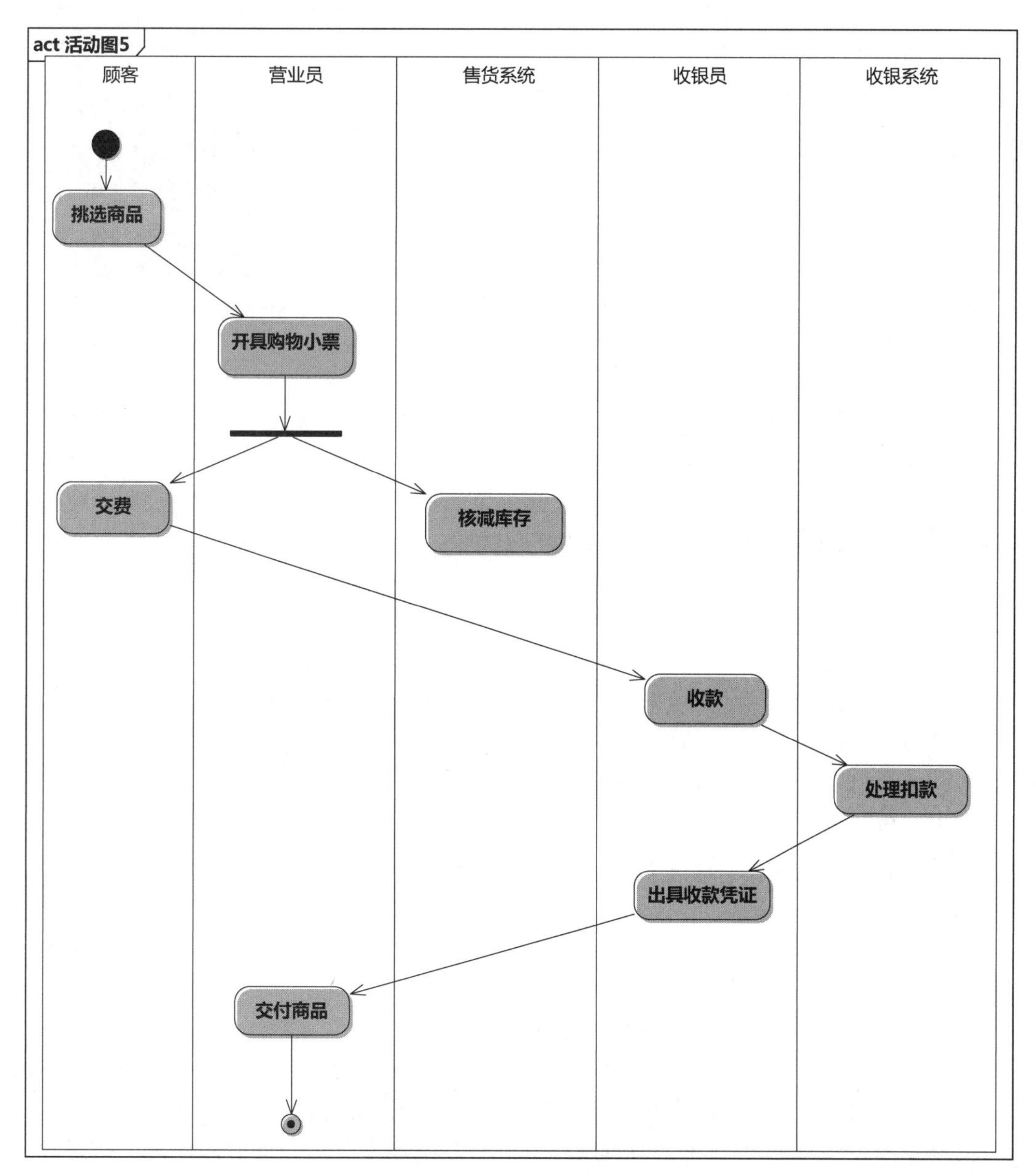

图1-22　活动图——泳道

泳道用垂直实线绘出,垂直线分隔的区域就是泳道。在泳道上方可以给出泳道的名字或对象的名字,该对象负责泳道内的全部活动。泳道没有顺序,不同泳道中的活动既可以顺序进行也可以并发进行,动作流和对象流允许穿越分隔线。

7. 活动图要素 6——活动的分解

一个活动可以分为若干个动作或子活动,这些动作和子活动本身可以组成一个活动图,如图 1-23 所示。

一个不含内嵌活动或动作的活动称为简单活动;一个嵌套了若干活动或动作的活动称为组合活动,组合活动有自己的名字和相应的子活动图。

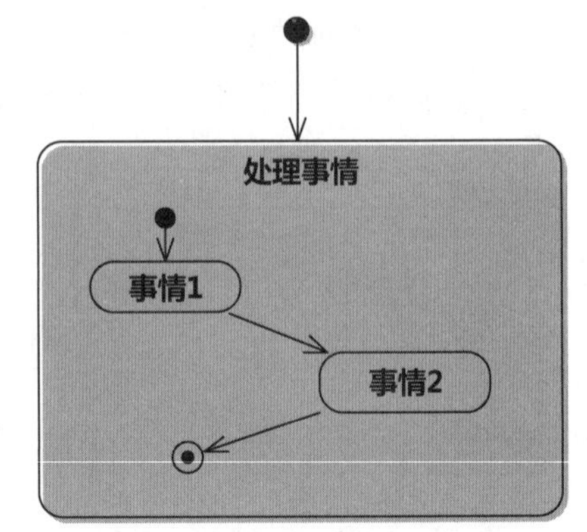

图 1-23 活动图——活动的分解

8. 活动图与其他动态视图的比较

UML 的动态视图包括活动图、状态图和序列图,三者的区别如下。

(1) 建模对象不同。

状态图:对类建模,描述对象状态及状态之间的转移;表示对象在其生命期中的行为状态变化。

活动图:对用例行为建模,描述用例中从活动到活动的控制流。

序列图:对用例行为建模,描述协作对象之间如何完成用例行为。

(2) 活动图与序列图虽然建模对象相同,但是活动图是活动建模、序列图是交互建模。

活动建模是在一个较高的抽象层次上完成,只显示用例执行过程中事件发生的时间次序,但是没有将事件赋予对象。交互建模表达的是协作对象之间的事件(消息)发生的时间次序,所以交互建模需要在类识别完成后进行。

1.7.5 序列图

1. 序列图的概念

所研究的对象要完成某个职责,需要在对象的内部设计相应的工作流程,对内部的各个部件分配职责,使得各个部件协同工作完成相应的职责。这个就是对(研究对象)用例的实现过程建模,通常可以用 UML 的序列图完成。

序列图属于交互建模。每个序列图从属于某个用例,用来捕获执行这个用例的各个对象之间的动态关系。这种动态关系表明了这些对象是如何按照时间序列分工协作完成了用例。

序列图显示某个用例的协作对象之间的事件(消息)的次序,即对象之间按时间序列组织的事件关系。

序列图通常出现在以下三类开发活动中。

一是系统需求分析时,对组织的某个对象(系统)分配职责。因为此时的序列图描述的是组织的各个部件(人和系统)是如何分工协作完成(组织)相应的业务用例的。

二是系统设计时,对系统的部件(软件和硬件)分配职责。因为此时的序列图描述的是系统的各个部件是如何分工协作完成(系统)相应的用例的。

三是软件设计时,对软件的部件(函数或类)分配职责。因为此时的序列图描述的是软件的各个部件是如何分工协作完成(软件)相应的用例的。

2. 序列图的要素

序列图的要素包括：一组对象，对象的生命线、消息及消息名称。

序列图是一个二维图，对象沿着水平维展开，消息的次序沿着垂直维展开，如图 1-24 所示。

消息用带箭头的线段表示，从调用对象指向被调用对象。消息表示的是调用对象要求被调用对象完成的事情，即是被调用对象的职责。

消息隐含了被调用对象将控制自动返回给被调用对象，因此，无须在序列图中显示控制的返回。

可见，消息表示对象之间的动态调用关系，这种关系包含调用的次序，以及被调用对象的操作。每条消息调用被调用对象的一个操作。

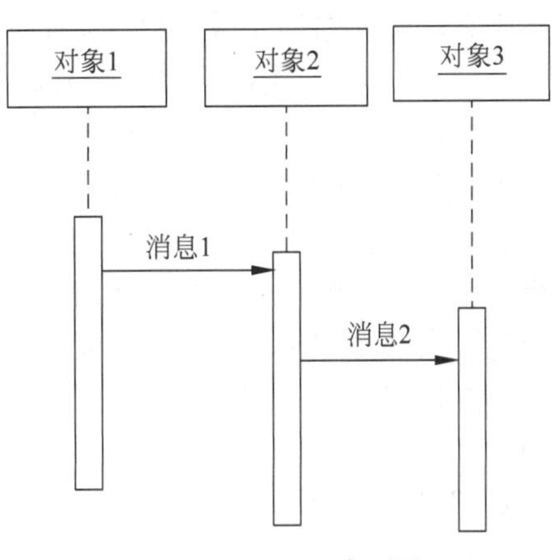

图 1-24　UML 序列图

3. 序列图常见错误

1) 序列图上方的对象不是 UML 定义的对象

将用例作为对象出现。用例是一个抽象的逻辑概念，用例与用例之间的关系，在需求分析阶段，是通过用例规约的文字描述(如前置/后置条件、数据约束等)体现的；在 UML 序列图的基本概念中，是不可能描述用例与用例之间的关系，也不可能描述用例与执行者之间的关系或用例与系统部件之间的关系。

2) 将消息作为对象之间交互的数据

数据交互是接口分析的重点，是根据功能要求设计出合适的接口，支持功能的实现。也就是说，先有功能后有接口。如果在序列图中将消息作为数据交互，将会出现不知所云的交互数据。例如，A 对象给 B 对象一个苹果，这是一个数据交互，但是如果 A 对象不表明传递苹果的目的，B 对象就不知所云，不知道拿到苹果后干什么。而 A 对象给 B 对象苹果可以有多个目的，可以让 B 对象吃苹果、洗苹果、分苹果、榨苹果汁等。所以，消息应该表示 B 对象的职责，苹果只是职责附带的输入数据。

3) 在用例规约描述后再画一个序列图

这种错误是不知道序列图的用途，为画图而画图。此时的序列图只是将用例规约的文字描述图形化而已，并没有起到建模的实质作用，这种模型完全没有意义。需要再次强调的是，序列图存在的意义是描述对象之间如何动态协作，实现这些对象所组成的研究对象(组织、系统、CSCI)的用例，并且通过这种描述，将研究对象的职责依次分配给所包含的对象。所以，序列图不是对用例规约的图形化描述，而是对实现某个用例的部件之间动态关系的描述，是用来对部件分配职责的。当这些部件没有设计出来时，画序列图是没有意义的。

1.7.6 状态图

1. 状态图的概念

状态图用来描述一个特定对象所有可能的状态，以及由于各种事件的发生而引起的状态之间的转移和变化。状态图描述的是对象状态(类的属性)的动态变化，描绘了一个类跨越多个用例时的行为，有效捕获了类的生命周期的历史变化。

状态图横跨用例图和类图两种模型，说明了功能怎样引起数据的变化。即类跨越多个用例时，由于用例触发了类的不同行为，而导致其状态（类的属性）的变化。

状态图实质上是对用例所遵循的业务规则建模，它们相对独立于用例，在一定时间内是不变的。因此，不是所有的类都需要用状态图描述，仅对有明确意义的状态、且在不同状态下行为有所不同的类才需要用状态图描述。

例如，视频文件类作为视频播放软件的一个类，存在四个有明确意义的状态：播放、暂停、回放、加速。类的状态图见图 1-25。这个类出现在视频播放软件的多个用例中：播放、暂停、回放、加速。很明显，不同状态下，该类的行为（对应的操作）不同，而状态图就是描述类的这些操作如何引起类的状态互相转换，其实质是视频播放软件的业务规则，这个播放规则在一定时间内是不变的。

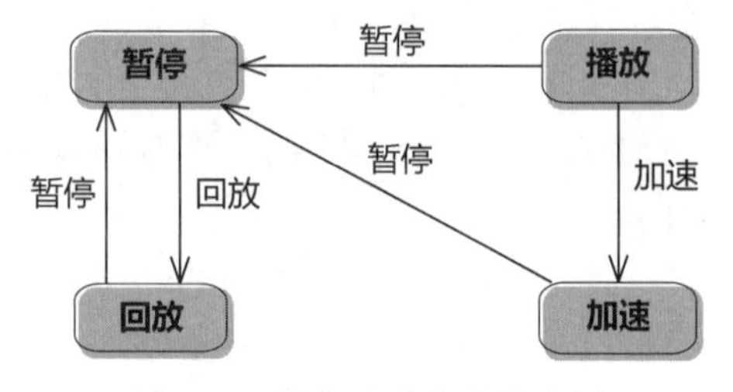

图 1-25　视频文件类的状态图

2. 状态图的要素

初始状态：用实心圆表示。

最终状态：用内部实心同心圆表示。

状态：用椭圆或圆角矩形表示对象的一种状态。

转移：用箭头表示从箭头出发的状态可以转换到箭头指向的状态。

事件：引起状态转换的原因。事件名在转移箭头线上方标出。

条件：事件名后加方括号，括号内写状态转换条件。

3. 特殊状态类型

1）组合状态

组合状态是指含有子状态的状态。例如，洗衣机的“运行”状态，包含三个子状态，如图 1-26 所示。

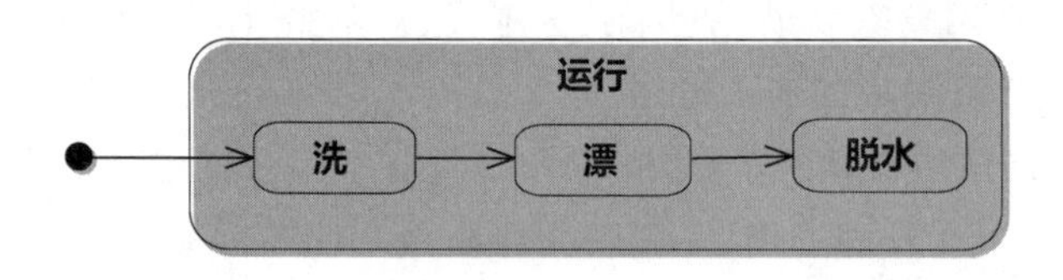

图 1-26　组合状态

组合状态可以通过“或”关系分解为互相排斥的顺序子状态，或使用“与”关系分解为并发子状态，有以下两种表示方法。

（1）顺序子状态。

如果一个对象在生命周期内的任何时刻都只能处于一个子状态，即多个子状态之间是互斥的，不能同时存在，这种子状态称为顺序子状态。例如，电商平台的订单类，买家下单后，可能出现两种等待收货情况：一是缺货，二是买家希望延迟收货。为了处理上述两种情况，订单类应该有一个“待处理”组合状态，该状态中有两个互斥子状态：“缺货”和“延迟发货”，如图 1-27 所示。

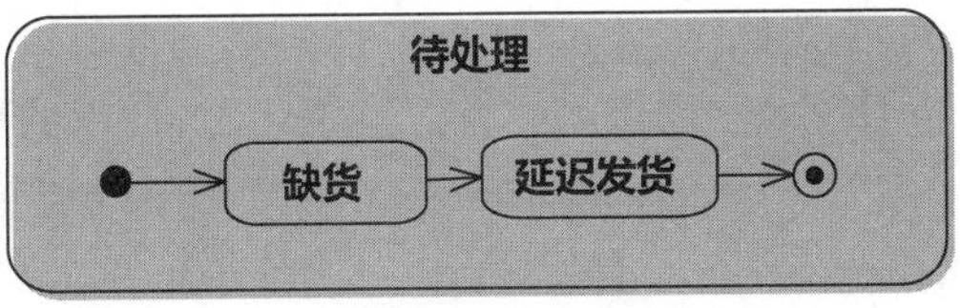

图 1-27　组合状态——顺序子状态

(2) 并发子状态。

当组合状态有两个或者多个并发的子状态机,此时称这些子状态为并发子状态。例如,飞机的“飞行”状态中,“平飞”“爬升”和“下降”是互斥的子状态,而在“飞行”状态中同时存在“自动驾驶”和“人工驾驶”两种互斥状态,如图 1-28 所示。

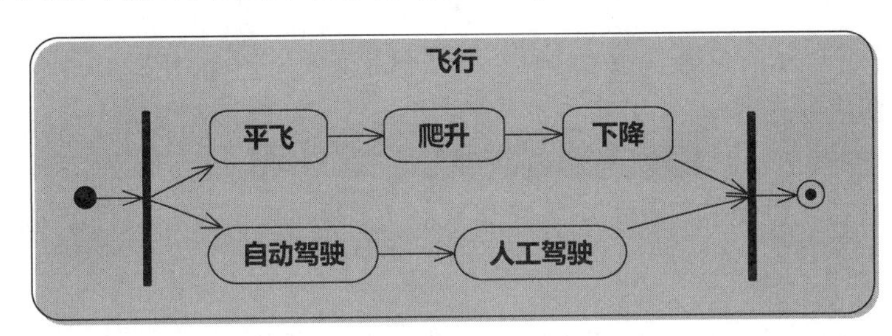

图 1-28　组合状态——并发子状态

2) 历史状态

历史状态是伪状态，其目的是记住从组合状态中退出时所处的子状态，当再次进入组合状态时，可以直接进入这个子状态，而不是再从组合状态的初态开始。

(H)表示浅(shallow)历史状态，只记住最外层组合状态的历史。

(H*)表示深(deep)历史状态，可以记住任意深度的组合状态的历史。

4. 状态图要素 1——状态

一个状态图中,初态只能有一个,但终态可以有一个或多个,也可以没有终态。

中间状态包括两个区域：名字域和内部转移域,中间用横线分开,如图 1-29 所示。横线上面是名字域,下面是该状态的进入/退出动作(entry/exit)和内部转移域(可选)。内部转移是指不导致状态改变的转移,不会执行 entry 和 exit 动作。

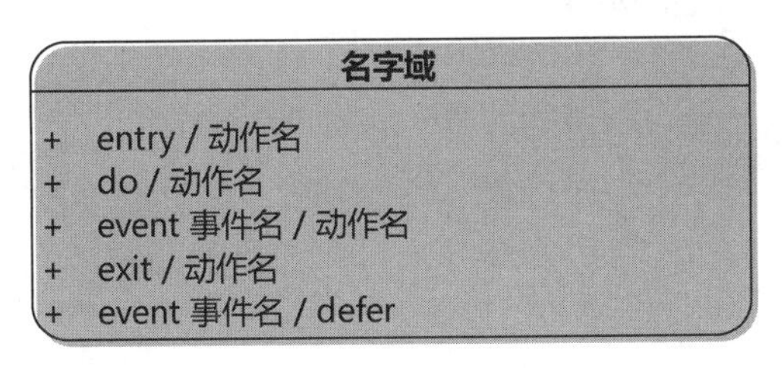

图 1-29　状态的 UML 表示方法

(1) 进入标识为 entry/动作名：做这个动作时,类转入该状态。

(2) 退出标识为 exit/动作名：做这个动作时,类转出该状态。

内部转移域的内容如下。

(1) 活动标识为 do/动作名：当处于该状态时,类所执行的动作。活动是只在当前状态内出现的活动，不能附加到转换上。

(2) 事件标识为 event 事件名/动作名：当处于该状态，标识的事件发生时，类所执行的动作。

(3) 延迟响应事件标识为 event 事件名/defer：当标识的事件发生时，对象将延迟响应，到别的状态中再处理，用 defer 这个特定动作表示延迟。

5. 状态图要素 2——转移

转移(transition)是用两个状态之间的箭头和其上的事件名称表示两个状态间的一种关系，表示对象在某个特定事件发生或某个特定的条件满足时，将从原状态进入目标状态。

如果箭头上不带任何事件名，表示是一个自动转换，当与源状态相关的活动完成时就会自动触发。

每个转移只允许有一个事件触发，一个事件只允许有一个动作。

1) 转移的表达方式

转移有五个要素表示：事件(参数)[条件]/动作。如图 1-30 所示，表示汽车未启动状态下(原状态)，当蓄电池有电(条件)时，汽车被点火(事件)，检查各部件状态(动作)，进入启动状态(目标状态)。

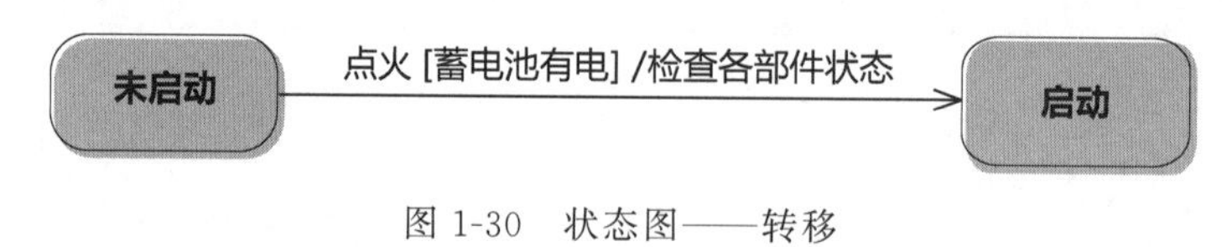

图 1-30　状态图——转移

2) 转移的类型

转移分为外部转移和自转移。外部转移是指两个不同状态之间的转移，箭头从一个状态指向另一个状态；自转移是一种特殊的外部转移，指同一个状态下的转移，箭头从一个状态指向自己。此时一般是指当引起外部转移的事件所要求的条件不满足时，即使事件发生，状态也不会转换。

例如，如图 1-31 所示，当账户处于正常状态，取款(事件)发生时，如果取款总金额超过当日限额(条件)，账户状态转换为“当日取款超限状态”；否则，如果这个条件不成立，账户状态就不会改变。

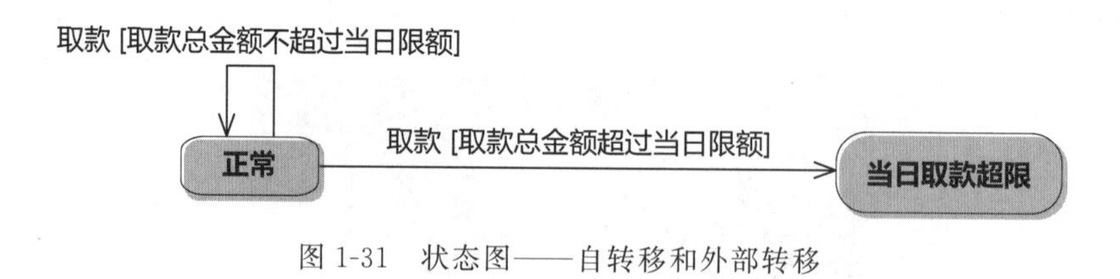

图 1-31　状态图——自转移和外部转移

6. 状态图要素 3——事件

事件触发对象状态的转移。主要分为四类事件：信号事件、调用事件、变化事件和时间事件。

1) 信号事件

对象之间通过发送信号和接收信号实现状态转换。一个信号事件建立两个对象之间的异步单向通信。也就是说，发送信号的对象只管将信号发送出去。在计算机中，鼠标和键盘的操作均属于此类事件。

2）调用事件

一个对象（调用者）请求调用另一个对象（被调用者）的操作。一个调用事件建立两个对象之间的同步通信。也就是说，调用者必须等待被调用者的响应：调用者调用被调用者的操作时，控制就从调用者传送到被调用者，该事件触发了被调用者状态转换，完成操作后，被调用者转换到一个新的状态，控制返还给调用者。

3）变化事件

变化事件使用关键字 When（布尔表达式/事件）描述，例如：When（飞行高度<120）/爬升（）。当布尔表达式变真时，事件就会发生。

4）时间事件

时间事件是指在绝对时间或在某个时间间隔内发生的事情所引起的事件。用关键字 When（时间）/事件或 After（时间）/事件表示。

1.7.7 包图

1. 用例包图

在系统或软件的用例较多时，可以使用用例包对用例建立分层结构化关系，便于开发人员理解和管理。对每个包遵循 7±2 的原则划分用例。

用例包是功能的逻辑单元，相当于目录组织结构，与系统或软件实现没有关系。

2. 类包图

在软件的类较多时，为了更清晰地表述类之间的关系，使用类包图，如图 1-32 所示。

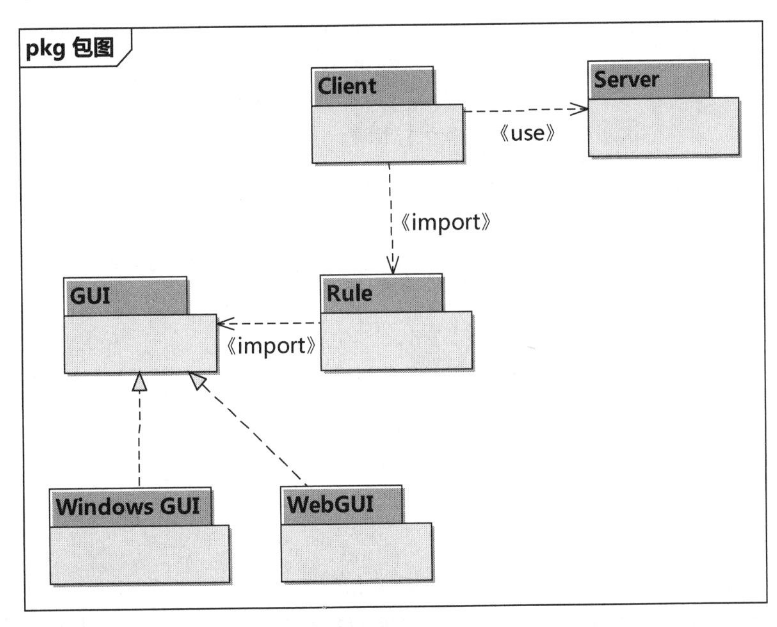

图 1-32 类包图

在软件架构设计良好的情况下，类包能够表示一组紧耦合的类，用于划分软件的逻辑模型，描述了软件体系结构的逻辑视图。

此时，将相关类组织为（水平）层次结构，集中在一个包内。类在层与层之间关系明确，且只与相邻层发生关系,不会跨层产生关系。这种分层设计将类之间的网状关系变为只在层内为网状关系,相邻层之间关系简单,降低了复杂性。如三个层次的类包:边界类包、控制类包、实体类包。

1.7.8 构件图

1. 构件图的概念

对系统而言,构件是系统的可替代的物理部分,是定义了良好接口的物理实现单元,它表示的是实际的事物。构件和其他构件存在接口上的依赖关系,即不直接依赖于其他构件,而依赖于其他构件所支持的接口(接口是被软件或硬件所支持的一个操作集)。通过使用命名的接口,可以避免在系统的各个构件之间发生紧耦合的依赖关系,系统中的一个构件可以被支持正确接口的其他构件所替代,有利于新构件的替换。

UML 定义了 5 种标准构件构型:可执行程序、库、表、文件、文档。构件图主要用于描述系统中 5 种构件之间的依赖关系,例如,可执行文件和源文件之间的依赖关系。

构件图从软件架构的角度描述一个构件及其之间的关系。构件图主要用在系统架构设计阶段,与部署图一起描述系统的物理视图。

2. 构件图要素

(1) 构件:由一边有两个小矩形的一个长方形表示。

(2) 依赖:依赖是两个构件之间的一种关系,用带箭头的线条(------>)从依赖构件(A)指向被依赖构件(B),如图 1-33 所示。意思是构件 A 要求使用构件 B 提供的服务,具体的服务就是构件 B 实现的接口集。UML 可以使用“棒棒糖”表示法为构件接口建模。图 1-33 表示了构件 A 使用构件 B 实现的“学生注册课程”接口,构件 A 使用构件 C 实现的“教师注册课程”接口。

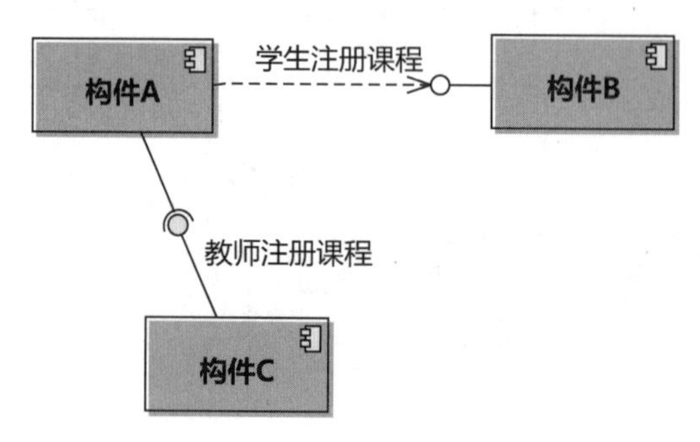

图 1-33　构件图示例

(3) 组合:即一个构件可以包含另一个构件。

3. 构件与类的关系

构件实现了接口,类也实现了接口,但是它们有以下区别。

(1) 类是系统逻辑层面的表示,构件是系统的物理实现部分。在物理层次上,每个类至少由一个构件实现。

(2) 构件对外展现的接口仅是它实现的类的部分接口,其他接口被构件封装,对外部构件不可见。最特殊情况下,构件实现的接口可以由一个类实现。

1.7.9 部署图

1. 部署图的概念

部署图表示系统中软件和硬件的物理架构。一个UML部署图描述了一个运行时的硬件节点(物理计算资源),以及在这些节点上运行的软件组件的静态视图。部署图显示了系统的硬件、安装在硬件上的软件,以及用于连接异构的机器之间的中间件。

部署图主要有以下两种用途。

(1) 在系统需求分析初期,描述一个组织的硬件/网络基础结构。

(2) 在系统设计阶段,描述一个系统的主要硬件结构,包括嵌入式系统的设计、描述硬件和软件结构。

2. 部署图的要素

(1) 节点:UML用一个长方体表示,表示一个计算资源,最低要求是节点内有内存和计算能力。一般是一个单独的硬件设备,例如,一台计算机、网络路由器、主机、传感器等。每个节点都有名称,通常用描述性术语命名节点。

(2) 依赖和通信关联:也称为连接,UML用连接节点间的线条表示。可以用版型注明节点之间的通信协议。UML定义的通用版型见表1-5。

表1-5 UML定义的通用版型

序号	版　　型	含　　意
1	异步	一个异步连接,也许经由一个消息总线或消息队列
2	HTTP	超文本传输协议,一个网际协议
3	JDBC	Java数据库连接,一套为数据库存取编写的Java API
4	ODBC	开放式数据库连接,一套微软公司的数据库存取应用编程接口
5	RMI	远程方法调用,一个Java的通信协议
6	RPC	经由远程过程调用的通信
7	同步	一个同步连接,发送器等待从接收器回来的反应
8	Web Services	经由诸如SOAP和UDDI的Web Services协议的通信

3. 部署图与构件图关系

节点是构件部署的物理位置,节点有计算能力,所以节点上能够运行构件。整个构件图都可以放在一个部署上表示,如图1-34所示,表示节点"便携控制终端"上运行构件A和构件B。

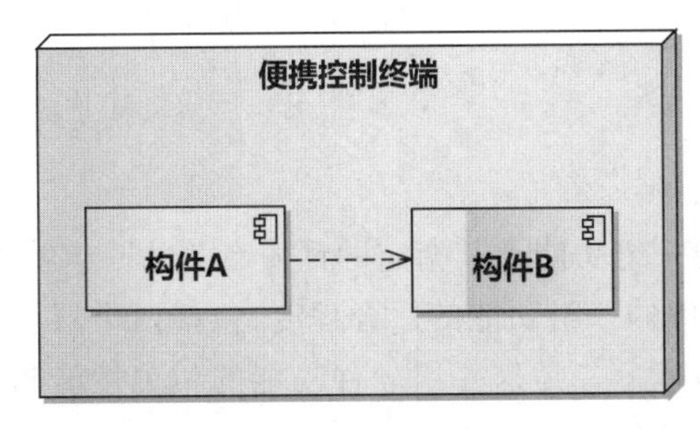

图1-34 部署图

1.8 质量因素

质量因素是指 ISO/IEC 9126(GB/T 16120—1996)定义的 6 类 21 项质量特性。其关系见表 1-6。

表 1-6 6 类 21 项质量特性

序号	质量特性	子特性	含　　义
1	功能性	适合性	软件提供的功能是否与规定任务适合
2		准确性	软件提供的功能是否能够得到任务需要的正确或相符的结果/效果
3		互操作性	与其他指定系统进行互操作的能力
4		依从性	遵循有关标准、规定
5		安全性	防止恶意入侵的能力、防止设备受损/人员伤害的能力
6	可靠性	成熟性	软件故障引起失效的频度
7		容错性	软件故障或违反指定接口情况下维持规定的性能水平的能力
8		易恢复性	失效发生后重建其性能水平并恢复直接受影响数据的能力
9	易用性	易理解性	用户为认识逻辑概念及其应用范围所付出的努力
10		易学习性	用户为学习软件应用而付出的努力
11		易操作性	用户为操作软件而付出的努力
12	效率	时间特性	软件执行功能时响应和处理时间以及吞吐量
13		资源特性	软件执行功能时所使用的资源数量及其使用时间
14	维护性	易分析性	诊断缺陷、判断待修改内容的容易程度
15		易改变性	修改软件(修复错误或适应环境变化)的容易程度
16		稳定性	对修改所造成的出乎预料结果
17		易测试性	对修改的软件功能、性能、接口等进行测试的容易程度
18	可移植性	适应性	无须修改,就可以适应不同规定环境的能力
19		易安装性	在指定环境下安装软件的难易程度
20		遵循性	是否遵循与可移植性相关的标准或规定
21		可替换性	是否可以在指定环境下替换指定的其他软件

质量因素属于非功能需求,但是,往往其中的关键质量因素决定了软件体系结构,而且,经充分分析的很多质量因素,都需要采取特定的解决措施,最终被转换成具体的技术性功能需求。

质量因素分为全局性和局部性,全局性是指与某个功能无关的,在系统/软件需求文档中通常需要单独章节描述;局部性是指与某个功能相关的,在系统/软件需求文档中通常在该功能对应章节进行描述。

1.8.1 功能性

功能性是指与软件的一组功能及其指定的性质有关的一组特性。

(1) 适合性:度量软件的一组功能的适合程度,包括两个层面,一是所提出的一组软件功能与涉众需求的符合程度;二是这一组软件功能的相关性能与使用环境的符合程度,如能够支持的并发用户数。

（2）准确性：度量软件的一组功能的准确程度。即这一组功能实现后，能否得到正确的结果或相符的效果。如气象仪软件实现的测量环境温度、湿度、风力等的功能，其结果的正确性。

（3）互操作性：度量软件的一组功能与其他指定系统一起工作并共享信息的能力。即这一组功能实现后，是否能够与其他指定系统无缝协调工作。如某办公软件既可以运行在Windows操作系统，也可以运行在Mactonish操作系统，且生成的文件可以互相操作。

（4）依从性：软件遵循有关标准约定法规的特性。

（5）安全性：度量软件防止程序和数据被非授权（故意或意外）访问的能力，以及防止软件失效导致人员伤亡、设备损害的能力。如软件存在安全缺陷，被注入木马病毒；电源控制软件缺少安全措施，过电压烧毁用电设备；飞行控制软件缺少安全措施，导致机毁人亡等。

1.8.2 可靠性

可靠性是指与在规定的一段时间和条件下，软件维持其性能水平的能力有关的一组特性。

（1）成熟性：度量由软件故障引起失效的频度。

（2）容错性：度量软件在故障或接口异常的情况下，维持规定的性能水平的能力。

（3）易恢复性：度量软件在失效发生后，重建其性能水平并恢复受影响数据的能力。

这组质量因素通常在系统/软件设计时，需要制定设计策略，采取专门的解决措施。

1.8.3 易用性

易用性是指与一组规定或潜在的用户为使用软件所需做的努力和对这样的使用所做的评价有关的一组特性。

（1）易理解性：与用户为认识逻辑概念及其应用范围所花的努力相关的软件特性。

（2）易学习性：与用户为学习软件应用所花的努力相关的软件特性。

（3）易操作性：与用户为操作和运行控制所花的努力相关的软件特性。

这组质量因素通常在软件设计时，会转换为具体的技术性功能需求。这组质量因素是与人机交互界面、联机帮助有关的，易理解性和易学习性可以归纳为界面友好性，通常涉及良好的界面导航设计、界面菜单的名称使用核心域词语；易操作性与界面元素设计有关，例如一个功能的完成界面应尽量少，以减少界面流转的次数。

1.8.4 效率

效率是指与在规定的条件下，软件的性能水平与所使用资源量之间关系有关的一组特性。

（1）时间特性：度量软件执行其功能时处理时间以及吞吐量的能力。

（2）资源特性：度量软件执行其功能时所使用的资源数量及其使用时间。

这组质量因素属于性能需求，通常是局部性的，是度量软件执行某个功能所耗费的时间、执行速率、吞吐量等能力的。

所以，这组质量因素是对功能的度量，表示对系统能够做的某事而言，能够做到什么程度，能够做得有多好。在系统/软件设计时，需要对关键的性能指标进行设计决策，因为它是影响架构设计的重要因素。

1.8.5 维护性

维护性是指与进行指定的修改所需的努力有关的一组特性。

(1) 易分析性：易于诊断缺陷或失效原因及判定待修改内容。

(2) 易改变性：易于修改以修正缺陷，或修改以适应环境变化。

(3) 稳定性：降低/避免因修改造成新的缺陷的风险。

(4) 易测试性：易于对修改内容进行验证确认。

这组质量因素是全局性的，涉及软件编码的规范性、良好的软件架构设计(如处理逻辑和数据分离)等。

1.8.6 可移植性

可移植性是指与软件可从某一环境转移到另一环境的能力有关的一组特性。

(1) 适应性：无须采用其他手段就可以适应不同的使用环境的能力。

(2) 易安装性：在指定环境下易于安装。

(3) 遵循性：遵循与可移植性相关的标准或规定。

(4) 可替换性：在指定环境下替换其他指定软件的能力。

这组质量因素是全局性的，涉及选择合适的开发工具、平台等。

1.9 设计约束

设计约束是实现系统时必须遵守的一些约束。设计约束是需求，不是设计，两者的稳定性不同。

参考温昱的《一线架构师实践指南》的约束分类理论，将约束分为四类：业务环境约束，使用环境约束，构建环境约束，技术环境约束。这四类约束来源于不同的涉众，对应不同层次的需求。

1. 业务环境约束

这是来自出资方的约束，对应于业务级需求，主要包括：技术性约束(如由出资方指定的框架平台、关键模型算法等)、法规性约束(如禁止使用解释性编程语言)、竞争因素、与原有系统的集成要求、业务规则、标准性约束等。

2. 使用环境约束

这是来自使用方的约束，对应于用户级需求，如用户群、用户水平、使用者的专业能力、分布式使用、使用环境有电磁干扰、气候环境恶劣(严寒、酷暑)等因素。

3. 构建环境约束

这是来自开发和维护人员的约束，对应于开发级需求，如开发人员的技术水平、业务知识、管理水平等。

4. 技术环境约束

这是来自业界当前技术环境约束，在三层需求中均可能涉及，如技术平台、中间件、编程语言成熟度等。

在系统架构设计初期，系统设计师需要将需求分析得到的这些约束进行转换：一类能够转换为功能需求；一类转换为质量属性；还有一类是架构设计应直接遵守的设计约束。

下面以银行的 ATM 系统为例分析四类约束。

(1) 来自出资方的业务环境约束。与银行后台系统安全连接、新业务更新便捷。

(2) 来自使用方的使用环境约束。使用 ATM 系统的人群广泛(年龄、受教育程度不等)，分布的网点多，使用安全。

(3) 来自保障方的构建环境约束。维护简单，能够模块更换。

1.10 架构设计

系统架构或系统体系结构是指系统的模块化组成，即组成系统的部件，以及部件之间的关系。

架构设计是“需求进、架构出”的过程，是对需求分析提出的“问题”给出解决方案的过程，是从“问题域”转入“解决方案域”的过程。

架构设计是研究“将系统分为哪些部分，各部分之间如何协作完成功能需求”的工作，也可以表述为“架构设计＝部件＋交互”。

因此，架构设计的主要工作是设计组成系统的部件，对这些部件分配职责，使得部件与部件之间形成职责链，每一条职责链负责实现一个功能需求。

设计系统部件和对部件分配职责的依据是需求分析的工作成果(三类需求)，即功能需求、质量属性和设计约束共同决定了架构。

这三类需求与架构设计的关系可以表述为“约束是架构设计要解决的问题(功能＋质量属性)的上下文”。

1.11 需求与设计的关系

潘加宇描述的公式“利润＝需求－设计”，以及“需求工作致力于解决‘产品好卖’的问题，设计工作致力于解决‘降低成本’的问题”，能够很好地说明需求与设计的关系。

需求属于“问题域”，设计属于“解决方案域”。无论是谁来做需求，对一个系统而言，需求分析的结果是“唯一解”，但是每个设计师给出的设计就可能是完全不同的。

需求工作需要正确提出“问题”，这些“问题”就是未来系统要承担的责任。“问题”找准了、找对了才可能解决“产品好卖”的问题。

所以，在“问题域”，需求分析人员需要对每个“问题”用 why、who、when、what 进行思考。即：①为什么有这个需求？这个需求最终解决的问题是什么？②谁(外部执行者)在什么时候让系统干什么？

why 是系统需求分析时最容易被忽视的，这也是目前主流系统需求分析方法认为导致需求易于变更的主要原因。“只知其然不知其所以然”，就容易掩盖真实需求，表达出来的往往不是 why 所关注的问题。

设计需要针对需求提出的“问题”给出解决方案，即未来系统如何工作才能满足需求。

所以,设计主要回答系统怎么做(how)。良好的设计在满足需求的同时,还需要提高所设计部件的复用度(每个部件应该只实现一种功能,即高度内聚)、降低部件之间的耦合度(部件之间相互依赖应该最小),这样才可能降低系统的维护成本,以及类似系统的研制成本。

思 考 题

题目 1 系统需求分析和设计面向的三类研究对象是什么?这三类研究对象之间有什么关系?

题目 2 可以使用 UML 用例,对三类研究对象进行建模,那么 UML 用例代表了这三类研究对象的什么?这三类研究对象的用例之间是什么关系?

题目 3 需求分为几类?有哪几个层次?

题目 4 使用 UML 用例图对下述课程注册管理系统进行建模;并使用 UML 类图对下述各事物之间的关系建模。

某大学的课程注册管理系统,允许学生和教授通过互联网访问。

学校教务处的登记造册人员负责将在校学生和教授信息录入系统,并负责更新维护。

学生和教授根据收到的注册密码在系统进行注册。

当新学期课程发布前,教授登录系统,选择所教的课程,每位教授可以选择两门课程,每门课程可以由两位教授选择;系统需要对每位教授所选课程和时间进行校核,避免出现冲突。所有教授选课完毕后,系统自动发布。

之后,学生登录系统,在规定的时间内进行课程注册。

每次考试后,教授负责向系统提交学生成绩表;学生可以浏览下载自己的成绩单。

第2章 软件开发过程

2.1 基本活动

软件开发活动不能脱离系统，因为软件只是“系统”中的一部分，属于“系统”的部件。

本书适用于两类系统，一类是“纯软件系统”，是指直接运行在计算机设备(货架产品)上的软件系统，系统开发活动中不涉及硬件开发，只需按照系统需求对硬件进行选型后直接采购或集成；例如办公系统、图书管理系统等。另一类是“软硬结合系统”，是指软件运行在特定硬件上的系统，系统开发活动不仅需要开发软件，也需要研制相应硬件，例如雷达系统、飞机的机载航电系统等。

软件开发的工程类活动(不包括管理类活动，如策划、配置管理、质量保证、测量等)分为：系统需求分析、系统设计、软件需求分析、软件设计、软件实现/单元测试、部件测试、CSCI 测试、系统测试。

对于“软硬结合系统”，系统需求分析和系统设计是由系统开发者(如系统总体单位或子系统总体单位的项目开发团队中系统设计负责人)负责完成，软件开发者(包括总体单位的项目开发团队中的软件负责人和各软件配置项承担单位的软件负责人)只是“参与”这些活动，协助系统开发者完成“与软件相关的活动”。“与软件相关的活动”是指明确系统有哪些软件部件的活动，以及对软件部件进行职责分配、确定软件和硬件接口关系、物理连接关系等活动。也就是说，软件开发者在系统设计过程中，重点记录与软件相关的系统设计内容。对于“纯软件系统”，系统需求分析和系统设计是由软件开发者负责完成的。

针对一个包含软件的系统开发项目，一个软件开发组织如何安排这些开发活动，是需要根据项目特点、开发组织的团队结构、人员能力水平视情况决定的，以便形成一个完整有效的开发过程。目前，常见的开发过程包括：瀑布式开发、增量式开发、演进式开发和敏捷开发。

2.2 瀑布式开发

瀑布式开发的特点是一次性完成开发，即一次确定需求，一次完成设计和编码。开发过程从系统需求分析开始，直至系统测试，一次完成。其开发过程示意见图 2-1[8]。瀑布式开发适用于需求明确的项目。在开发过程中，合格性测试与需求分析、设计和编码相对独立，不仅人员独立，而且过程分离，在进入测试之前，只产生一个版本。

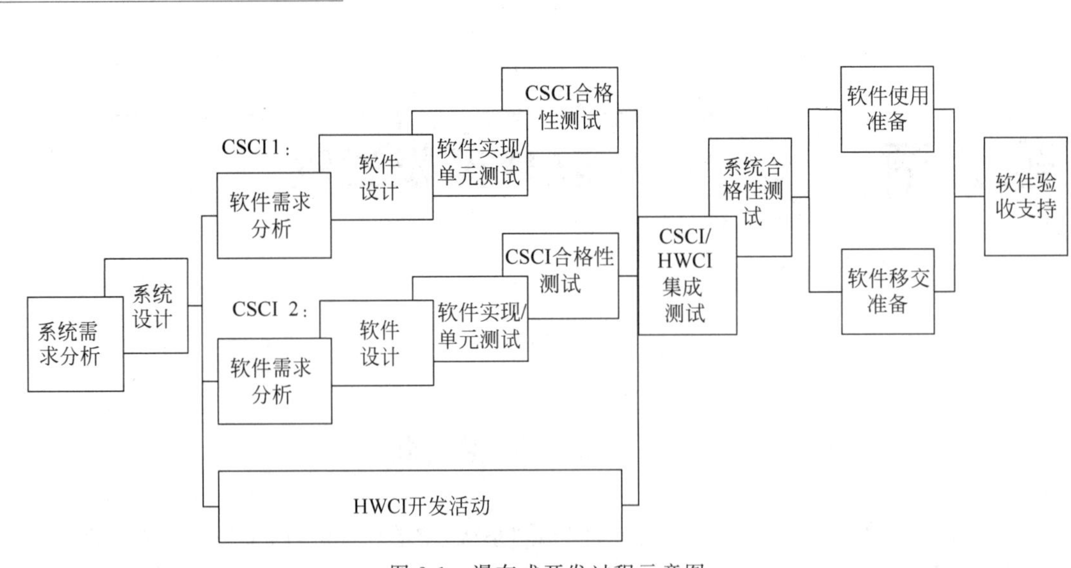

图 2-1　瀑布式开发过程示意图

2.3　增量式开发

增量式开发的特点是一次确定需求,分多次设计和实现完成。就是在确定需求后,增量开发多个构建版本,每个版本比前一个增加一些能力。开发过程从系统需求分析开始,一次性确定需求,之后从软件设计活动开始迭代,每次迭代形成一个构建版本,直至实现所有能力。其开发过程示意见图 2-2[8]。增量式开发适用于需求明确,但是开发人员数量/能力与软件规模不能较好匹配的项目。同样,在开发过程中,合格性测试与需求分析、设计和编码相对独立,不仅人员独立,而且过程分离。

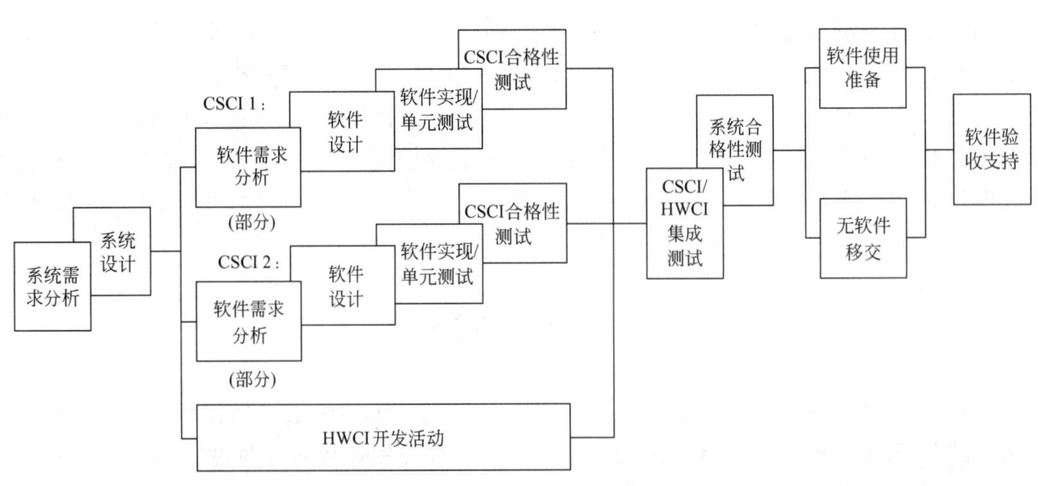

图 2-2　增量式开发过程示意图

构建版本2开发过程：系统需求分析和设计尽量不变更，完成剩余需求的开发，在用户现场部署完整版，并移交给保障机构

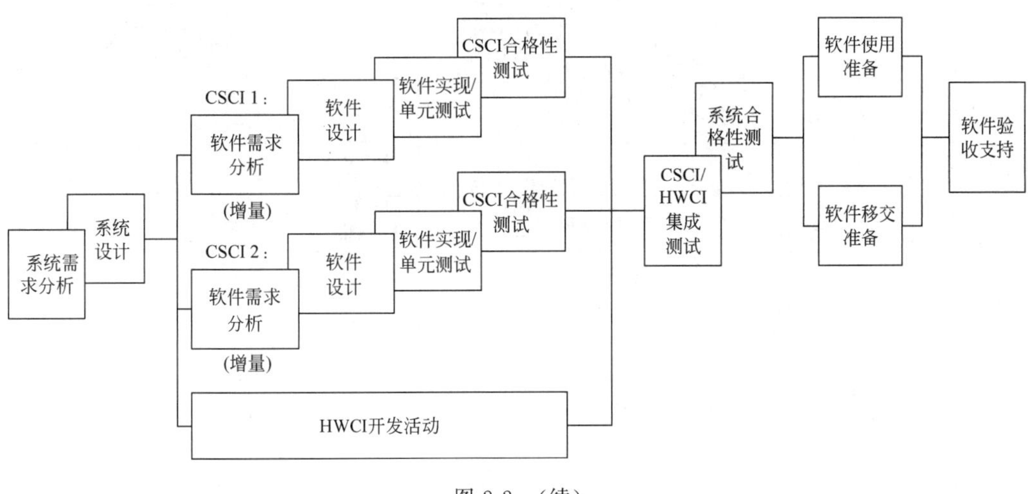

图 2-2 （续）

2.4 演进式开发

演进式开发的特点是多次确定需求，多次设计和编码完成。其开发过程示意见图 2-3[8]。演进式开发适用于需求不完全清楚，不可能预先定义全部系统需求，需要在每个构建版本中逐步精炼用户需求的项目。每个构建版本确定一部分需求，迭代开发多个构建版本，开发过程相当于从系统需求分析开始，直至合格性测试的多次迭代。

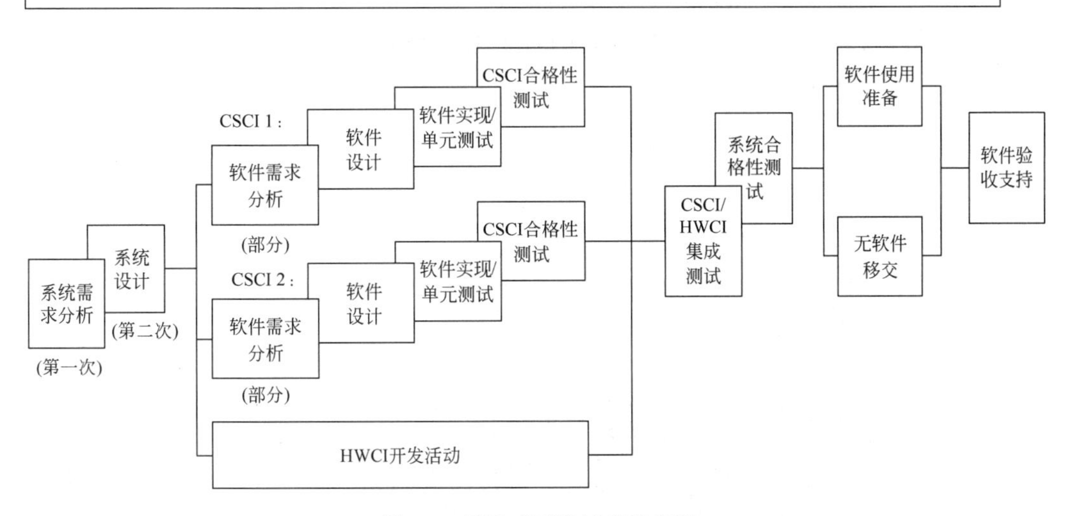

图 2-3 演进式开发过程示意图

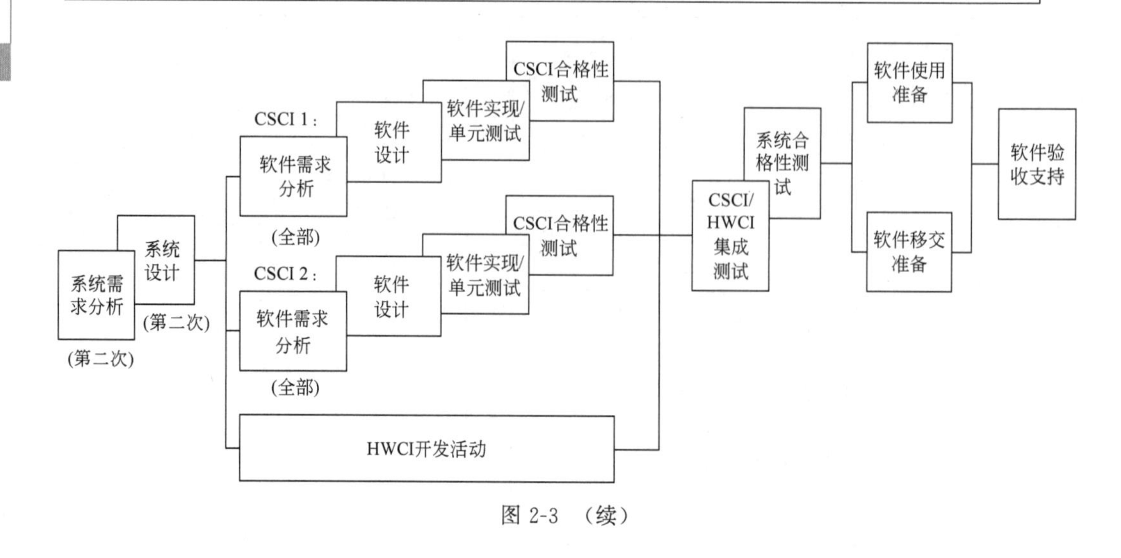

图 2-3 （续）

2.5 敏捷开发

敏捷开发是在一个极短的发布周期内交付业务价值的一小部分(一个构建版本)。敏捷开发的最突出特点是测试驱动多构建版本的迭代开发。测试人员与需求分析人员、设计人员和编码人员共同组成一个开发团队。在需求分析阶段,开发团队先分析得到一组有价值的用例,对这组用例按照优先顺序设定迭代周期,测试人员根据用例设计编写全部测试用例,待开发人员完成其中一个软件单元后,启动单元测试,直至某个部件的所有软件单元完成测试后,启动部件测试;全部部件完成测试后,启动面向用例的集成测试;全部用例测试通过后,发布一个构建版。敏捷开发过程示意见图 2-4。每一个迭代周期(t1,t2,t3,t4)内,完成一个构建版,每个构建版实现不同的用例(A、B、C 等)。

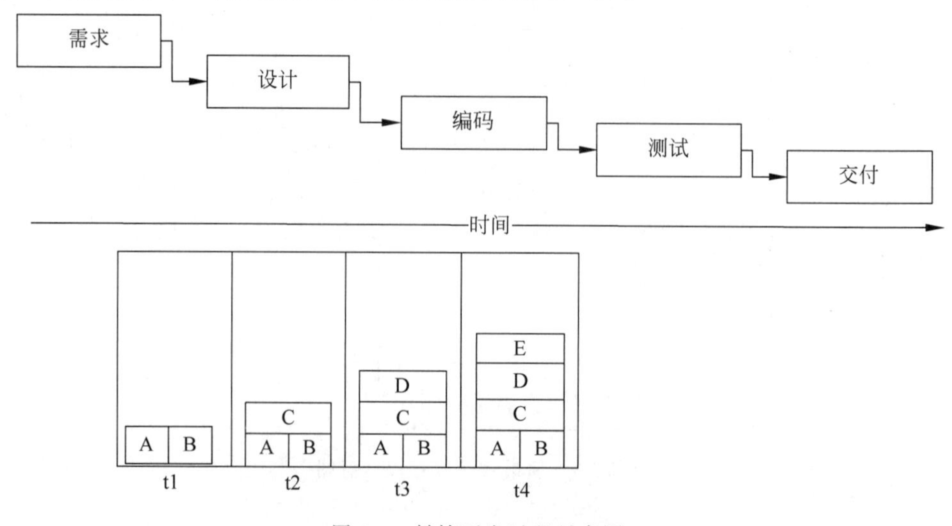

图 2-4 敏捷开发过程示意图

在前述传统开发模式中，测试人员与开发人员独立工作，测试与开发是独立的活动，其交叉点仅出现在一个构建版交付前后，开发人员提交一个待交付的构建版，测试人员研究软件需求文档，制定测试计划，进行测试。测试作为一个独立阶段，往往由于编写代码占用了比预期长的时间，而压缩了测试的时间，影响测试质量。

与传统开发模式比较，敏捷开发不仅是迭代和增量的，更重要的是测试驱动的，测试人员参与软件需求分析，在编码未开始前，已经形成测试用例，这些测试用例是面向具体的能力需求(用例)的，需要覆盖功能、性能、接口、压力、安全、人机交互友好性等方面，所以这样的测试是驱动设计和编码的，设计人员需要参考测试覆盖的"非功能性需求"，程序员需要参考测试用例设计代码对异常情况的处理，以及如何编写易于测试的代码。程序员和测试人员的工作在每个迭代周期内都是交叉进行的，不会出现"小型瀑布"的错误，即开发人员用一周编码，测试人员再用后续一周进行测试。

2.6 需求分析/设计活动

在软件开发过程中，需求分析/设计活动包括：系统需求分析、系统设计、软件需求分析和软件设计。

无论采取什么方法开展上述活动，都有必要记录一些重要的工作内容。

需求分析/设计活动与对应 GJB 438B 要求的开发文档的关系见表 2-1。本书中对上述软件开发活动推荐使用的研究方法见表 2-2，对研究方法包含的具体的软件方法描述见表 2-3。

本节的三张表，主要起到对本书介绍的方法提纲挈领的作用，便于读者能够系统地、俯视地理解这些方法。

表 2-1 需求分析/设计活动与对应文档关系

序号	软件开发活动	研究对象	对应的文档	目　　标
1	系统需求分析	组织/黑盒	运行方案说明	(1) 组织的业务用例以前是如何实现的 (2) 新研/改进系统后，组织的业务用例是如何实现的
		系统/黑盒	系统/子系统规格说明	得到系统的三类需求：系统用例、质量因素和约束
2	系统设计	系统/灰盒	系统/子系统设计说明	(1) 系统的架构设计决策 (2) 系统的组成部件以及部件之间关系 (3) 每个部件被分配的职责
			软件研制任务书	系统的软件部件(CSCI)的职责
3	软件需求分析	软件配置项/黑盒	软件需求规格说明	得到 CSCI 的三类需求：软件用例、质量因素和约束
4	软件设计	软件配置项/灰盒至白盒	软件设计说明	(1) CSCI 的架构设计决策 (2) CSCI 的组成部件以及部件之间关系 (3) 每个部件的详细设计说明

表 2-2 开展需求分析/设计活动的研究方法概要

序号	开发活动	研究对象	研究内容	研究目标	研究方法
1	系统需求分析	组织	系统如何改善组织的业务用例(价值)实现过程(业务流程)	得到系统用例和用例规格	找出组织的业务用例
					使用业务用例的序列图找出系统的用例、确定系统用例规约
2	系统设计	系统	设计系统的组成部件	得到软件配置项	与领域密切相关,因各领域而定
			对部件分配能力需求	得到软件配置项的能力需求	使用系统用例的序列图,得到软件用例
3	软件需求分析	软件	对软件用例进行详细的分析,得到每个用例的规约	得到软件用例规格、接口规格、质量因素等	确定软件用例规约
4	软件设计	软件	软件架构设计	得到软件的组成部件,以及部件之间的静态关系(调用关系)和动态关系(职责链关系)	与领域相关,因各领域而定;动态关系可以用序列图、状态图等描述
			软件详细设计	得到每个部件的实现细节	使用伪代码或流程图描述

表 2-3 开展需求分析/设计活动的软件方法概要

GJB 2786 的活动	活动目标	软件方法	GJB 438B 的文档
系统需求分析	分析获取系统的能力需求	(1) 研究系统所属组织的业务:得到组织的业务用例 (2) 研究业务流程现状:得到现状下的业务用例序列图 (3) 对业务流程进行改进:得到新研/改进系统的职责	运行方案说明
		(4) 系统能力需求 ① 系统用例图 ②系统用例规约 ③ 内部数据需求:领域类图(局部) (5) 系统质量因素 从三个需求层次上进行分析 (6) 系统设计约束 从三个需求层次、四类约束进行分析	系统/子系统规格说明
系统设计	将系统的能力分配给合适的部件(硬件和软件)	(1) 系统级设计决策 ① 使用需求矩阵与需求规格说明对接,得到关键需求 ② 根据关键需求中的功能和约束,给出初步的系统设计(系统概念性架构)和设计决策 ③ 根据关键质量属性,使用“目标-场景-决策表”方法完善初步系统设计和设计决策 (2) 系统体系结构 ① 部件静态关系:系统组成图、部件列表 ② 部件动态关系/执行方案: 系统用例序列图(描述各软/硬件之间如何协作实现用例)	系统/子系统设计说明 软件研制任务书

续表

GJB 2786的活动	活动目标	软件方法	GJB 438B的文档
软件需求分析	分析识别各CSCI的能力需求(问题域)	(1) CSCI能力需求 ① CSCI用例图；来自系统设计的4.2节 ② CSCI用例规格表 (2) CSCI外部接口需求：来自CSCI用例图 (3) CSCI内部数据需求：来自CSCI用例规约的类图(不含类操作) (4) 软件质量因素 (5) 设计和实现约束	软件需求规格说明
软件设计	给出可行的解决方案(解决方案域)	(1) CSCI级设计决策 (2) CSCI体系结构设计 ① CSCI部件设计 借鉴4+1视图方法,得到5类设计视图 ② 执行方案设计 • CSCI用例的序列图(描述类或模块是如何协作实现用例的) • 并发控制方案 • 状态变化方案	软件设计说明

2.6.1 系统需求分析

系统需求分析的目标是发现系统的能力需求,即系统能够做什么,以及能够做得多么好。

系统需求分析的研究对象是系统所属的组织,首先将组织作为黑盒研究,发现组织的业务用例；基于这些业务用例,发现在当前状态(未引进新系统)下,组织的业务用例是如何实现的；之后,将新系统引进后,这些业务用例又是如何实现的。以上分析内容应描述在运行方案说明中。

从新系统改善的组织的业务流程中,发现新系统的能力需求,并对这些能力需求进行规约说明。规约说明是指描述系统如何与外部执行者之间经过一系列交互,达成系统对外部执行者承诺的价值。

以上分析内容应描述在系统规格说明中。

综上,系统需求分析活动中,系统始终是个黑盒,所有的需求分析视角都是来自系统的外部,此时,系统内部由哪些部件(软件和硬件)组成是未知数。

2.6.2 系统设计

系统规格说明列出了系统必须满足的全部需求,系统架构设计人员需要依据规格说明对系统进行设计。

系统设计的目标是基于系统能力需求,设计出系统的组成部件(CSCI和HWCI),并将系统的能力需求分配给这些系统部件。

系统设计的研究对象是系统,系统设计师依据设计经验,对系统进行概要设计,主要包括确定系统设计决策(选取折中解决方案策略)、给出系统架构设计(系统的模块化构成)。

系统设计决策是指对关键系统能力需求给出决策,如针对某项性能指标要求(如跟踪成功概率),经过分析、论证甚至实验后,给出类似如下决策:影响该指标的关键是软件还是硬件,如果是硬件,以目前的硬件技术水平,可以用什么部件实现;如果是软件,以目前的跟踪算法水平,应该采用哪种算法。

系统架构设计是指系统由哪些部件组成,以及这些部件之间的静态关系(连接关系)和动态关系(交互关系)。在设计动态关系时,设计的主要工作内容是将系统的能力需求逐一分配给相应的软件和硬件。

以上分析内容应在系统设计说明中描述。此时,系统由黑盒变为灰盒。

系统设计工作完成后,系统设计师根据设计结果,对出现的软件,按照需方对软件配置管理的要求,可将多个软件的集合作为一个软件配置项,并对每个软件配置项下达软件研制任务书。任务书中的技术能力、性能要求、外部接口等内容均来自系统设计中系统部件之间动态关系的设计内容。

2.6.3 软件需求分析

软件需求分析的目标是发现软件的能力需求,即软件能够做什么,以及能够做得多么好。

软件需求分析的研究对象是软件,由于软件的能力需求已经在系统设计活动中确定下来,因此,软件需求分析的主要工作是对这些能力需求进行规约说明。规约说明是指描述软件如何和外部执行者之间经过一系列交互,达成软件对主执行者承诺的价值。

以上分析内容应描述在软件需求规格说明中。

综上,软件需求分析活动中,软件始终是个黑盒,所有需求分析视角都是来自软件的外部,此时,软件内部由哪些部件(软件单元)组成是未知数。

2.6.4 软件设计

本书的软件设计特指 CSCI 级设计,与系统设计有明显的区别。除了承担活动责任的开发人员角色不同,活动内容上也完全不同。系统设计是设计出 HWCI 和 CSCI 两类组成系统的部件,这些部件之间协作完成系统规格说明所提出的各项能力需求;软件设计是设计出组成 CSCI 的若干个软件部件,这些软件部件之间协作完成软件需求规格说明所提出的各项能力需求。所以,这些部件之间的静态关系和动态关系就是需求的解决方案。

软件设计的目标是基于软件能力需求,设计出软件的组成部件(软件单元),并对这些软件单元给出详细设计内容。

软件设计的研究对象是软件,软件架构设计师依赖设计经验,对软件进行概要设计,主要包括确定 CSCI 设计决策、给出 CSCI 架构设计。

CSCI 设计决策是指对关键/重大软件能力需求给出决策,如针对某项性能指标要求,经过分析、论证后,给出类似如下决策:采用哪种算法、是否需要并发处理、采用什么方式实现并发、针对效率问题用什么解决方案,以及无须考虑实现细节,能够回答软件如何实现关键能力需求的软件的概念性架构。

CSCI 架构设计是指 CSCI 由哪些部件组成,以及这些部件之间的静态关系(连接关系)

和动态关系(交互关系)。

之后,软件设计人员或编码人员可对软件单元进行详细设计。

以上设计内容应在软件设计说明中描述。此时,软件由需求分析时的黑盒经过概要设计后变为灰盒状态、最终经过详细设计后变为白盒状态。

思 考 题

题目 1 系统需求分析活动的目标是什么?在系统需求分析活动中,为什么不能直接明示其中包含的软件?

题目 2 软件职责的来源是什么?GJB 2786A 要求的软件研制任务书是在哪个活动中形成的?

题目 3 软件开发过程中涉及的四个活动:系统需求分析、系统设计、软件需求分析和软件设计,所面对的研究对象分别是哪几类?

第3章 系统需求分析方法

3.1 系统需求的来源

系统需求应该从所属组织的业务用例中进行获取。

业务用例是组织存在的价值，不是经常发生变化的，经常改变的是业务用例在组织内部实现的流程，也就是说，组织引入系统后，改善了业务流程。

例如，银行的业务用例包括存款、取款、转账等，这些业务用例自银行出现就存在了，多少年都没有改变，改变的只是这些业务用例的实现流程，从这些业务用例的序列图的变化就会发现业务流程从纯人工变为自动化实现，即组织使用某些系统替换了原来的业务工人。如银行使用点钞机替换了点钞技能强的员工，使用自动取款机、手机银行替换了更多的柜员和柜员系统。因此，对于银行的存款和转账业务用例来说，银行对每个用例都提供多种实现，例如，柜台方式取款见图3-1、ATM设备取款见图3-2，柜台方式转账见图3-3、手机银行方式转账见图3-4。

可见，组织中引入系统，改变了相关业务用例的实现流程，而流程的改变为银行降低了用人成本，提高了准确率，扩大了顾客群体。

组织中引入系统，系统通常在以下三方面发挥作用，改善相关业务用例的实现流程[1]。

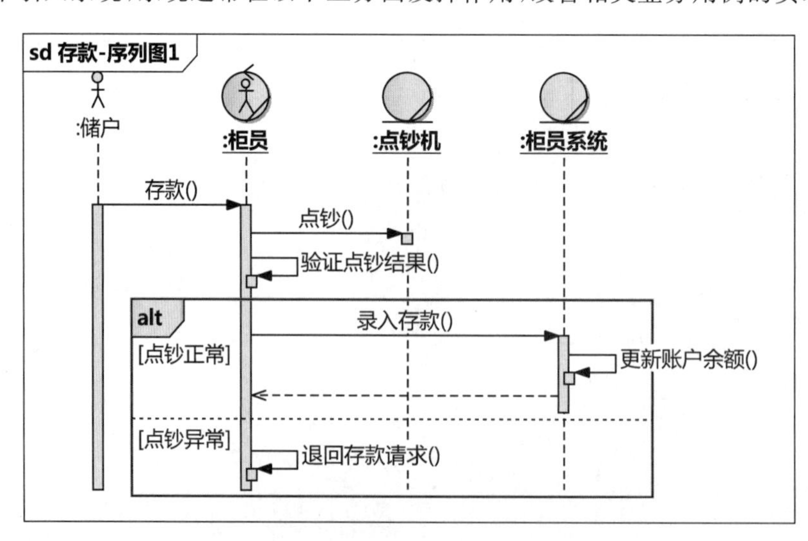

图3-1 存款用例的序列图——使用柜员系统/点钞机

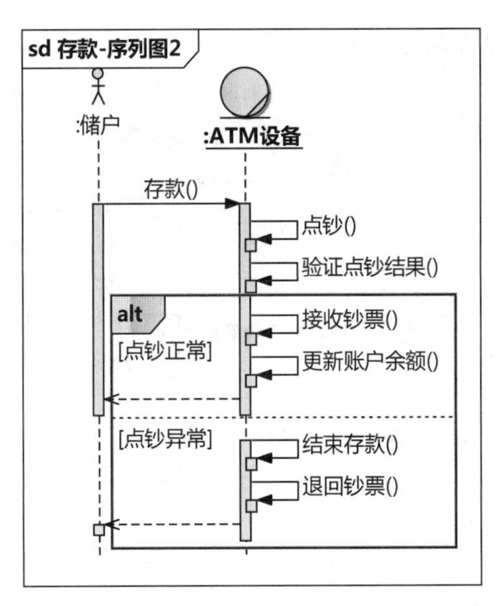

图 3-2　存款用例的序列图——使用 ATM 设备

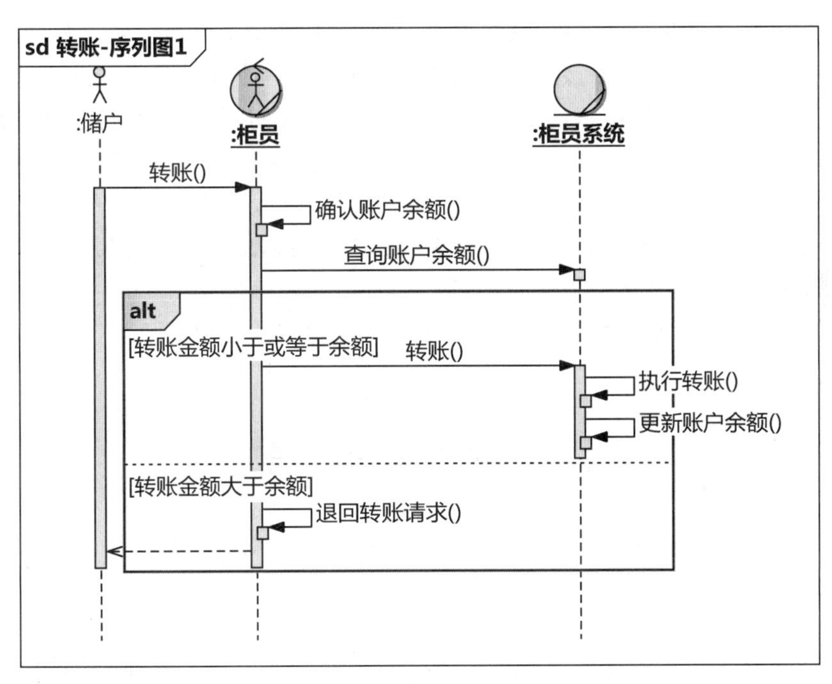

图 3-3　转账用例的序列图——使用柜员系统

(1) 系统将原物流改为信息流。例如,某组织以前的办事流程主要靠纸质在办事人员之间进行流转,引入某业务系统后,在不同办事人员之间流转的是系统中的信息。

(2) 系统改善了信息流转。例如,医院原来的看病流程是:①患者在挂号窗口挂号,等待挂号系统叫号;②医生开具处方后,患者去收费窗口,划价人员将药品信息录入财务系统,划价收费;③之后患者去取药窗口,药品管理系统记录取药品种和数量。医院引进新的系统后,看病流程变为:①患者在挂号窗口挂号,系统录入医保卡或银行卡信息,等待系统

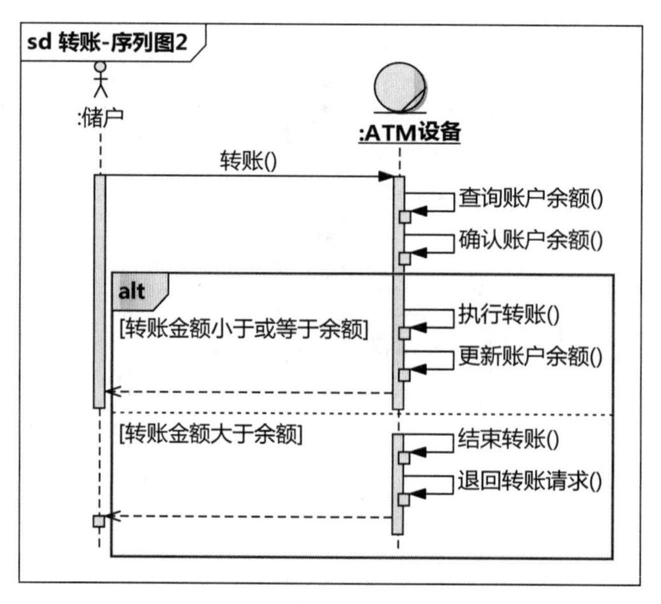

图 3-4　转账用例的序列图——使用手机银行

叫号；②医生使用系统开具处方后，系统直接扣除药费，并记录取药品种和数量；③患者去取药窗口直接取药。可见，原来医院的看病流程中至少有三个独立系统，信息不能在三个系统中直接流转，引进新的系统后，信息流在一个系统内部流转，为患者看病节约了等待时间。

(3) 系统封装了领域逻辑。例如，银行引进点钞机，将人工点钞技能变为系统实现，无须再花费人力物力培养柜员的点钞技能；出现手机银行后，手机银行封装了转账的业务逻辑，替代了柜员和柜员系统。如果作战部队引入智能指挥信息系统，封装优秀指挥人员的指挥决策技能，就能减少指挥决策失误的概率。

可见，要获取系统需求，就要从研究(系统所属)组织的业务用例开始。系统用例来自组织的业务用例。

3.2　系统是组织的部件

系统作为组织中的业务实体，和业务工人一样，属于组织内部的部件。在一个组织中，通过对业务工人和业务实体(系统)之间的协作关系进行良好设计，从而对外部涉众提供有价值的服务。服务的优劣受到业务工人素质的影响，同样也受到系统能力的影响。

系统和业务工人一样都属于组织的部件，系统可以被业务工人使用，也可以直接被外部涉众使用。也就是说，系统用例的主执行者可以是业务工人，也可以是组织的外部涉众。例如某车载侦察系统，其主执行者有业务工人(侦察员)，也有外部涉众(上级指挥人员)。

3.3　分析方法综述

系统作为所属组织的部件，是为提升组织的业务价值而存在的，系统是为组织更好地实现业务用例而研制，所以系统的能力需求来自组织的业务用例(即组织的业务价值)。

系统需求分析的第一步首先要找对组织，将组织作为研究对象，发现组织的业务用例，并确定现行状态下，组织的这些业务用例是如何在组织内部（各部门和系统）分工协作完成的。之后，将待采购的新系统或待改进的系统放在组织内部，确定系统能够在哪些方面改进哪些业务用例的实现过程。

上述工作完成后，按照 GJB 2786A 的要求，可以将工作内容记录在《运行方案说明》中。

之后，将系统作为研究对象，对得到的系统用例（能力需求）进行详细分析，描述每个用例的规格。相应的工作内容记录在《系统/子系统规格说明》中的第 3 章的 3.2 系统能力需求中。

系统需求分析的第二步工作是基于得到的系统用例，进行外部接口分析，确定系统的外部接口的物理形式、传输速率，以及与软件相关的数据协议。相应的工作内容记录在《系统/子系统规格说明》中的第 3 章的 3.3 系统外部接口中。

系统需求分析的第三步工作是确定系统的内部接口。此处的内部接口是指系统的子系统之间的接口，即当在系统需求分析阶段，鉴于业务类型或业务职责，可以显式将系统划分为若干子系统时，需要明确子系统之间的接口需求。相应的工作内容记录在《系统/子系统规格说明》中的第 3 章的 3.4 系统内部接口中。

系统需求分析的第四步工作是确定系统内部数据需求。内部数据需求是指与功能需求相关的数据需求，即找到问题域中存在的业务实体，确定它们之间的逻辑关系、数量关系和结构规则。相应的工作内容记录在《系统/子系统规格说明》中的第 3 章的 3.5 系统内部数据需求中。

系统需求分析的第五步工作是分析系统的质量因素。按照相关国标要求，主要对 6 类 21 项质量特性进行分析。相应的工作内容记录在《系统/子系统规格说明》中的第 3 章的 3.6 适应性需求、3.7 安全性需求和 3.11 系统质量因素中。

系统需求分析的第六步工作是进行设计和构造约束分析。这类约束主要包括四类：业务环境约束、使用环境约束、构建环境约束、技术环境约束。相应的工作内容记录在《系统/子系统规格说明》中的第 3 章的 3.12 设计和构造约束中。

3.4 分析之第一步——系统能力需求分析

3.4.1 确定组织

此处的组织是指需要采购新系统的或需要改进原有系统的组织。组织可大可小，重要的是所找组织的业务用例必须是与系统密切相关的，系统引进到该组织后，能够改善该组织的一些或全部业务流程。如果系统不能改善组织的业务流程，就一定是没有找对组织。简而言之，新系统将成为所属组织的部件。

例如，某公司需要采购一套财务管理系统，目标是在确保账务正确性的基础上提高财务部门工作效率。那么，该系统对应的所属组织就应该是财务部门，而不是公司其他部门，或公司本身。

3.4.2 发现组织的业务用例

找到组织之后，要从组织的外部视角，发现组织对外提供的价值，这些对外提供的价值就是组织的业务用例。

可见，业务用例是组织的用例，不是系统的用例，因此，业务用例不是思考系统提供什么“功能”，而是思考组织购买了这个系统，对组织价值的提升是否有帮助。思考的焦点是“执行者对组织的期望和组织对执行者的承诺”的平衡点。

业务用例代表组织的本质价值，稳定性高，很难变化，往往发生改变的是业务用例的实现，即业务流程发生变化。

例如，对于快递公司而言，其组织的业务用例见图 3-5。

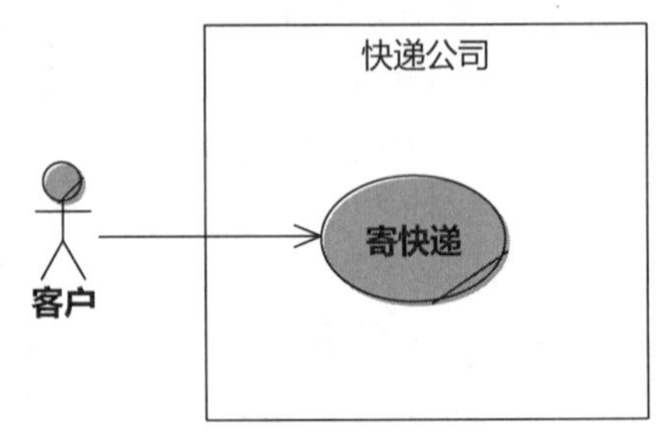

图 3-5　快递公司的业务用例

对于银行而言，其组织的业务用例见图 3-6。

对于电商机构而言，其组织的业务用例见图 3-7。

可见，这些组织的业务用例并不随着技术的发展和时间的流逝而改变，只是这些业务用例的实现方式可能随着技术更新而变化。

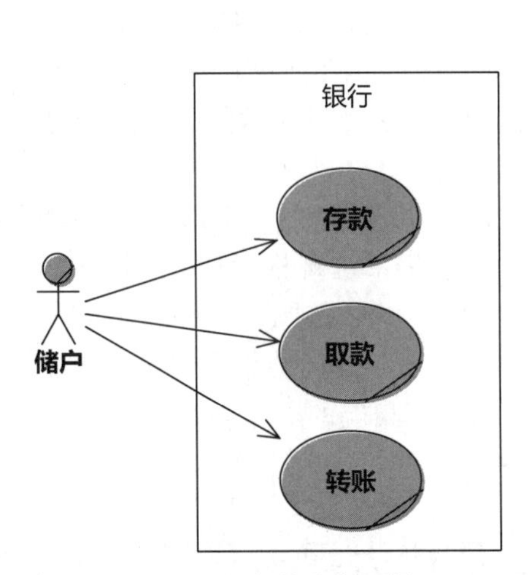

图 3-6　银行的业务用例

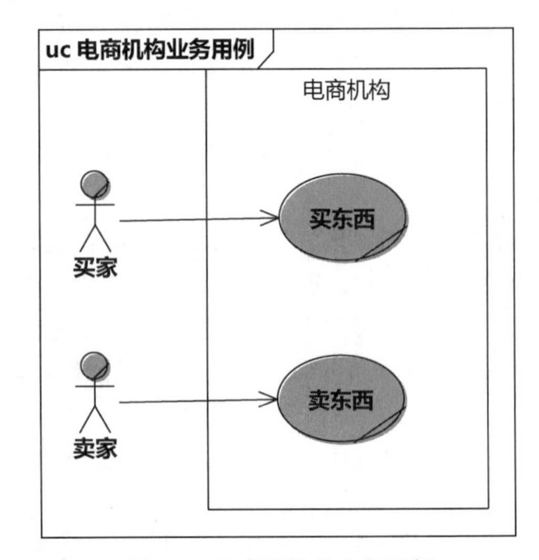

图 3-7　电商机构的业务用例

快递公司内部包含若干小组织，如人力资源部、财务部、综合管理部、快递业务部等，这些部门之间各类角色人员协作完成了快递公司对外提供的价值(寄快递)。

如果快递公司希望改善财务部的运行效率，那么就应该以财务部为研究对象，找出财务部的业务用例。财务部为组织内部的其他部门人员服务，包括员工报账、员工借款、员工工资发放、支出合同付款等，组织的业务用例见图 3-8。

3.4.3　确定系统用例

系统用例是表述系统第一类需求(功能需求)的方法。

系统是组织的(零)部件，在组织的内部，与组织内的其他(零)部件(业务工人和其他系统)一起协作，完成组织的业务用例。

确定系统用例的方法是使用组织的业务用例的序列图，在各个业务用例的序列图中分

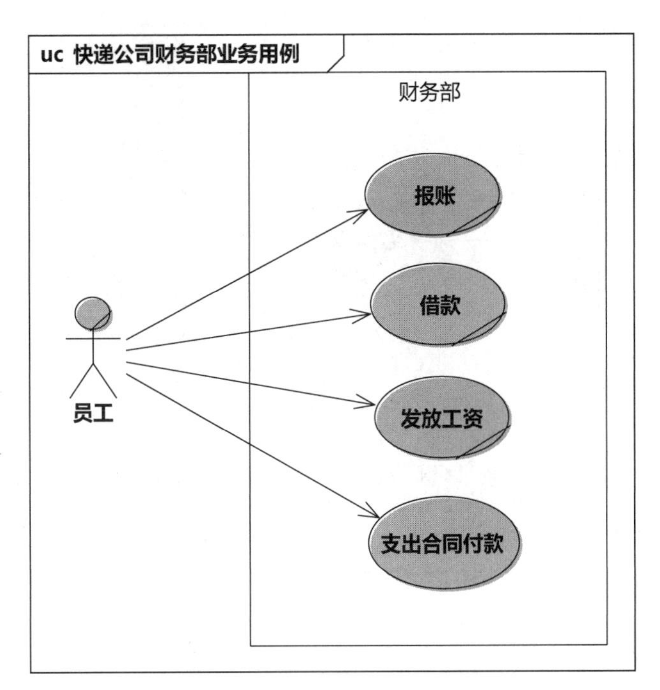

图 3-8　快递公司财务部的业务用例图

别找出系统的用例。

这个方法的基本原理为：业务用例的序列图表达了组织的部件之间如何协作实现业务用例，这种协作就是明确部件之间的职责，而职责就是能力需求。从这里也可以看出，能力需求是部件对外承担的责任，不涉及部件如何实现承担的责任。

具体的方法是，找出待改进的业务用例，使用序列图描述这个业务用例目前在组织内部的实现流程，之后将待改进系统或新研系统放在序列图中，对这个系统分配职责，即可得到系统用例。

在系统需求分析时，开发人员经常混淆组织的业务用例和系统用例，将组织的业务用例作为系统用例。

如图 3-9 所示，将“作战指挥”当作系统的一个大用例，下面分出第二层次的系统用例，更有甚者，还能再分出第三层次的系统用例。这类错误的根本原因就是将组织的业务用例当作系统用例，系统用例虽然来自组织的业务流程，但不是组织的业务用例的直接分解关系，而是在组织业务用例的实现过程中，系统作为组织的部件，被分配了一定的职责，这些职责才是系统用例。所以组织的业务用例的业务执行者和系统用例的主执行者是不相同的。

这类错误非常好辨识，因为在文档化表达时，这类错误的表现形式是把上一层用例当作一级目录，所以在能力需求目录下会出现多级目录，每个目录下又出现一个用例图。而实际上能够以目录结构出现的，只能是 UML 的包。也就是说，将一些用例组织在一个包中时，可以用用例包名作为目录出现，而不能是被分层的用例。

按照以下原则，从组织的业务用例的序列图中获取系统用例。

(1) 指向系统的消息即是系统的职责，即系统用例。

(2) 消息的发起者即是系统用例的主执行者。

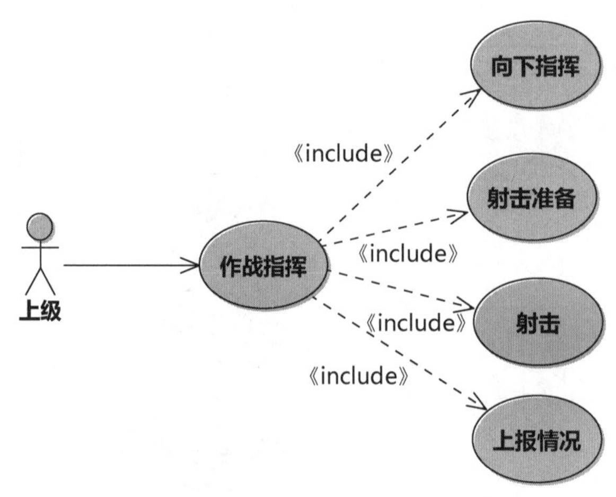

图 3-9　将组织业务用例当作系统用例的典型错误

（3）从系统发起的消息指向的外部系统即是用例的辅助执行者。

其中，系统执行者是指在系统的责任边界之外，与系统做有意义交互的系统（含其他系统、人、时间），包括主执行者、辅助执行者。主执行者是发起系统用例的执行者，辅助执行者是为完成用例必须存在的，否则用例无法完成。

3.4.4　描述系统用例规格

建议用表 3-1 模板描述系统用例规格。

表 3-1　系统用例规格

<table>
<tr><td>用例名称</td><td>动宾结构命名</td><td>项目唯一标识符</td><td>UC-CSCI-001</td></tr>
<tr><td>研制要求章节</td><td colspan="3"></td></tr>
<tr><td>简要描述</td><td colspan="3">用例目标简述：概述用例对外提供价值</td></tr>
<tr><td>参与者</td><td colspan="3">主执行者：必须有主执行者
辅助执行者：可以没有辅助执行者</td></tr>
<tr><td>前置条件</td><td colspan="3">该用例开始前，系统需要满足的约束。且是系统能够检测到的</td></tr>
<tr><td rowspan="3">主流程
（代表用例核心价值的路径）</td><td>步骤</td><td colspan="2">描　述</td></tr>
<tr><td>1</td><td colspan="2">第一步的主语是主执行者</td></tr>
<tr><td>2</td><td colspan="2">（1）一定聚焦于系统与外部的交互过程
（2）不要没有主语，且主语只能是主执行者或系统
（3）使用主动语句，突出主语承担的责任
（4）使用系统所属组织的领域（核心域）的词语
（5）不要描述交互过程中设计的细节
（6）不要写系统不能负责的事情</td></tr>
<tr><td rowspan="2">扩展流程</td><td>1a</td><td colspan="2">对应基本流程中某个步骤中，系统需要处理的意外和分支。
注意：扩展一定是动作选项，不能是数据选项。因为扩展将改变用例的基本流程，选择不同的数据并不能改变用例的流程，就不是扩展</td></tr>
<tr><td>1a1</td><td colspan="2">针对 1a 发生的意外，系统的处理流程</td></tr>
<tr><td>子流程</td><td>1a</td><td colspan="2">对应基本流程中多次重复的一组步骤集合</td></tr>
<tr><td>后置条件</td><td colspan="3">该用例结束后，系统需要满足的约束，且是系统能够检测到的</td></tr>
<tr><td>规则与约束</td><td colspan="3">业务规则、数据约束、性能需求等</td></tr>
</table>

编写系统用例需求规格说明需要掌握的要点[1]：

(1) 用例的命名规则，使用动宾结构。

(2) 第一个步骤的主语应该是用例的主执行者。

(3) 前置/后置条件必须是系统能够检测到的。

(4) 基本流程是主执行者最想看到的、最关心的路径。

(5) 流程步骤要使用主动语句，主语只能是执行者或系统。

(6) 步骤聚焦于交互的输入输出，突出交互的目的，所以不要将步骤写得零散，要把交互的目的从交互的细节中分离出来。

(7) 每个步骤必须遵循可理解可验证原则。

(8) 步骤中不要描述系统不能负责的事情。

(9) 步骤中不要描述设计内容。对于这条，存在一个普遍性的错误认识："写得细的是好需求"。但是开发人员写得"细"不是需求(问题域)的细，而是设计(解决方案)的细。

(10) 尽量不要涉及界面组件；因为界面组件通常不是需求。

(11) 因为辅助执行者是被系统激励后才开始执行自己的职责，所以建议写"系统请求××做某事"，不能写"××做某事"，以此表示系统对外部发生的交互。

(12) 步骤可以循环。

(13) 步骤中不能出现"如果"。"如果"应由扩展流程描述。

(14) 扩展是系统要处理的意外和分支，是系统能感知和要处理的，一般出现在执行者的选择和系统验证处。

(15) 规则与约束：包括数据约束、业务规则和性能要求等。

(16) 数据约束建议用表达式表述字段列表；此处的字段是指有物理含义的数据，不要过早关注数据细节，如定义某个物理数据字段的字节位置等。

(17) 业务规则，包括事实、推理、业务约束。

例 1：ATM 系统的取款用例，用例规约见表 3-2。

表 3-2　ATM 系统的取款用例规约

<table>
<tr><td>用例名称</td><td colspan="2">取款</td><td>项目唯一标识符</td><td>UC-ATM-001</td></tr>
<tr><td>研制要求章节</td><td colspan="4"></td></tr>
<tr><td>简要描述</td><td colspan="4">储户使用银行卡，可通过 ATM 设备提取现金</td></tr>
<tr><td>参与者</td><td colspan="4">主执行者：储户
辅助执行者：银行后台系统</td></tr>
<tr><td>前置条件</td><td colspan="4">ATM 设备处于准备就绪状态：吐钞口关闭，与银行后台系统连接正常</td></tr>
<tr><td rowspan="11">主流程</td><td>步骤</td><td colspan="3">描　　述</td></tr>
<tr><td>1</td><td colspan="3">储户插入银行卡，ATM 设备从银行卡磁条读取账户信息，验证银行卡合法性</td></tr>
<tr><td>2</td><td colspan="3">储户输入密码，ATM 设备要求银行后台系统验证账户和密码正确性</td></tr>
<tr><td>3</td><td colspan="3">储户提交取款金额，ATM 设备检查取款金额有效性</td></tr>
<tr><td>4</td><td colspan="3">ATM 设备要求银行后台系统验证账户、取款金额有效性</td></tr>
<tr><td>5</td><td colspan="3">ATM 设备检查预留现金是否支持取款金额</td></tr>
<tr><td>6</td><td colspan="3">ATM 设备打开出钞口，出钞，提示取钞</td></tr>
<tr><td>7</td><td colspan="3">ATM 设备实时检查钞票出钞状态(是否被取走)，钞票被取走后，关闭出钞口</td></tr>
<tr><td>8</td><td colspan="3">ATM 设备要求银行后台更新账户信息，记录日志</td></tr>
<tr><td>9</td><td colspan="3">ATM 设备提示储户是否继续取款</td></tr>
<tr><td>10</td><td colspan="3">循环 2～9 步骤</td></tr>
</table>

续表

扩展流程 1	1a	银行卡无效
	1a1	ATM 设备提示无效银行卡,退出卡片。用例结束
扩展流程 2	2a	密码错误
	2a1	ATM 设备提示密码输入错误次数
	2a1-a	达到最大次数
	2a1-a1	ATM 设备提示密码输入次数达到最大次数,吞卡。用例结束
	2a2	回到主流程 2
扩展流程 3	3a	取款金额不是 100 的整数倍
	3a1	ATM 设备提示取款金额不是 100 的整数倍
	3a2	回到主流程 3
	3b	单笔取款金额超限
	3b1	ATM 设备提示单笔取款金额超限
	3b2	回到主流程 3
扩展流程 4	4a	卡内余额不足
	4a1	ATM 设备提示卡内余额不足
	4a2	回到主流程 3
	4b	达到每日最大取款限额
	4b1	ATM 设备提示达到每日最大取款限额,退出卡片,用例结束
扩展流程 5	5a	ATM 设备现金不足
	5a1	ATM 设备提示现金不足
	5a2	回到主流程 3
扩展流程 6	6a	出钞失败
	6a1	ATM 设备提示设备故障,退出卡片
	6a2	ATM 设备记录故障信息,用例结束
扩展流程 7	7a	钞票超时未被取走
	7a1	ATM 设备关闭出钞口,提示取款失败,退出卡片
	7a2	ATM 设备记录取款失败信息,用例结束
扩展流程 8	8a	储户选择退出
	8a-1	ATM 设备退出卡片,用例结束
后置条件	ATM 设备恢复到就绪状态	
规则与约束	(1) 密码为 6 位数字 (2) 密码输入错误 5 次,ATM 设备吞卡 (3) 每笔取款金额最多 5000 元 (4) 每日最多取款金额 20 000 元 (5) 与银行后台系统交互的数据 (5-1) 主流程第 2 步,账户+密码 (5-2) 主流程第 4 步,账户+取款金额 (5-3) 主流程第 8 步,取款成功+账户+取款金额	

例 2:一个自动售饮料机出售三种饮料:可乐,雪碧或红茶,顾客投入一元五角硬币,选择饮料品种,机器送出相应饮料。若投入两元硬币,机器送出饮料同时退还五角硬币。

自动售饮料机的系统用例——售卖饮料的用例规约见表 3-3。

表 3-3　自动售饮料机的系统用例——售卖饮料用例规约

用例名称	售卖饮料	项目唯一标识符	UC-YLJ-001
研制要求章节			
简要描述	顾客向系统投入硬币，选择饮料种类后，系统推送出顾客选择的饮料和找零的硬币		
参与者	主执行者：顾客 辅助执行者：无		
前置条件	系统处于就绪状态：投币口打开		
主流程	步骤	描　　述	
	1	顾客投入硬币	
	2	系统开始计时，检查硬币的有效性，记录投币次数	
	3	系统关闭投币口，提示选择饮料种类，并开始计时	
	4	顾客选择饮料种类	
	5	系统检查顾客所选择饮料的存量	
	6	系统计算找零金额，推送出饮料	
	7	系统打开投币口，记录售卖的饮料种类	
扩展流程 1	2a	硬币数额不足	
	2a1	系统提示硬币数额不足，继续投币	
	2a2	回到主流程 1	
	2a1-a	顾客取消购买，进入子流程 Z1	
	2b	硬币非法	
	2b1	系统提示硬币不合法，退出已投入的硬币，用例结束	
	2c	硬币大于 1.5 元，但是系统无零钱	
	2c1	系统提示并退出已投入硬币，用例结束	
	2d	T1 时间内，顾客投入硬币次数不够	
	2d1	系统提示超时，并退出已投入硬币，用例结束	
扩展流程 2	3a	顾客取消购买，进入子流程 Z1	
	3b	T2 时间内，顾客未选择饮料	
	3b1	系统提示等待时间超长，退出已投入的硬币，用例结束	
扩展流程 3	5a	顾客选择的饮料已售空	
	5a1	系统提示所选饮料已售空，请选择其他饮料	
	5a2	返回主流程 3	
扩展流程 4	6a	需要找零	
	6a-1	系统推送出找零硬币	
子流程	Z1	顾客取消购买	
	Z1-1	系统退出已投入硬币，用例结束	
后置条件	系统恢复到就绪状态：投币口打开		
规则与约束	(1) 饮料种类包括：可乐、雪碧、红茶，单价 1.5 元 (2) 系统只接受 1 元、5 角硬币 (3) 顾客一次只能购买一瓶饮料 (4) 一次只能投一个币 (5) 一次购买，5 角硬币最多投币三次；其余投币两次		

3.5 分析之第二步——系统外部接口分析

系统的外部接口是指系统与系统外部的其他硬件和软件之间的接口。此处的接口是指两个接口实体(软件和硬件)对象之间形成连接关系的物理形态和数据交互协议。

首先,确定系统外部接口图。系统的外部接口图来自系统用例图,即系统用例图中的主执行者和辅助执行者一定是系统的外部接口图中对应的外部实体对象。

要避免出现以下几类问题。

(1) 系统外部接口图中出现的均应该是物理实体,不能在接口的两端出现“某接口”“某数据”“某信息”之类的非实体对象。

(2) 外部接口图中要如实体现接口的物理形态,如以太网、串口、IO 口等,且数量要与实际一致,不要将多路同物理形态的接口合并为一个。

之后,根据外部接口图给出全部外部接口的概述,见表 3-4。

表 3-4　系统外部接口描述

序号	接口名称	标识	接口类型	接口用途	外部实体名称	外部实体状态
			网络、串口、CAN 总线、IO 等			新研、改进、复用、货架

其中,接口用途需要描述该接口上交互的数据,以及交互数据的目的。需要注意的是,在一个接口上需要交互不同的数据,以支持不同的系统用例,所以此处需要分开详细描述。

最后,确定每个接口的规格,见表 3-5。

表 3-5　某接口规格说明

<table>
<tr><td>接口名称</td><td colspan="2">某接口</td><td>接口标识</td><td>JK-OU-001</td></tr>
<tr><td>接口实体</td><td colspan="2">接口两端的软件或硬件</td><td>接口类型</td><td>网络等</td></tr>
<tr><td>接口用途</td><td colspan="4">简述接口两端的软件或硬件使用该接口的用途</td></tr>
<tr><td>接口数据</td><td colspan="4">(1) 说明该接口上传输数据的种类
(2) 说明该接口上传输的数据的编码格式:如果每类数据使用相同的编码格式,用其他的表说明该格式;否则,逐一说明每类数据使用的编码格式;如果编码格式为标准格式,说明即可
(3) 说明每类数据的具体格式定义。如果数据较多,可以在附录中或使用 GJB 438B 的《接口设计说明》模板详细说明</td></tr>
<tr><td rowspan="2">接口通信特征</td><td>通信链路</td><td colspan="3">如网络的带宽、串口速率等</td></tr>
<tr><td>数据传输</td><td colspan="3">非周期性/周期性、单向或双向传输</td></tr>
<tr><td>接口协议特征</td><td colspan="4">说明接口是否有同步机制,详细说明同步机制是如何设计的
接口上的每类数据的传输层协议等</td></tr>
</table>

3.6 分析之第三步——系统内部接口分析

系统内部接口是指组成系统的部件之间的接口。在系统需求分析活动中,系统应该被当作黑盒对待。此时,系统的内部组成部件还没有被系统架构设计师设计出来,其内部接口无法明确。但是，若系统需求分析时，已经明确了组成系统的各个子系统时，此时的系统内部接口就是指各个子系统之间的接口，参照系统外部接口分析的内容进行分析即可。

3.7 分析之第四步——系统内部数据需求

系统内部数据需求是指从系统用例中提取的相关数据需求，用 UML 的类表示就是指实体类，即系统用例的基本流程实现中的主要承载实体。

找到这些类，使用 UML 类图描述这些类所代表的事物之间的关系，就是系统内部数据需求分析所做的工作。内部数据需求分析的目标是找到"问题域"中存在的实体类，确定它们之间的逻辑关系、数量关系和结构规则。

一个用例可以有多个实体类参与，一个实体类也可以参与多个用例。

此时的类图关注的重点是数据需求，即只关心类和类的属性，不关心类的操作。

识别实体类及其属性需注意以下要点。

(1) 类所表示的概念一定能够表示某类对象，且有取不同值的独立属性；即其概念是一个数据容器。

(2) 类的命名要用名词。

(3) 类命名要使用领域词汇；不能出现"与""或"以及"表""信息""数据"。

(4) 类的属性直接描述类的特征。即属性应该表述为"类的什么"，不能表述为"类的什么的什么"。

例如，某电商组织在线销售标准配置的以及自定义配置的计算机，线上采购计算机的业务流程如下：买家选择货品付款下单后，系统将订单发送给厂家，厂家按照订单生产后，连同发票一起通过快递公司发货，快递公司发货管理人员将发货单录入电商平台供买家查询。收货人确认签收后，快递公司送货人员变更送货单状态为完成。

对这个业务流程进行分析，识别出电商平台的系统用例：买家—下单、厂家—发货、快递公司—更新快递信息；买家—查询订单、快递公司—买家签收，见图 3-10。

从上述用例规约(限于篇幅，上文未描述)中，找到以下能够表示数据容器的名词。

(1) 计算机。包括(厂家)标准配置和(买家)自定义配置计算机。

(2) 买家。买家需要提供的信息：姓名、地址、付款账号。

(3) 厂家。厂家需要提供的信息：名称、地址。

(4) 订单。订单信息：下单日期、收货人、收货地址、电话、货品编号、数量、价格、状态(未发货/已发货/已签收)。

(5) 快递公司。需要提供的信息：名称、地址。

(6) 送货单。送货单信息：派送人、派送人员电话、送货单号、收货人、收货地址、电话、货品编号、数量。

(7) 发票。发票信息：名称、地址、纳税识别号、货品名称、数量、价格等。

(8) 收货人。收货人信息：姓名、收货地址、电话。

这些类之间的关系见表 3-6，类图见图 3-11。

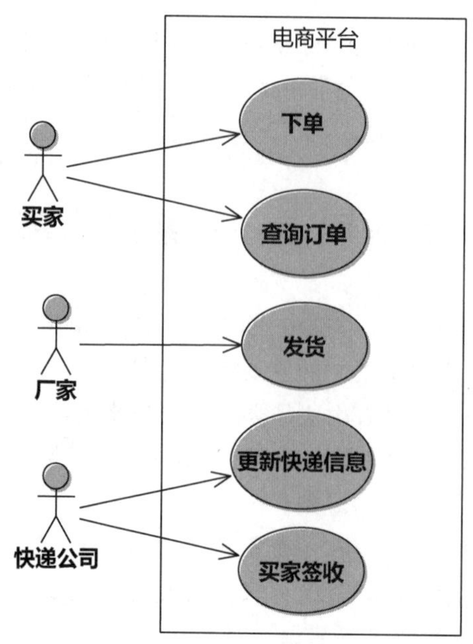

图 3-10　电商平台的用例图(局部)

表 3-6　类之间的关系

类 1	类 2	关系分析
买家	订单	1 个买家可以有 1 个或多个订单
订单	送货单	1 个订单只有 1 个送货单
订单	发票	1 个订单只有 1 个发票
订单	计算机产品	1 个订单包含至少 1 个以上计算机
订单	厂家	1 个订单仅属于 1 个厂家,但是 1 个厂家有多个订单
订单	收货人	1 个订单只有 1 个收货人
送货单	快递公司	1 个送货单仅属于 1 个快递公司,但是 1 个快递公司有多个送货单
送货单	厂家	1 个送货单仅属于 1 个快递公司,但是 1 个快递公司有多个送货单
厂家	计算机产品	1 个厂家有至少 1 种以上计算机产品

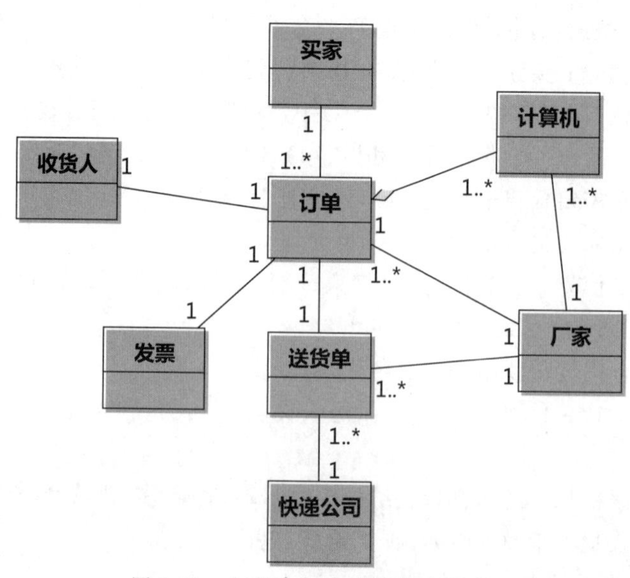

图 3-11　电商平台的领域类图(局部)

类图是面向对象系统的灵魂。这种方法适用于面向对象编程的软件，同样也适用于非面向对象编程的软件。因为只是用 UML 类图表示数据需求，并不意味着一定用面向对象编程实现代码。

3.8 分析之第五步——系统质量因素分析

系统质量因素属于第二类需求。GJB 438B 要求“若提出质量因素方面的需求，则本条应描述系统的这些需求，其中包括：功能性、可靠性、易用性、效率、维护性、可移植性以及其他属性等的定量需求。”

关于质量因素，最典型的问题是表达的经常是无效信息。这种信息无效性主要表现为两类：一类是照搬标准要求，例如照搬标准的易用性、可扩展性条款描述等，而不是按照标准要求进行质量因素分析的结果；另一类是直接将设计当成质量因素需求。

对质量因素进行分析，必须遵循万事皆可度量的原则，任何质量因素的分析结果都应该是可以量化的，避免出现笼统的、含糊的或放之四海而皆准的质量特性。

另外，质量因素分析不是针对某种设计提要求，质量因素分析仍属于“问题域”，是在提出问题，而不是给出解决方案。架构设计师需要针对质量因素给出恰当的解决方案。

3.8.1 质量因素分析方法

不同的领域，系统的质量因素千差万别。但是分析质量因素都需要从需求的三个层次分别入手。

首先，对来自出资方的业务级需求，这个层级的质量因素要充分考虑出资方研制系统的愿景。

其次，对于来自使用方的使用级需求，这个层级的质量因素要考虑运行期质量。

最后，对于来自开发方和保障方的开发级需求，这个层级的质量因素要考虑开发期质量。

遵循“万事皆可度量”的原则，所有分析得到的质量因素，无论是功能性、可靠性、易用性、效率、维护性还是可移植性等，都归结为以下三类。

(1) 第一类是可以定量度量的质量因素。

(2) 第二类是在架构设计初期，需要架构设计师转换为功能需求的质量因素。例如，访问安全性：软件应对三类用户角色分配相应的权限，禁止越权操作。该条质量因素可以被转换为一个系统用例：配置用户角色和权限。

(3) 第三类是在架构设计初期，需要架构设计师给出相应设计决策。例如：

① 可恢复性：系统宕机重启后，能够恢复至宕机前运行状态。其解决方案：关键数据自动保存。

② 容错性：软件应能够识别 CAN 总线数据的异常，防止异常数据造成软件崩溃。其解决方案为：对需要在 CAN 总线上交互的数据，在接口协议中设计 CRC 校验字段；软件读取 CAN 总线数据时进行 CRC 校验。

③ 易操作性：按设备名称检索历史记录时操作便捷，无须全名称录入。其解决方案：人机交互界面设计成带首字母筛选功能的下拉列表。

3.8.2 质量因素表达方法

质量因素的表述中还存在一类较为突出的问题：没有描述真实的质量因素需求，直接给出设计。

对系统规格说明中陈述的内容到底是需求还是设计，可以采用的一种评判方法，是用“不这样行吗？”[1]的问句，就能够找出设计，然后问为什么，背后隐含的往往就是真实需求。

这个方法对质量因素的描述同样适用。例如：

(1)“系统采用冗余磁盘阵列”是质量因素需求还是设计？那么问需方“系统不采用冗余磁盘阵列行吗？”如果需方明确“不这样不行”，就是需求，否则就不是需求。显然，对这个问题，需方不可能做出肯定的回答，所以这不是需求。那么，接着问“为什么要这么做呢？”，原因是为了保证发生磁盘故障时降低对系统运行的影响，所以真实的需求是“磁盘故障平均发生间隔需大于 T 小时”。

(2)“系统在服务器端调用某种数据融合算法，把融合结果传回客户端”是质量因素需求还是设计？那么问需方“不这样行吗？”需方不会关注融合算法是什么，更不会关注融合算法在哪里实现，需方关注的是融合结果以及融合正确性。所以这不是需求。那么，接着问“为什么要这么做呢？”原因是使用者需要在 1s 内看到数据融合结果，而使用者不止一个，如果在每一个客户端上实现融合算法，客户端的硬件资源就需要高配。所以真实的需求是“使用者需要在 1s 内看到数据融合结果”，约束是“系统有 N 个使用者”。

(3) 同理，“界面设计如下图所示”这类表述也不是需求。

参考表 3-7，可以进一步理解质量因素的表述方法。

表 3-7 质量因素表述方法示例

表　述	责　任
对高铁自助售票系统，99%的顾客应该能在 5s 内，通过最少操作，完成自助出票	需求
什么样的交互界面能够满足操作最少的需求。 什么样的系统构架能够满足 5s 内正确、安全地出票	设计
如何用界面构件实现这样的交互界面	编码

3.9 分析之第六步——设计和构造约束分析

设计和构造约束属于第三类需求。分为四类约束[2]（四类约束＝业务环境约束＋使用环境约束＋构建环境约束＋技术环境约束），分别来自三类涉众，所以分别归属于需求的三个层次（业务级需求、用户级需求、开发级需求），见表 3-8。

表 3-8 四类约束与需求层次关系

<table>
<tr><th>需求层次</th><th colspan="2">四类约束</th></tr>
<tr><td>业务级需求</td><td>业务环境约束</td><td rowspan="3">技术环境约束</td></tr>
<tr><td>用户级需求</td><td>使用环境约束</td></tr>
<tr><td>开发级需求</td><td>构建环境约束</td></tr>
</table>

例如，某一线城市拟建设一座大型体育场馆，能够承接国际性体育赛事。

首先，考虑来自出资方的业务环境约束。出资方的建设愿景是提升城市形象。考虑这样的愿景带来的约束是场馆要兼具实用性和新颖性，能够成为城市中的一个地标性或景点式建筑。

其次，考虑来自使用方的使用环境约束。交通要便捷，无论是参赛运动员还是普通民众，都能够使用公共交通工具从各个方向便捷到达。由此带来的使用环境约束是具体地址选择。

之后，考虑来自建设方的构建环境约束。一旦地址选在城市中心区域，如何开展施工才能避免对周边居民生活产生影响。

最后，考虑技术环境因素。使用什么建筑技术能够在要求的时间内完成建设。

3.10 系统需求分析案例

本案例是以一个第三方软件测评机构为研究对象，该组织希望引进或改造一套管理系统，提升测试工作的管理效率。重点是针对测评过程涉及的大量技术记录进行自动化管理，这些技术记录管理的要求是记录必须有标识、相关记录之间必须可追踪。

下面按照系统需求分析方法，进行以下分析工作。

(1) 确定待改进业务流程的组织——测评机构。

(2) 发现组织的业务用例——软件测评。

(3) 对业务用例的业务流程现状进行建模——软件测评的时序图(业务流程现状)。

(4) 对改进后的业务流程进行建模——软件测评的时序图(业务流程改进)。

(5) 确定系统用例——在时序图中，凡是指向新研/改进系统的消息均是系统职责。

(6) 描述系统用例规约。

分析至此，得到了系统能力需求的第一类需求——功能需求，在此基础上，继续进行后续分析。

(7) 接口分析。这个比较简单，不再赘述。

(8) 质量属性分析。

(9) 设计约束分析。

3.10.1 对组织建模

对第三方软件测评机构而言，其组织的业务用例只有一个——软件测评，组织的业务用例图见图 3-12。

3.10.2 对组织业务流程现状建模

对软件测评业务用例使用 UML 序列图进行建模。

该组织开展软件测评业务主要涉及内部的业务工人(包括测试人员、配置管理人员、质量保证人员等)和业务实体(测试项目配置管理系统)，使用 UML 的时序图对软件测评的业务流程建模，见图 3-13。

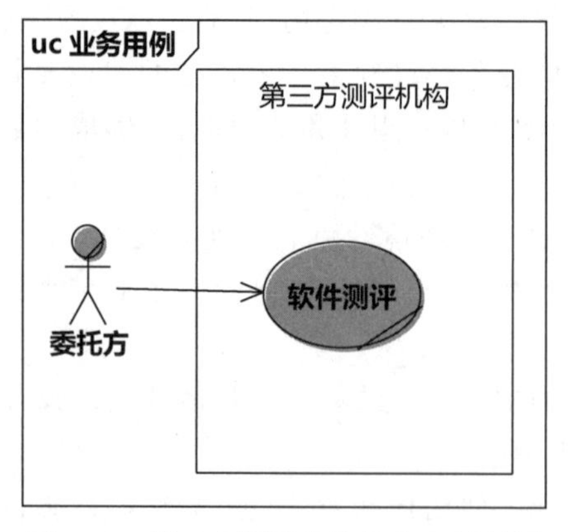

图 3-12　第三方测评机构的业务用例图

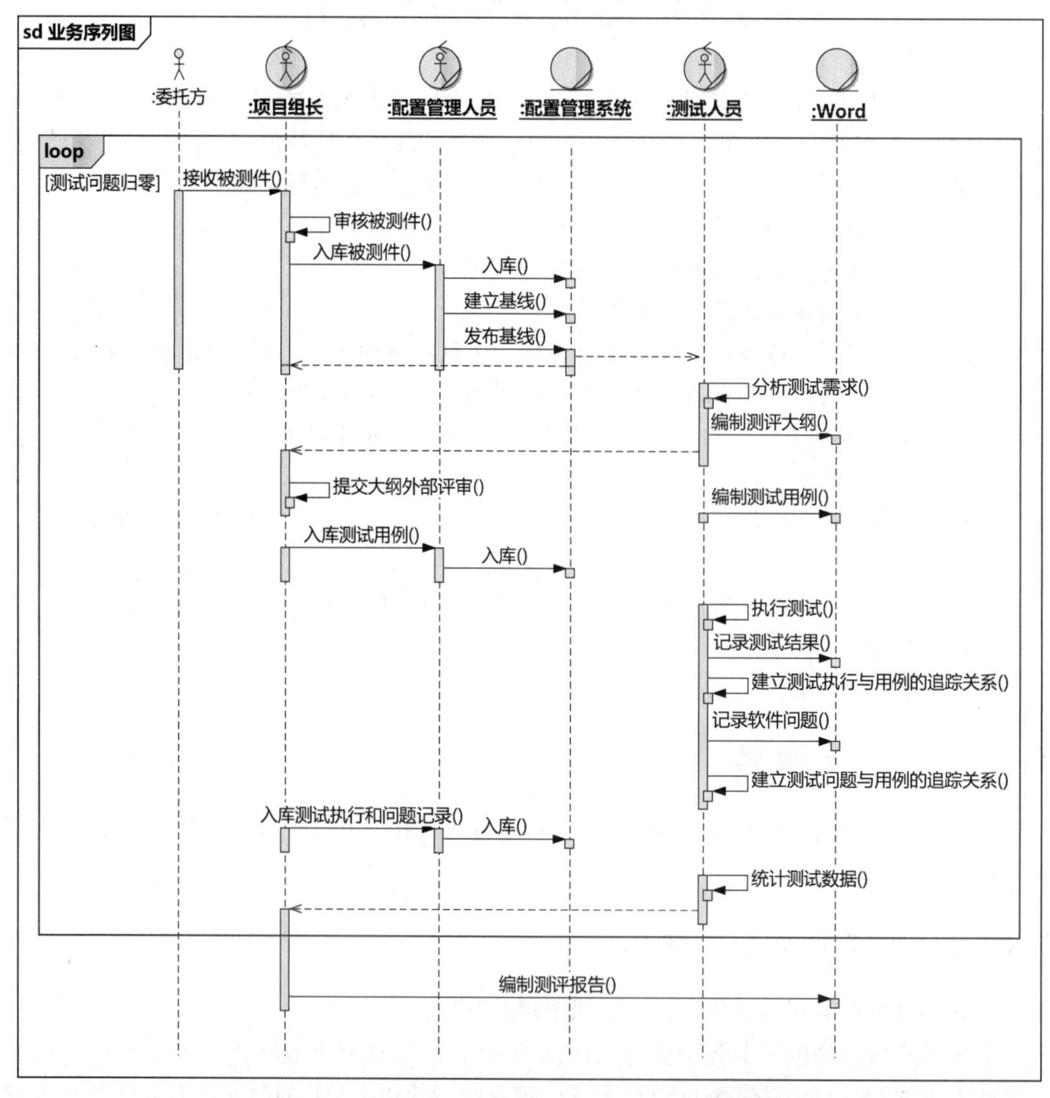

图 3-13　软件测评(业务用例)时序图——业务流程现状

软件测评业务流程现状如下。

(1) 委托方向项目组长提交被测件,项目组长审核、提交配置管理人员入库。

(2) 配置管理人员建立基线、发布。

(3) 测试人员开展测试需求分析,编制测评大纲。

(4) 测试组长提交外部评审。

(5) 测试人员使用 Word 编写测试用例,为每个测试用例建立唯一标识。

(6) 项目组长提交配管人员入库测试用例集合。

(7) 测试人员执行测试用例,使用 Word 记录测试结果,为每个测试用例执行记录建立唯一标识。

(8) 测试人员使用 Word 记录软件问题,为每个软件问题报告建立唯一标识,并追踪至测试用例。

(9) 项目组长提交配管人员入库测试用例执行记录和软件问题报告集合。

(10) 测试人员统计测试用例数量、测试用例执行数量、测试用例通过数量、软件问题数量。

(11) 从第一步循环,开始下一轮测试,直至软件问题全部归零。

(12) 项目组长编制测评报告。

从业务流程现状可以看出,测试人员承担了大量与测试技术无关的活动,包括为测试用例建立唯一标识、为测试用例执行记录建立唯一标识、为软件问题报告建立唯一标识、为软件问题报告和测试用例执行记录建立追踪关系、为测试用例执行记录和测试用例建立追踪关系;统计测试用例数、测试用例执行数、测试用例执行通过数、软件问题数等。

3.10.3 对组织业务流程改进建模

上述这些活动,不仅花费了测试人员大量的人力和时间,而且出错概率较高,为此,测评机构领导希望对现有的测试项目配置管理系统进行改进,使系统能够承担这些非技术性活动。

因此,希望改进的业务流程见图 3-14,将原测试项目配置管理系统升级为测试项目管理系统。改进后的业务流程如下。

(1) 委托方向项目组长提交被测件,项目组长审核、提交配置管理人员入库。

(2) 配置管理人员建立基线、发布。

(3) 测试人员开展测试需求分析,使用 Word 编制测评大纲。

(4) 测试组长提交外部评审。

(5) 测试人员使用系统编写测试用例。

(6) 项目组长使用系统将所有测试用例生成测试说明(Word 格式),系统为每个测试用例建立唯一标识。

(7) 项目组长提交配置管理人员入库测试用例集合。

(8) 测试人员执行测试用例,使用系统记录测试结果和软件问题。

(9) 项目组长使用系统生成 Word 格式的测试用例执行记录、软件问题报告集合,系统为每个测试用例执行记录建立唯一标识、为每个软件问题报告建立唯一标识,并追踪至测试用例。

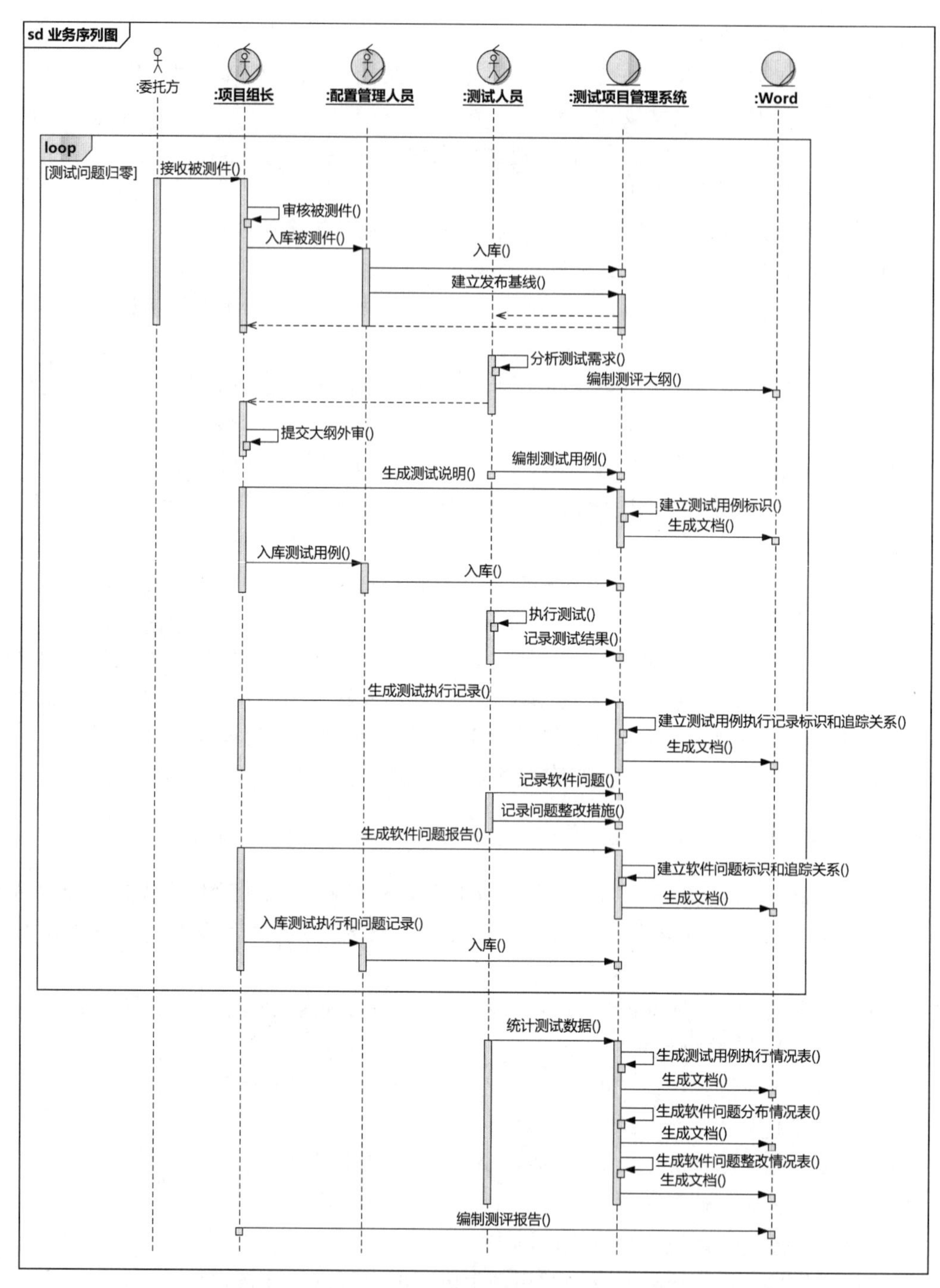

图 3-14 软件测评(业务用例)时序图——业务流程改进

(10) 项目组长提交配置管理人员入库测试用例执行记录和软件问题报告。

(11) 项目组长使用系统统计测试数据,能够生成以下 Word 格式表格:测试用例执行情况表、软件问题分布情况表和软件问题整改情况表等。

(12) 从第一步循环,开始下一轮测试,直至软件问题全部归零。

(13) 项目组长使用 Word 编制测评报告。

可见,系统改造升级前每个测试人员承担了很多手工编写标识的工作,不仅填写的记录多,且容易出错。改造升级系统之后,系统封装了业务逻辑,自动完成了上述工作,不仅保证了记录标识、追踪的正确性,而且大大减少了测试人员的工作量。

3.10.4 得到系统用例,确定系统规约

从图 3-14 中,得到测试项目管理系统的系统用例,使用 UML 用例建模,见图 3-15。具体的系统规约在此不再赘述。

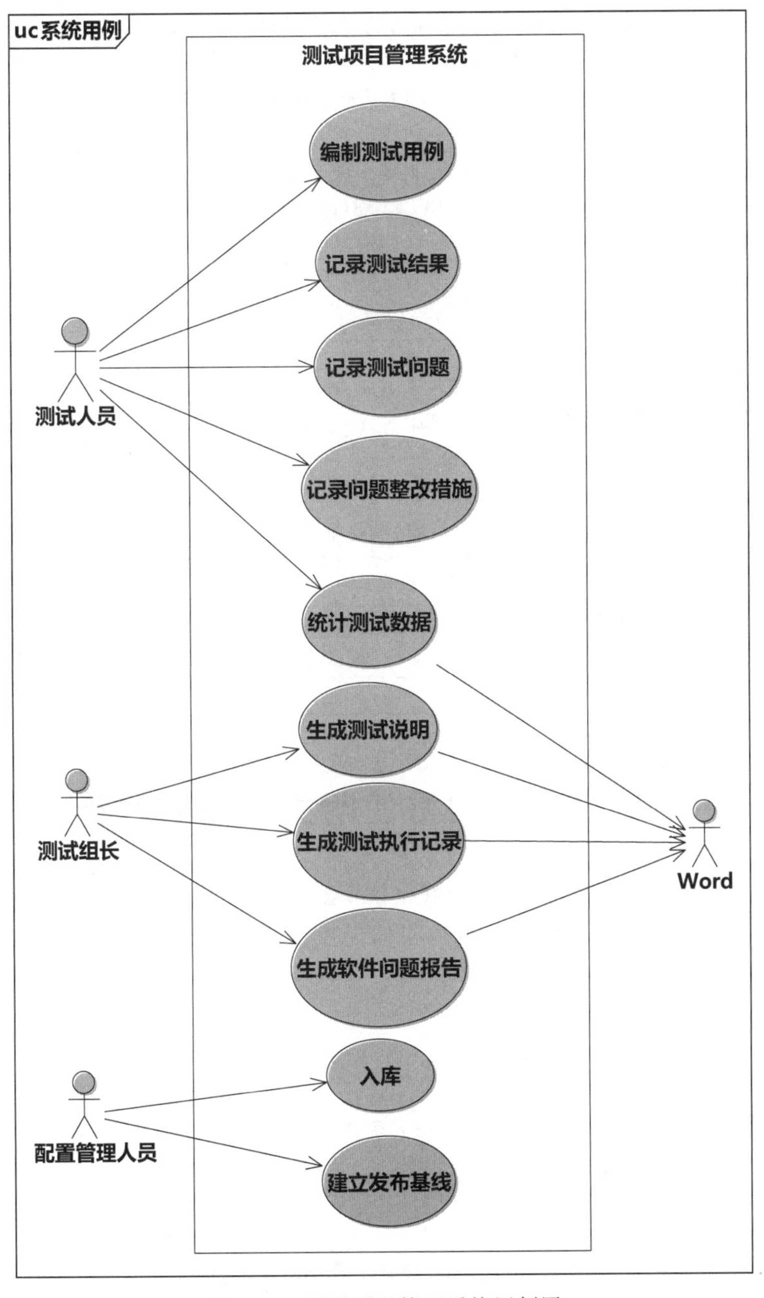

图 3-15 测试项目管理系统用例图

3.10.5 系统质量属性分析

下面首先对系统的质量属性从三个需求层次上展开分析，见表 3-9。

表 3-9 系统的质量属性分析

需求层次	质量属性类型	质量属性
业务级需求	商业质量	无
用户级需求	运行期质量	(1) 容量：能够管理的一个项目的测试用例数量最多 5 万个 (2) 性能：项目的测试用例达到容量时，各类数据统计的时间均应小于 1s (3) 扩展性：由于项目的测试轮次随实际情况而不同，通常需要测试 2～3 轮次，但是实际上不应该有上限限制，系统应该对任意轮次的测试用例均能够管理 (4) 易用性：由于测试人员存在一定流动性，不希望在系统使用上花费公司太多培训精力，最好不用培训，就像目前测试人员使用 Word 编写测试用例一样，无须对人员进行 Word 培训
开发级需求	开发期质量	适用性：各类标识规则应该可配置，避免变更标识规则时，修改代码

3.10.6 系统设计约束分析

同样对系统的设计约束从三个需求层次上展开分析，见表 3-10。

表 3-10 系统的设计约束分析

需求层次	设计约束类型	设计约束
业务级需求	业务环境约束	因为保密要求，没有网络环境可以供系统使用
用户级需求	使用环境约束	对同一个项目，测试现场比较分散，测试人员不能集中开展测试
开发级需求	开发环境约束	需要与原配置管理系统无缝集成

3.11 系统规格说明文档模板解析

本节是对 GJB 438B 的系统/子系统规格说明模板的内容的详细解析，展现了前文所描述的系统需求分析方法的分析结果如何落实体现在文档之中。

GJB 438B 的系统/子系统规格说明模板包括六个章节：范围、引用文档、需求、合格性规定、需求可追踪性、注释。

本节内容除省略引用文档和注释外，对其他章节内容逐一解析。

3.11.1 范围

范围的主要内容包括：标识、系统概述、系统历史、项目的各相关方。

1. 标识

本条应描述本文档所适用系统的完整标识，适用时，包括其标识号、名称、缩略名、版本号和发布号。

(1) 系统名称：按照合同中名称定义。

(2) 系统标识：按照项目总体单位要求标识。

(3) 系统版本：按照项目总体单位要求定义。

(4) 系统简称：缩略名。

2. 系统概述

(1) 系统所属的组织机构。

(2) 该组织机构的职责。

(3) 该组织机构中使用系统的业务工人角色。

(4) 系统的主要用途。

3. 系统历史

概述系统开发、运行和维护历史。

系统分为两种情况：一是该类组织中以前没有此类系统，完全是新研制系统；二是该类组织中以前有此类系统，这次研制的系统是对原系统的改进。

对第一种情况，无系统历史信息。对第二种情况，应说明原系统的相关信息，包括研制总体单位、鉴定时间、运行期间发生的变更情况等。

4. 项目的各相关方

(1) 需方：出资研制系统的机构。

(2) 用户：最终使用系统的机构。

(3) 使用总体：系统能力需求的论证机构。

(4) 研制总体：系统的总承包方。

(5) 开发方：系统的承研方和分承研方。

(6) 保障机构：系统交付后负责保障维护的机构。

3.11.2 需求

需求是系统规格说明文档的主要内容。需求包括三类：功能需求、质量因素、设计约束。

在 GJB 438B 模板中的对应关系如下。

(1) 模板的 3.2 系统能力需求是指功能需求。

(2) 模板的 3.6 适应性需求、3.7 安全性需求、3.8 保密性需求和 3.11 系统质量因素、3.13 人员需求是质量因素。

(3) 模板的 3.12 设计和构造的约束是指设计约束。

(4) 模板的 3.1 要求的状态和方式是与系统使用要求(用途)密切相关的要求。

(5) 模板的 3.3 系统外部接口需求、3.4 系统内部接口需求和 3.5 系统内部数据需求是支撑功能需求的接口需求和数据需求。

(6) 模板的 3.9 系统环境需求和 3.10 计算机资源需求是指系统运行所依赖的计算机软件和硬件资源需求。

(7) 模板的 3.14 培训需求、3.15 保障需求、3.16 其他需求、3.17 包装需求等主要是指支持系统交付的需求。

1．要求的状态和方式

GJB 438B 要求“如果要求系统在多种状态或方式下运行，并且不同的状态或方式具有不同的需求，则应标识和定义每一种状态和方式”。注意，此要求的重点是两个条件同时成立，即不仅有多种运行状态，而且每种状态下的系统需求不同，此时，这条必须说明以下内容。

（1）系统有多种运行方式和状态时，可先用表 3-11 说明方式和状态的关系。

表 3-11　要求的状态和方式（示例）

	方式 1	方式 2	方式 3
状态 1	√		
状态 2		√	
状态 3		√	√

（2）用状态图或文字说明这些状态/方式之间如何转换。

（3）系统有多种运行方式或状态时，需按表 3-12 说明系统的能力需求在哪个状态/方式下有效。

表 3-12　要求的状态和方式与系统能力关系（示例）

	状态 1	状态 2	状态 3
用例 1	√		√
用例 2		√	

2．系统能力需求

系统能力需求的主要表述内容包括：一个系统用例图，以及每个系统用例的规约表。

（1）如果本系统规模较大，且各部分之间有明确的职责区域，则这些部分可以直接划分为子系统，在此处用 UML 构件图说明这些子系统之间的关系，如图 3-16 所示。切记，此处不能够直接给出系统内部的详细部件组成，部件及其组成关系是系统设计范畴内的内容。

图 3-16　系统的子系统构成（示例）

（2）用如表 3-13 所示的表格说明子系统用途（职责）。之后，后续章节按照子系统组织，也可以对各个子系统出具单独的子系统规格说明文档。

表 3-13　系统构成表（示例）

子系统名称	子系统标识	子系统用途	技术状态
			新研/改进/选用

（3）如果本系统无须划分为多个子系统，或暂时无法明确子系统边界，需要在系统设计阶段确定的，直接画出系统的 UML 用例图，并用列表概述系统用例，如图 3-17 和表 3-14 所示。

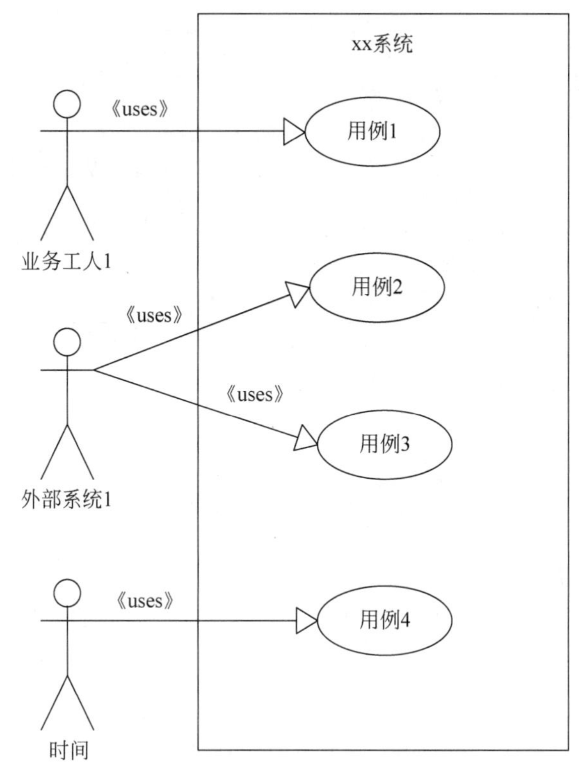

图 3-17　系统用例图(示例)

表 3-14　系统用例列表(示例)

序　　号	用 例 名 称	标　　识	功 能 描 述	技 术 状 态
1	用例 1			新研/改进/复用
2	用例 2			

(4) 按照模板要求,以每个系统用例为小章节分条说明系统能力需求。每个系统用例使用如表 3-15 所示进行描述。

表 3-15　系统用例规约表(示例)

用例名称	动宾结构命名	项目唯一标识符	
研制要求章节			
简要描述	用例目标简述：概述用例的价值 //注意：此处的描述不要超出用例的职责范围		
参与者	主执行者：必须有主执行者 辅助执行者：视具体情况,可以没有辅助执行者。如果系统自身能够完成该用例职责,不需要系统外部的实体对象帮忙,就没有辅助执行者		
前置条件	该用例开始前,系统需要满足的约束,且一定是系统能够检测到的 注意：此处是指这个特定的用例开始执行前,系统必须满足的条件或状态；如果不满足这个前置条件,这个用例就不能开始执行		

续表

	步骤	描　　述
主流程(代表用例核心价值的路径)	1	第一步的主语一定是主执行者
	2	(1) 一定聚焦于系统与外部的交互过程 (2) 每个步骤不要没有主语,且主语只能是主执行者或系统 (3) 使用主动语句,突出主语所承担的责任 (4) 使用系统所属组织的领域(核心域)的词语 (5) 不要描述交互过程中设计的细节 (6) 不要描述系统不能负责的事情
扩展流程	1a	对应流程中某个步骤中,系统要处理的意外和分支
	1a-1	针对 1a 所描述的意外,系统的处理流程
子流程	对应主流程中多次重复的一组步骤集合	
后置条件	该用例结束后,系统需要满足的约束,且一定是系统能够检测到的	
规则与约束	(1) 质量属性(性能等) (2) 设计约束:业务规则、数据约束、技术约束	

3. 系统外部接口需求

(1) 画出系统或子系统与系统外部的其他硬件和软件之间的接口,如图 3-18 所示。

图 3-18　系统外部接口图(示例)

(2) 用表格说明每个接口的标识、类型、用途等,如表 3-16 所示。注意:如果与外部系统存在多个物理接口,如网络、CAN 接口,需要在图和表中按不同接口分别说明。

表 3-16　系统外部接口需求表(示例)

序号	接口名称	标识	接口类型	接口用途	外部接口实体	外部实体状态
			网络、串口、CAN总线、IO 等		外部系统 1	新研、沿用、改进

(3) 对识别出来的每个接口分别按条描述,如表 3-17 所示。

表 3-17　外部接口需求表(示例)

接口名称	某接口		接口标识	JK-OU-001
接口实体	接口两端的软件或硬件		接口类型	网络等
接口用途	简述接口两端的软件或硬件使用该接口的用途			
接口数据	(1) 说明该接口上传输数据的种类 (2) 说明该接口上传输的数据的编码格式:如果每类数据使用相同的编码格式,用其他的表说明该格式;否则,逐一说明每类数据使用的编码格式;如果编码格式为标准格式,说明即可 (3) 说明每类数据的具体定义。如果数据较多,可以在附录中或使用 GJB 438B 的《接口设计说明》模板详细说明			
接口通信特征	通信链路	如网络的带宽、串口速率等		
	数据传输	非/周期性、单向或双向传输		
接口协议特征	说明接口是否有同步机制,详细说明同步机制如何设计的 接口上的每类数据的传输层协议等			

注意：此时尚处于系统需求分析阶段，接口重点关注数据内容、数据取值的物理意义范围，不关心在计算机编程层面定义的数据格式，如数据类型(浮点、整型、字符串等)、字节组织形式等；这些内容属于对接口需求的具体解决方案，留待系统设计时确定。

4. 系统内部接口需求

系统内部接口需求，主要是指已经明确的子系统之间的接口。注意，不应该识别出系统的部件(软件和硬件)之间的接口，因为在系统需求分析阶段，系统设计还未出结果，系统的部件还不明确。

如果本系统无多个子系统，或暂时无法明确子系统边界，需要在系统设计阶段确定的，此处可留待设计时描述。

如果本系统已经明确划分为多个子系统，则参照系统外部接口的分析方法，标识子系统之间的接口。

(1) 画出子系统之间的接口，如图3-19所示。

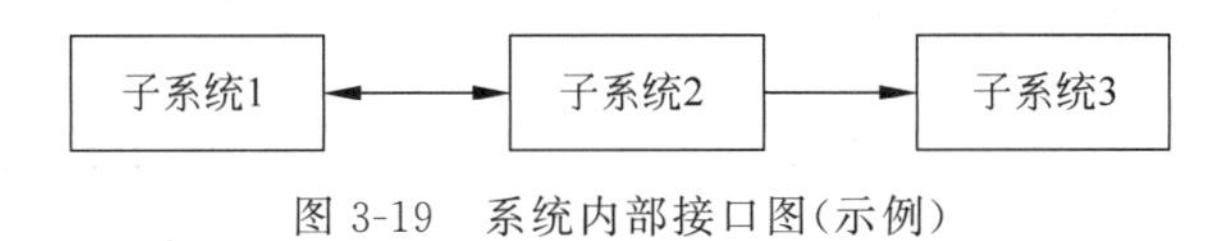

图3-19　系统内部接口图(示例)

(2) 用表格说明每个接口的标识、类型、用途等。注意：如果两个子系统之间存在多个物理接口，如网络、CAN口，需要在图和表中按不同接口分别说明。

(3) 分条目分别使用表3-18描述每个内部接口的需求。注意，内部接口的接口实体应该是子系统。

表3-18　内部接口需求表(示例)

<table>
<tr><td>接口名称</td><td colspan="2">某接口</td><td>接口标识</td><td>JK-OU-001</td></tr>
<tr><td>接口实体</td><td colspan="2">接口两端的其他子系统</td><td>接口类型</td><td>网络等</td></tr>
<tr><td>接口用途</td><td colspan="4">简述接口两端的子系统使用该接口的用途</td></tr>
<tr><td>接口数据</td><td colspan="4">(1) 说明该接口上传输数据的种类
(2) 说明该接口上传输的数据的编码格式：如果每类数据使用相同的编码格式，用其他的表说明该格式；否则，逐一说明每类数据使用的编码格式；如果编码格式为标准格式，说明即可
(3) 说明每类数据的具体定义。如果数据较多，可以在附录中或使用GJB 438B的《接口设计说明》模板详细说明</td></tr>
<tr><td rowspan="2">接口通信特征</td><td>通信链路</td><td colspan="3">如网络的带宽、串口速率等</td></tr>
<tr><td>数据传输</td><td colspan="3">非/周期性、单向或双向传输</td></tr>
<tr><td>接口协议特征</td><td colspan="4">说明接口是否有同步机制，详细说明同步机制如何设计的
接口上的每类数据的传输层协议等</td></tr>
</table>

5. 系统内部数据需求

识别系统内部需求的目的为数据库表/文件的设计提供需求来源。识别方法是从各个系统用例中找出系统需要处理的业务实体。建模方法是使用UML类图对实体类建模。注意，内部数据需求不是输入、输出数据。

(1) 建立系统的实体类图。

(2) 使用表3-19说明识别出的所有实体类。

表 3-19　系统的实体类列表(示例)

序　　号	类　名　称	标　　识	相关的系统用例
			是指该类在哪些系统用例中出现

(3) 对每个实体类分条使用表 3-20 进行说明。注意:此处关注类的属性,不关注类的操作,类的操作是系统设计阶段的内容。

表 3-20　某某类(示例)

序号	属性名称	取 值 范 围	精度要求	组 成 格 式	是否为公共属性
		注意:是有物理意义的取值范围,如电压范围、高度范围等		使用数据字典的词条法表示:=、+、[/]、()、*…*、$\{\}^{n(重复次数)}$ 例如:编号由 2 位字母、6 位数字和 1 个可选 x 组成。表示如下: 编号 $=\{[A\ldots Z/a\ldots z]\}^2+\{0\ldots 9\}^6+(x)$	系统的公共数据的来源

6. 适应性需求

适应性需求是指系统在不同用户现场安装时需要修改的安装数据,如地理数据配置文件、菜单配置文件、通信端口参数等。可以用表 3-21 表示。

表 3-21　适应性需求表(示例)

序　　号	名　　称	类　　型	内　　容	用　　途
		文件、数据库表、注册表		

7. 安全性需求

安全性需求是指系统可能涉及的两类安全风险:一类是可能导致系统毁坏或人员伤亡的安全风险;另一类是指可能被恶意入侵的风险。

注意以下三点常犯错误:一是不要抛开安全性需求的基本原则,为了写安全性需求而硬写,随意扩大安全性需求内涵,分析出一些并不适用的安全性需求;二是没有针对软件进行安全性分析,复制一些放之四海而皆准的要求;三是混淆了需求和解决方案,直接写出解决方案,而忽视了真正的需求。

8. 保密性需求

GJB 438B 原文要求"若有保密性需求,本条应指明维持保密性的系统需求,包括:系统运行的保密性环境、所提供的保密性的类型和级别、系统必须经受的保密性风险、减少此类风险所需的安全措施、必须遵循的保密性政策、系统必须具备的保密性责任、保密性认证/认可必须满足的准则等。"

此条是指系统交付后,系统在使用环境中的保密性要求。如与外部系统交互时,数据需加密交互,确保数据完整性、不可抵赖性等;系统保存的关键数据是否需要加密存储;对关键数据的销毁的要求等。注意,不要描述开发单位的保密管理要求,以及开发环境的保密性要求等。

9. 系统运行环境需求

GJB 438B原文要求“若有系统环境需求，本条应指明与系统运行必需的环境有关的需求。对软件系统而言，运行环境包括支持系统运行的计算机硬件和操作系统。对硬软件系统而言，运行环境包括系统在运输、存储和操作过程中必须经受的环境条件，如自然环境条件（风、雨、温度、地理位置）、诱发环境（运动、撞击、噪声、电磁辐射）和对抗环境（爆炸、辐射）。”

对纯软件系统而言，此时应按要求说明支持系统运行的计算机硬件和操作系统。

对软件和硬件结合的系统而言，此时，应按要求说明对使用环境的需求；由于此时还没有确定软件能力需求，所以对软件的运行环境可以留待系统设计时明确。

系统运行环境需求表示例如表3-22所示。

表3-22　系统运行环境需求表（示例）

序号	硬件名称	类　型	软件名称	类　型
		处理器、存储器、输入/输出设备、辅助存储器、通信/网络设备		操作系统、地理信息系统、数据库系统、Office办公软件、通信软件、框架软件、其他第三方软件等

10. 计算机资源需求

1）计算机硬件需求

GJB 438B原文要求“本条应描述系统使用的或引入到系统中的计算机硬件的需求，包括：各类设备的数量；处理机、存储器、输入/输出设备、辅助存储器、通信/网络设备及所需其他设备的类型、大小、容量和其他所需的特征。”

此条对纯软件系统直接有效，应该按要求对系统环境需求中的计算机硬件需求进行详细说明，如表3-23所示。

表3-23　计算机硬件需求表（示例）

序号	硬件名称	类　型	资源配置说明	数　量	来　源
		处理机、存储器、输入/输出设备、辅助存储器、通信/网络设备			

2）计算机硬件资源使用需求

GJB 438B原文要求“本条应描述本系统的计算机硬件资源使用需求（若有），例如，最大允许利用的处理机能力、内存容量、输入/输出设备的能力、辅助存储设备容量和通信/网络设备的能力。这些需求（例如陈述为每一个计算机硬件资源能力的百分比）应包括测量资源使用时所处的条件（若有）。”

此条对纯软件系统直接有效，应该按要求对计算机硬件需求中的各个硬件资源使用的需求进行详细说明，如表3-24所示。

表3-24　计算机硬件资源使用需求表（示例）

序号	硬件名称	类　型	使用要求	备　注
		处理机、存储器、输入/输出设备、辅助存储器、通信/网络设备	软件使用内存余量等	

3）计算机软件需求

GJB 438B 原文要求“本条应描述本系统必须使用或引入系统的计算机软件的需求（若有）。例子包括：操作系统、数据库管理系统、通信/网络软件、实用软件、输入和设备仿真软件、测试软件和制造软件。要列出每一个这样的软件项的正确名称、版本和参考文档。”

此条对纯软件系统直接有效，应该按要求对系统环境需求中的各个软件需求进行详细说明，如表 3-25 所示。对软件和硬件结合系统，如果此时还不能够确定系统对其他软件的需求，可以留待系统设计时明确。

表 3-25　计算机软件需求表（示例）

序号	软件名称	类　型	版本	来　源	备　注
		操作系统、地理信息系统、数据库系统、通信/网络软件、实用软件、输入和设备仿真软件		自备、自研、货架、第三方（某公司）提供	

4）计算机通信需求

GJB 438B 原文要求“本条应描述本系统必须使用的计算机通信方面的需求（若有）。例子包括：要连接的地理位置；配置和网络拓扑；传输技术；数据传送速率；网关；要求的系统使用时间；被传送/接收的数据的类型和容量；传送/接收/响应的时间限制；数据量的峰值；以及诊断特性。”

这条要求应该是指系统在使用环境中，与外部系统进行通信的需求，而不是系统内部的通信需求。例如，系统通过什么配置的网络交换机与外部系统通信，分配给系统使用的带宽和使用时间是否有要求；系统通过什么通信能力的电台与外部系统通信，最大话音传输能力等。

11. 系统质量因素

GJB 438B 原文要求“若提出质量因素方面的需求，本条应描述系统的这些需求。包括：功能性、可靠性、易用性、效率、维护性、可移植性和其他属性的定量要求。”

提示：系统质量属性是指用户级需求层面的质量属性。用户级层面的质量属性包括 6 类 21 项质量特性，这些质量属性可以通过分析业务级需求中的功能需求、质量需求、约束，以及用户级需求中的约束得到。

示例如表 3-26 所示。

表 3-26　系统质量因素分析表（示例）

需求层次	功能需求	质量属性	约　束
业务级需求	从业务愿景中分析质量属性。如“适应业务快速变化”分析得到“易改变性”质量属性		从业务环境约束中分析质量属性。如“与原有办公系统集成”分析得到“互操作性”质量属性
用户级需求		从业务级需求和用户级需求的“约束”中分析得到以下质量属性。 （1）易改变性 （2）互操作性 （3）易用性 （4）容错性	从使用环境约束中分析质量属性。如“操作人员是非计算机专业出身，计算机水平普遍不高”分析得到“易用性”和“容错性”质量属性

12. 设计和构造约束

提示：设计约束包括四类：业务环境约束＋使用环境约束＋构建环境约束＋技术环境约束；这四类约束分布在不同层面的需求。

业务环境约束。属于业务级需求，来自出资方的约束，例如上线时间、预算、集成、业务规则、行业法律法规（禁止使用解释性编程语言）等；由出资方指定技术选型（某平台、必须使用某数据库系统、必须遵循某数据标准、应与原某系统集成、应与某系统互连互通等）。

使用环境约束。属于用户级需求，来自使用方的约束，如使用者的专业能力、何种人群、分布式使用、使用环境有电磁干扰、车船移动等因素。

构建环境约束。属于开发级需求，来自开发和维护人员的约束，如开发人员的技术水平、业务知识、管理水平等。

技术环境约束。来自业界当前技术环境约束，如成熟算法、技术平台、中间件、编程语言成熟度等。

这四类约束可以分为以下三种情况。

(1) 直接制约设计决策的约束。如系统运行于 UNIX 平台上。

(2) 转换为功能需求的约束。如应严格执行总部统一规定的商品折扣率。分析后可转换为功能需求：调整商品折扣率。

(3) 转换为质量属性的约束。如操作人员计算机水平普遍不高。分析后转换为系统应具有高易用性（如完成一个业务操作平均输入数据次数最多 N 次）和容错性（如系统对输入数据在人机交互界面进行有效限制，避免操作人员输入非法数据。）

13. 人员需求

GJB 438B 原文要求“若有人员相关要求，则本条应描述与使用或支持系统的人员有关的需求”。

注意：本条不应该描述与开发人员相关的需求，也不是单纯描述系统使用人员的数量、技能需求。

本条的目的是通过对系统使用或支持人员的数量、技能等信息进行分析，得到对系统质量因素方面的需求。参考人素工程的定义，“人素工程是一门多学科的交叉学科，研究的核心问题是不同的作业中人、机器及环境三者之间的协调……研究的目的则是通过各学科知识的应用，来指导工作器具、工作方式和工作环境的设计和改造，使得作业在效率、安全、健康、舒适等几个方面的特性得以提高。”

14. 培训需求

对系统而言，对系统使用人员进行培训是有必要的。所以，本条应该描述与培训相关的需求。例如，需要培训的系统操作人员（角色）、数量、培训使用的教材（包括使用手册、用户手册、电子交互手册，以及其他教材）等。

注意：本条不是对系统使用方提出需求，而是站在需方的角度，对系统研制方提出培训需求，要求研制方对系统使用方进行培训，要求研制方提供合适有效的培训资料。

15. 保障需求

GJB 438B 原文要求“若有综合保障相关需求，则本条应描述有关综合保障方面的系统需求，其中包括系统维护、软件保障、系统运输方式、对现有设施的影响和对现有设备的影响”。

本条的目的是通过对系统交付后，如何使得保障机构能够保障系统正常运转进行分析，得到与保障工作相关的系统质量因素方面的需求。

注意：本条不是对系统保障机构提要求，而是站在需方的角度，对系统研制方提出需求，要求研制方基于系统的维护保障工作的顺利实施，分析系统需要承担的职责。

16. 其他需求

GJB 438B 原文要求“若有其他需求，则本条应描述在以上各条中没有涉及的其他系统需求，……”。

这条的目的是如果需方还有在合同中，以及上述需求中未覆盖到的其他系统需求，包括研制方应提供的系统文档需求，可以在本条进行说明。

17. 包装需求

GJB 438B 原文要求“若有包装需求，则本条应描述需交付的系统及其部件在包装、加标签和处理方面的需求，适当时可引用适用的军用规范和标准”。

这条的目的很明确，站在需方的角度，对系统交付时的包装提出要求。一是系统及其部件的包装要求；二是系统及其部件的外加标签要求。

18. 需求的优先顺序和关键程度

GJB 438B 原文要求“本条应描述本规格说明中各需求的优先次序、关键性或所赋予的指示其相对重要性的权重”。

这条包含两方面的要求，一是需求的优先次序，优先次序是研制方优先实现系统需求的依据；二是需求的关键性，关键性是研制方需要特别关注是否需要特殊处理（如需要高端专业人员参与研制、系统设计时需要给出专门的设计决策等）的依据。

例如，优先顺序定义为 1 和 2。1 是需要优先实现的基本需求；2 是增强需求。

关键性通常是从系统安全性和保密性角度考虑的，建议由高至低分为三个等级（A、B、C）。

A 是关键程度最高的需求，是指如果该类需求失效，直接影响系统所属组织无法完成核心业务或危害到系统和人员的安全。

B 是关键程度第二等级的需求，是指如果该类需求失效，影响系统的主要性能实现。

C 是关键程度最低等级的需求，是指除了 A 和 B 等级外的需求。

需求优先顺序和关键程度列表示例如表 3-27 所示。

表 3-27　需求优先顺序和关键程度列表

序　　号	需求名称	需求标识	优先顺序	关键程度

3.11.3　合格性规定

GJB 438B 原文要求“本条应定义一组合格性方法，并为第 3 章中的每个需求指定为确保需求得到满足所应使用的方法”。

合格性规定是系统合格性测试的依据。按照 GJB 2786A 的要求，系统合格性测试应具有独立性（即必须由独立于系统研制团队的人员承担系统合格性测试）。本条的目的是站在需方的角度，为每条系统需求提出验证其合格性的方法。

GJB 438B 提出的合格性方法如下。

(1) 演示：依靠可见的功能操作，直接运行系统或系统的一部分，而不需要使用仪器、专用测试设备或进行事后分析。

(2) 测试：使用仪器或其他专用测试设备运行系统或系统的一部分，以便采集数据供事后分析使用。

(3) 分析：处理从其他合格性方法获得的累积数据。

(4) 审查：对系统部件、文档等进行目视检查。

(5) 特殊的合格性方法：任何针对系统的特殊合格性方法，如专用工具、技术、规程、设施、验收限制、飞行模型或飞行航迹等。

合格性规定示例如表 3-28 所示。

表 3-28 合格性规定

序　号	需求名称	需求标识	合格性方法
1			演示
2			使用某测试设备进行测试
3			分析某测试结果数据
4			审查某文档

3.11.4 需求可追踪性

使用正向追踪表，说明研制要求的每项要求被分解给了哪些系统需求(系统规格说明中的三类需求)。

使用逆向追踪表，说明每个系统需求(系统规格说明中的三类需求)来自哪些研制要求。

思　考　题

题目 1 对附录 1 的数据采集系统案例，本书没有按照先找组织、发现组织的业务用例、从业务用例序列图发现系统用例的方法确定系统用例，请问如果按照上述方法，该系统的用例能够从业务流程中得到吗？如果不可以，还有其他途径得到吗？

题目 2 一个交警大队，其组织的业务用例通常包括什么？

题目 3 组织的业务用例和系统用例有何关系？

第4章 系统设计方法

4.1 系统架构设计方法

系统质量是设计出来的，系统架构很大程度上决定了系统的质量。

本节中的架构设计方法均采用温昱所著的《一线架构师实践指南》中的方法。

架构设计分为三个阶段：第一个阶段是系统设计师理解需求，与需求对接，确定架构设计方向的阶段；第二个阶段是针对大系统的概念架构设计阶段；第三个阶段是具体架构设计阶段。

4.1.1 第一阶段——与需求对接阶段

该阶段的工作实质是对三类需求提纲挈领，分析拎取出关键需求。这个阶段是从“问题域”向“设计域/解决方案域”的过渡阶段，是在这两个不同域之间搭建“桥梁”的阶段。

目前在架构设计方面存在的突出问题是“问题域”和“解决方案域”被割裂，从设计文档中完全看不出架构设计应该说明的两个重点：一是给出这种解决方案的理由；二是解决方案是如何解决“问题域”提出的问题的。

该阶段是架构设计师对需求进行再分析的阶段，推荐采用需求矩阵分析方法。该方法的原理是“任何需求都可定位于业务级需求、用户级需求、开发级需求这三个层次的某一层，同时也必属于功能、质量属性、约束这三类需求的某一类”[2]。这三个层次和三类需求构成了二维需求矩阵，见表4-1。

表4-1 需求矩阵分析方法

<table>
<tr><th></th><th>关键功能</th><th>关键质量属性</th><th colspan="2">关键约束</th></tr>
<tr><td>业务级需求</td><td>业务愿景</td><td>研制周期、经费</td><td>业务环境约束</td><td rowspan="3">技术环境约束</td></tr>
<tr><td>用户级需求</td><td>用例子集</td><td>6类21种质量特性</td><td>使用环境约束</td></tr>
<tr><td>开发级需求</td><td></td><td></td><td>开发环境约束</td></tr>
</table>

这个阶段的工作开展的前提条件如下。

(1) 明确的业务需求(愿景)。

(2) 全面的用户需求(较为完善的系统用例图)。

(3) 典型的行为需求(核心功能的系统用例规约)。

这个阶段的方法步骤简述如下，详细方法可参见《一线架构师实践指南》。

(1) 需求结构化，建立需求分析矩阵。

（2）分析约束影响：对需求分析矩阵中的约束进行分析。要点是对约束做加法，识别约束背后的衍生需求；将这些约束转换为功能需求或质量属性或直接遵守的设计约束。

（3）确定关键质量属性：对需求分析矩阵中的质量属性进行分析。要点是对质量属性需求做减法，确定架构设计重点支持的质量属性。

（4）确定关键功能：对需求分析矩阵中的功能进行分析。要点是对功能需求做减法，在所有功能中挑选一个"关键功能子集"。

4.1.2 第二阶段——概念架构设计阶段

概念架构是针对第一个阶段分析出的关键需求给出高层次解决方案，即"概念级"解决方案，重点说明"客户关心的价值如何实现、担心的问题如何解决"。因此，概念架构设计的实质是给出重要的系统行为设计决策。

概念架构设计往往是战略性的而非战术性的，重点是把最关键的设计要素和交互机制确定下来，不关心明确的接口定义。

这个阶段没有特别的一劳永逸的方法，需要遵循的最基本的理念就是一定要依据第一个阶段分析得到的三类关键需求开展工作。由于系统所在的领域，以及系统的规模差异较大，所以概念架构设计主要依赖于不同领域的系统架构师的经验。例如，对于应用于作战领域的超大规模网络化联合作战系统，其概念性架构见图 4-1[5]。

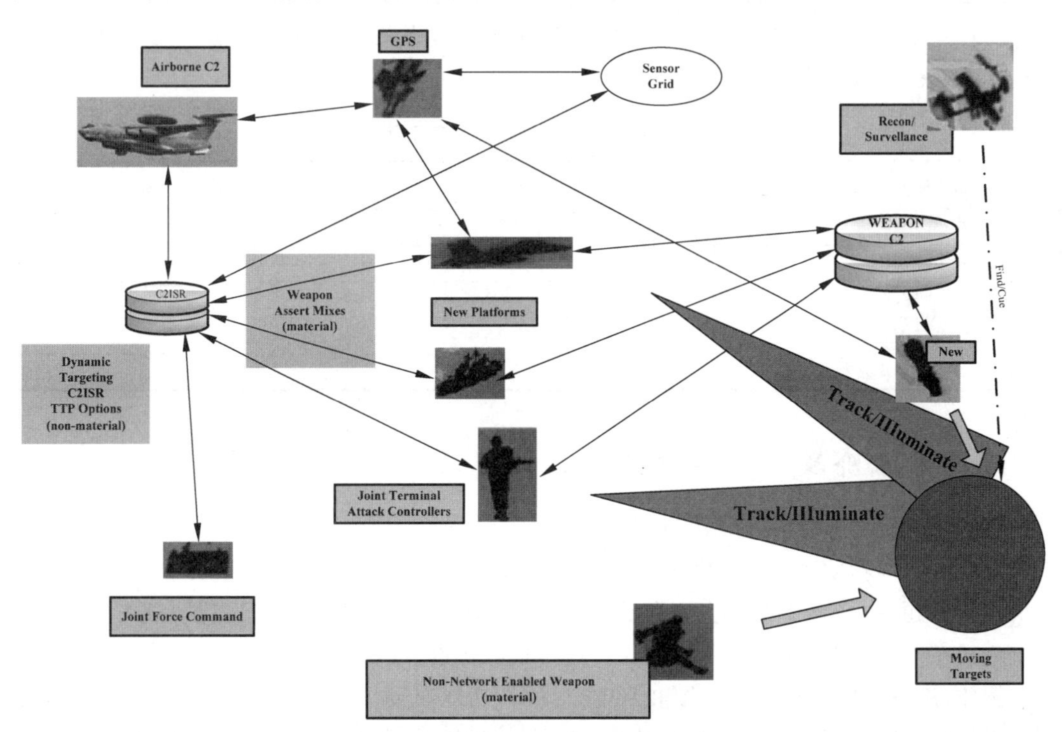

图 4-1　网络化联合作战系统概念性架构

以下对《一线架构师实践指南》介绍的方法做了简单归纳总结，仅供参考。

（1）通过对关键系统用例的实现过程进行分析，规划系统内部的职责协作链，将每个用例的内部职责协作链上的职责分组"打包"，对系统在功能上进行逻辑划分，这种划分方式通常是分层。

职责之间通常是上层使用下层的关系，但是根本不关心上层和下层部署的物理位置。层与层之间形成职责链，能够实现系统的关键功能。

例如，嵌入式系统的分层架构，专用硬件，以及于专用硬件相关的软件位于最下层；通用性最强的操作系统/框架/平台等位于中间层；特定应用位于最上层。

规划系统内部的职责协作链，实质上是对用例进行建模。UML 的活动图和序列图都可以对用例建模，但是此时还没有设计出承担职责的对象（系统部件），所以序列图不适用。而活动图是在一个较高的抽象层次上对用例进行活动建模，只显示用例执行过程中系统行为（事件）发生的时间次序，但是没有将系统行为赋予对象。所以，可以使用活动图。

可见，此时系统还存在于抽象概念状态，还有待下一步规划设计系统部件。

(2) 通过对分层的职责进行构件化设计，将每层中的职责“分配”在不同或相同的硬件上。目标是得到初步的系统部件。

为上一步功能逻辑分层中各职责规划设计物理构件，得到一些系统部件，这些系统部件之间形成的职责链能够满足逻辑分层设计的职责链。

需要注意的是，此时的系统部件完全因系统领域和系统规模呈现出的粒度差异很大。例如，对大规模系统，此时得到的系统部件可能是二级系统；对中等规模系统，此时得到的系统部件可能是子系统；而对小规模系统，此时得到的系统部件可能就是 CSCI 或 HWCI。

(3) 考虑非功能需求。使用目标-场景-决策表[2]考虑关键质量属性，进一步完善概念架构设计，如表 4-2 所示。

表 4-2 目标-场景-决策表示例

目　标	场　景	决　策
可重用性		
持续可用		
安全性		
时间性能		
并发用户数量		

4.1.3 第三阶段——具体架构设计阶段

该阶段是提出“规约级”解决方案。

设计方法推荐使用“4+1 视图”方法，从不同的视角描述系统架构，见表 4-3。这样可以解决几个问题，一是便于不同角色的人员（项目经理、需求分析师、编程人员）理解系统；二是避免了在一个视图上叠加不同视角的内容，难以将设计内容表达清楚。

例如，房屋装修的功能布局图和水电布线图，功能布局图更多地面向住户，表达的是房间各个部分的使用需求；水电布线图面向的是施工方，表达的是水电管路的位置。

逻辑视图是从系统架构设计人员视角看系统。

开发视图和运行视图是从软件工程师视角看系统。

物理视图是从项目经理视角看系统。

数据视图是从数据库工程师视角看系统。

表 4-3 “4+1 视图”方法

序号	视图名称	视图的思维立足点	视图内容 （纯软件系统或 CSCI 级设计）	视图内容 （软硬结合系统）
1	逻辑视图	职责划分	子系统/部件的组成关系 子系统/部件之间接口定义 (C)结构化方法的模块调用关系或 C++面向对象方法的类图	子系统/部件的组成关系 子系统/部件之间接口定义
		职责的协作链	协作关系：系统用例的序列图或 CSCI 用例的序列图	协作关系：系统用例的序列图
2	开发视图	程序单元	源文件、程序库、框架、目标单元	不适用
		程序单元组织	Project 的划分 编译依赖关系 源文件(模块)分层调用关系	不适用
3	运行视图	并发处理控制流	进程、线程、中断 并发的控制流图	不适用
		并发控制流组织	启动与关闭；控制流通信 加锁与同步	不适用
4	物理视图	物理节点	PC、服务器选型 单片机、单板机选型 软件安装、部署 系统软件选型	PC、服务器选型 单片机、单板机选型 软件安装、部署 系统软件选型
		物理节点拓扑	连接方式、拓扑结构	连接方式、拓扑结构
5	数据视图	持久数据单元	文件 关系数据库 实时数据库	不适用
		数据存储格式	(无 RDBMS)文件格式 (嵌入式) Flash 存储结构 数据库 scheme	(无 RDBMS)文件格式 (嵌入式)Flash 存储结构 数据库 scheme

4.2 系统级设计决策

GJB 438B 中明确指出系统级设计决策包括两部分内容，一是“系统行为的设计决策”，即“忽略其内部实现，从用户角度出发描述系统将怎样运转以满足需求”；二是“其他对系统部件的选择与设计产生影响的决策”。

“决策”是指决定的策略或办法，决策的过程就是“信息搜集、加工，最后做出判断、得出结论的过程。”此处的设计决策就是指针对经搜集加工提取出的关键需求，经过判断，给出的解决方案。

可见，对系统进行设计决策的过程就是上述系统架构设计方法章节中第一个阶段和第二个阶段的工作内容。

在第一个阶段，使用需求矩阵开展分析，进行信息搜集和加工，得到了包含关键质量因素和关键功能子集的关键需求。

在第二个阶段，针对这些关键需求，给出概念性的分层架构，使得需方通过这个概念性架构能够理解系统是如何实现他们所关注的价值(关键功能子集)，以及系统是如何解决他们所担心的问题(关键质量因素)。

4.2.1 系统行为设计决策

关于系统是如何实现需方所关注的价值，即是 GJB 438B 中要求表述的“系统行为的设计决策”。

以雷达侦察系统为例，这是一个典型的软件和硬件结合的系统，其关键功能是雷达信号侦收用例：通过接收敌方雷达发射的射频信号，测量出雷达的位置和雷达信号主要特征参数。

概念性架构设计过程简述如下。

(1) 根据系统的关键功能，从逻辑上将职责分为三层：雷达信号接收层、信号处理层和信号参数展现层。

(2) 对每个逻辑层中“打包”的功能进行构件化设计。

① 雷达信号接收层中的 5 个系统部件：测向天线阵、测向接收机、测频天线、宽带侦收接收机和窄带分析接收机。

② 信号处理层的 1 个系统部件：信号处理机。

③ 信号参数展现层的 3 个系统部件：显示器、控制器、记录仪等。

得到系统的概念性架构见图 4-2。

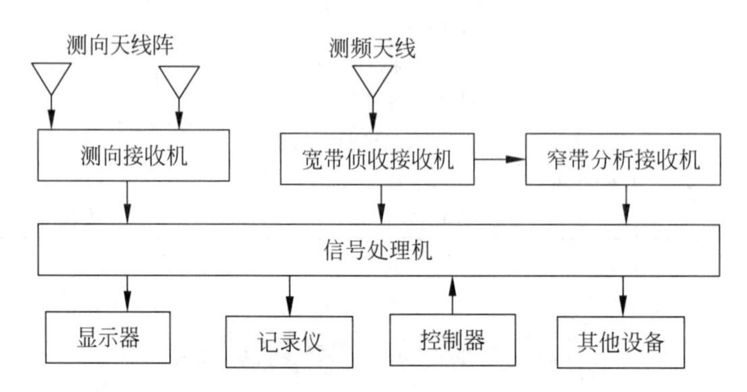

图 4-2　典型雷达侦察系统概念架构设计图

这个概念架构设计描述的主要内容如下。

(1) 测向天线阵与测向接收机协同工作实现了对雷达的射频脉冲信号到达角的实时测量。

(2) 测频天线与宽带侦收接收机协同工作实现了对雷达的脉冲载频、到达时间、脉冲宽度、脉冲功率或幅度等参数的实时测量。

(3) 所有获取的雷达的信号参数，经信号处理机实时处理后，最终得到需方最关心的雷达信号参数和位置。

也就是说，这个概念性架构设计回答了系统将怎样运转以满足需方最关注的关键功能。

4.2.2 对系统部件产生影响的决策

关于系统是如何解决需方所担心的问题可以映射为 GJB 438B 中说明的“其他对系统部件的选择与设计产生影响的决策”。

同样以雷达侦察系统为例，信号处理机负责的雷达信号处理是一种大视野、大宽带、高截获概率的实时信号处理，务求不丢失任何一个射频脉冲信号。可见其信号处理速率要高，如果丢失信号较多，系统的关键功能是无法满足需方要求的。针对这样的关键质量因素，信号处理机的部件设计为两部分，一是信号预处理机，为满足实时性要求，主要由现场可编程门阵列(FPGA)组成；二是信号主处理机，同样为满足实时性要求，主要由高速数字信号处理器(DSP)组成。

也就是说，针对关键的质量因素，进一步调整概念性架构设计，给出影响系统部件的选择与设计的决策。

这类决策还可能包括：

(1) 部件复用或选择货架产品的决策。确定哪些 CSCI 可以被完全重用、哪些 CSCI 可以被改进后重用等。

(2) 关键系统性能指标的分配决策。确定关键性能指标被分配给一个部件还是多个部件，如何分配以及分配的合理因素等。

(3) 软件运行环境的配置决策。确定软件运行需要的硬件配置、操作系统、数据库等配置要求。

4.3 系统体系结构设计

GJB 438B 中对系统体系结构设计的要求包括三部分：系统部件、执行方案和接口设计。

由此可见，系统体系结构设计的目标如下。

(1) 说明组成系统的系统部件之间的静态关系。

(2) 说明系统部件之间如何协作实现了系统用例。

(3) 说明系统部件之间的接口内容。

4.3.1 系统部件

按照 GJB 438B 要求，需要明确的是，系统部件包括硬件配置项(HWCI)和软件配置项(CSCI)。

系统部件主要是说明组成系统的系统部件之间的静态关系。

1. 说明系统是由哪些部件组成

这些部件之间的组成关系，以及每个部件的用途、开发状态。

对于由 HWCI 和 CSCI 部件组成的系统而言，部件之间的组成关系包含四个方面内容：一是硬件之间的连接组成关系，可以用一个图或多个图表示；二是软件运行在哪些硬件上；三是软件和硬件之间的关系，以及和其他软件之间的关系；四是计算机硬件资源配置，以及硬件资源和软件的关系。可以用表 4-4 和表 4-5 的形式表述。

表 4-4　CSCI 组成表

序号	CSCI 名称	CSCI 标识	部署的硬件部件	用途	与硬件的关系	与其他软件的关系	开发状态
					(1) 来自硬件的输入信号 (2) 向硬件输出的信号	(1) 接收哪个软件的什么数据 (2) 向哪个软件发送什么数据	新研 复用 改进

表 4-5　CSCI 的计算机软硬件资源配置

序号	CSCI 名称/标识	硬件资源配置	需分配的资源	软件资源配置
		(1) 处理器：制造商名称、型号 (2) 存储器：制造商名称、型号、大小、类型、数量等 (3) 外存：制造商名称、型号、大小、类型、数量等	如果在同一硬件上部署了多个 CSCI，或多个 CSCI 需要共用同一个硬件资源，或需要对某个 CSCI 使用的硬件资源进行约束时，在此说明资源的分配情况。如 CSCI1 分配了 20% 的内存，CSCI2 分配了 30%的内存	(1) 操作系统 (2) 数据库系统 (3) 框架 (4) 第三方软件

2. 说明系统规格说明和系统部件之间的静态关系

GJB 438B 中要求这部分内容为“给出系统的规格说明树，即用图示标识和表示已计划的系统部件的规格说明之间的关系。”

这部分的具体要求是说明系统规格说明中的各项需求，包括功能(系统用例)、质量因素和设计构造约束分别与哪些部件存在关系。

良好的设计不可能是需求和部件之间存在完全的一一映射的关系，即一个需求仅和一个部件或一组部件之间存在关系，而这组部件完全和其他需求没有关系。所以，好的设计应该是一个部件能够支撑多个需求的实现。类似于麦当劳的各种汉堡产品，其组成的部件大部分是共用的。

可以使用树状图说明需求和系统部件之间的静态关系，即每项需求分别与哪些系统部件存在关系。也可以用表格形式进行说明。

4.3.2　执行方案

GJB 438B 对执行方案的要求为“描述系统部件之间的执行方案。”进一步解释为“用图示和说明表示部件之间的动态关系，即系统运行期间它们是如何交互的”。

部件之间的动态关系就是表示系统部件之间如何协作实现了系统用例。

确定执行方案的一个重要目的是对系统部件(软件和硬件)进行能力分配，确保系统的每个能力需求都能够通过系统的内部部件分工协作实现。所以，对部件进行能力/职责分配是系统体系结构设计的一个非常重要的工作内容。

按照 GJB 2786A 的要求，要在系统体系结构设计期间形成《软件研制任务书》，向软件配置项承制单位明确下达系统需求。此处的系统需求就是分配给 CSCI 的能力需求。因此,CSCI 的能力需求来自系统体系架构设计,是系统架构设计师对系统能力需求进行分配的结果。

可以有很多方法表示部件之间的动态关系。对软硬结合的系统,推荐使用 UML 的序列图,一方面 UML 序列图能够较好地表达 CSCI、HWCI 之间的动态关系,另一方面 UML 序列图还能够表达对 CSCI 分配的能力需求。

所以,针对每一个系统用例,使用一个或多个 UML 序列图描述与这个系统用例存在关系的 CSCI 和 HWCI 是如何分工协作实现用例的。

4.3.3 接口设计

首先,需要明确 GJB 438B 定义的接口实体是指系统、配置项和用户。而接口是指接口实体之间所交互的信息。按照实现信息交互的物理载体的不同,接口分为各种类型,如串口、网口、API 接口等。

因此,正确的接口图中,应该描述接口实体与接口实体之间的接口关系,不能将接口实体表述为“某某信号”“某某接口”和“某某数据”。另外,两个接口实体之间可以存在多个接口,接口的数量取决于接口的物理载体(即接口类型),一种接口类型就是一个接口。一个接口能够支撑多个系统用例的实现。

其次,系统的接口设计,主要是指系统的外部接口与内部接口的设计。系统外部接口是指系统与外部执行者需要交互的信息;系统内部接口是指系统部件之间需要交互的信息。

按照 GJB 438B 要求,除了使用外部接口图和内部接口图说明所存在的接口关系外,还应该详细说明每个接口的特性。可以参考使用表 4-6 进行接口详细说明。

表 4-6 某接口说明

<table>
<tr><td>接口名称</td><td colspan="2">某接口</td><td>接口标识</td><td>JK-OU-001</td></tr>
<tr><td>接口实体</td><td colspan="2">接口两端的软件或硬件</td><td>接口类型</td><td>网络等</td></tr>
<tr><td>接口用途</td><td colspan="4">简述接口两端的软件或硬件使用该接口的用途</td></tr>
<tr><td>接口数据</td><td colspan="4">(1) 说明该接口上传输数据的种类
(2) 说明该接口上传输数据的编码格式:如果每类数据使用相同的编码格式,用其他的表说明该格式;否则,逐一说明每类数据使用的编码格式;如果编码格式为标准格式,说明即可
(3) 说明每类数据的具体格式定义。如果数据较多,可以在附录中或使用 GJB 438B 的《接口设计说明》模板详细说明</td></tr>
<tr><td rowspan="2">接口通信特征</td><td>通信链路</td><td colspan="3">如网络的带宽、串口速率等</td></tr>
<tr><td>数据传输</td><td colspan="3">非/周期性、单向或双向传输</td></tr>
<tr><td>接口协议特征</td><td colspan="4">说明接口是否有同步机制,详细说明同步机制是如何设计的
接口上的每类数据的传输层协议等</td></tr>
</table>

4.4 系统设计案例

对 3.10 系统需求分析案例中的测试项目管理系统,开展系统设计。

4.4.1 确定系统级设计决策

首先,与需求对接,得到关键需求,见表4-7。

表4-7 系统的需求分析矩阵

需求层次	关键功能	关键质量属性	关键约束
业务级需求	业务目标及业务愿景: 大幅减少测试人员工作量,提升测试用例管理效率	无	因为保密要求,系统不能在网络环境使用
用户级需求	(1) 录入测试用例 (2) 录入测试用例执行记录 (3) 录入软件问题报告 (4) 统计测试用例设计情况 (5) 统计测试用例执行情况 (6) 统计软件问题分布情况	(1) 容量:能够管理的一个项目的测试用例数量最多5万个 (2) 性能:项目的测试用例达到容量上限时,各类数据统计的时间均应小于1s (3) 扩展性:由于项目的测试轮次随实际情况而不同,通常需要测试2~3轮次,但是实际上不应该有上限限制,系统应该对任意轮次的测试用例均能够管理 (4) 易用性:由于测试人员存在一定流动性,不希望在系统使用上花费公司太多培训精力,最好不用培训,就像当前测试人员使用Word编写测试用例一样,无须对人员进行Word培训	对同一个项目,测试现场比较分散,测试人员不能集中开展测试
开发级需求	—	适用性:各类标识规则应该可配置,避免变更标识规则时,修改代码	需要与原配置管理系统无缝集成

其次,基于需求分析矩阵表,确定系统级设计决策。

1. 对业务环境约束进行分析

系统不能在网络环境使用,只能单机使用,所以需要一个由测试人员各自使用的前端软件,以及一个由配置管理人员使用的后端软件。

2. 对使用环境约束进行分析

对同一个项目,测试现场比较分散,测试人员不能集中开展测试。对这个约束的解决方案和第一条约束一样,测试人员使用前端软件,录入各种测试记录并完成测试后,回到测评实验室机房,再由配置管理人员导入后端软件。

3. 对开发环境约束进行分析

采用可与原配置管理系统进行集成的Java开发语言,使用原数据库系统支撑新系统的项目配置管理功能,其他功能不使用数据库系统。

4. 对系统关键功能进行分析

确定三个相关录入功能由前端软件实现,在后端软件实现各类数据统计功能,并增加一个关键功能:导入测试记录功能,能够将前端软件录入的内容导入在同一个项目管理之下,同时生成Word格式的文档。由该新增关键功能,引申出一项关键质量属性:一次导入测试记录的条数最多1万条,导入时间应在1min之内。

至此，基于以上设计决策，基本确定了系统的概念性架构，见图4-3。

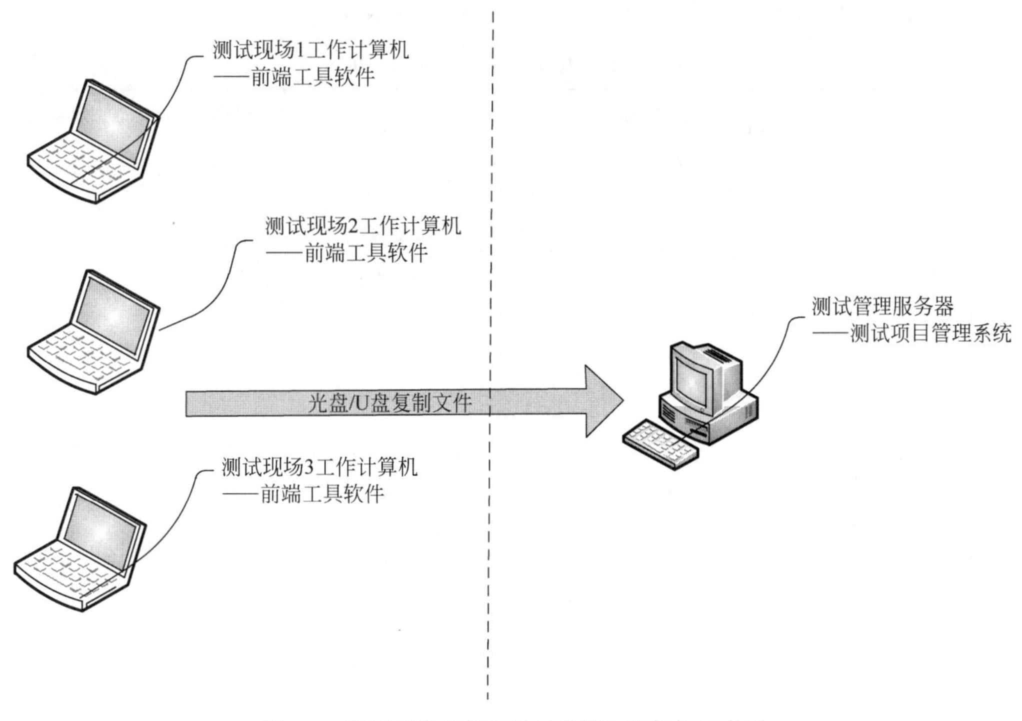

图4-3 测试项目管理系统初步概念性架构示意图

5. 对关键质量属性进行分析

(1) 对易用性进行分析。确定前端软件采用Excel，无须培训，只需规定Excel格式要求，一个测试项为一个Excel文件，其中每个Sheet表对应一个测试子项，内容包含测试用例、测试用例执行记录、问题描述、整改措施等，即每一个测试用例及其延伸出的后续记录均在一张Sheet表中。

(2) 对扩展性进行分析。确定新增的导入测试记录用例按轮次导入，且轮次不受限制。

(3) 对性能要求进行分析。在不使用数据库系统管理测试记录的情况下，如果需要快速统计各类数据，最好的解决方案是在导入测试记录用例时，就完成各类数据统计存入数据库中，留待其他统计数据用例使用。

(4) 对容量要求进行分析。由于上述解决方案确定了不使用数据库系统保存测试用例和相关记录，所以系统实际上能够管理的测试用例数量不受容量限制。此条质量属性已经不属于关键性需求。

(5) 对适用性进行分析。解决方案是后端软件可以对各类记录的标识规则进行配置。

4.4.2 确定系统架构

下一步，确定系统体系结构，分为两大部分内容：确定系统部件静态关系和动态关系。

1. 系统部件静态关系

(1) 系统组成，需用图或表方式说明系统包含哪些部件，以及部件之间的关系。

经过上述设计决策，得到系统的概念性架构，明确系统属于纯软件系统，分为两部分：

前端和后端软件。前端软件选用 Excel 软件，后端软件在原配置管理系统上升级改造。系统组成见表 4-8，与软件相关的计算机设备的资源配置见表 4-9。

表 4-8　测试项目管理系统部件之间关系表

序号	CSCI 名称	CSCI 标识	部署的硬件部件	用　途	与 HWCI 关系	与其他 CSCI 关系	开发状态
1	Excel 软件	CSCI-EXCEL	测试工作计算机（非系统部件）	测试人员编写测试用例、测试用例执行记录、软件问题、问题整改措施	无	无	货架
2	测试项目管理软件	CSCI-TMA	测试项目管理服务器	项目组长将 Excel 格式的测试记录文件复制至固定目录，使用系统生成模板要求的 Word 文档（测试说明、测试用例执行记录集合、软件问题报告集合） 项目组长使用系统统计各类数据，生成测评报告需要的数据统计表格（测试用例执行情况表、软件问题分布情况表、软件问题整改情况表等）	无	离线导入符合模板定义的 Excel 格式的测试记录文件	改进

表 4-9　计算机设备的资源配置

序号	HWCI 名称/标识	资 源 配 置	需分配的资源	开发状态
1	测试项目管理服务器/HWCI-TMA	(1) 处理器：制造商名称、型号 (2) 存储器：制造商名称、型号、大小、类型、数量等 (3) 外存：制造商名称、型号、大小、类型、数量等 (4) 操作系统：Windows 7 (5) 数据库系统：MySQL	无	货架

(2) 建立系统规格说明树。系统需求和系统部件之间的关系见表 4-10。

表 4-10　系统需求和系统部件之间的关系

序号	系 统 用 例	Excel 软件	测试项目管理软件	备　注
1	编制测试用例	√	—	—
2	记录测试结果	√	—	—
3	记录软件问题	√	—	—
4	记录问题整改措施	√	—	—
5	生成测试说明	—	√	—

续表

序号	系 统 用 例	Excel 软件	测试项目管理软件	备　　注
6	生成测试用例执行记录	—	√	—
7	生成软件问题报告	—	√	—
8	统计测试数据	—	√	—
9	配置标识规则	—	√	系统设计阶段新增的用例

2. 系统部件动态关系

这个系统比较特殊，从表 4-10 可以看出，前 4 个系统用例被分配给了第一个系统部件(Excel 软件)，后 5 个系统用例被分配给了第二个系统部件(测试项目管理系统)；所以，每个系统用例都是由一个系统部件独立完成，两个 CSCI 部件之间是离线通过文件交互的，而且文件是人工复制至固定目录，两个部件之间没有实时动态关系，可以省略描述。

4.5 系统设计说明模板解析

本节是对 GJB 438B 的系统/子系统设计说明模板的内容的详细解析，展现了前文所描述的系统设计方法的结果如何落实体现在文档之中。

GJB 438B 的系统/子系统设计说明模板包括六个章节：范围、引用文档、系统级设计决策、系统体系结构设计、需求可追踪性、注释。

本节内容除省略引用文档和注释外，对其他章节内容逐一解析。

4.5.1 范围

范围的主要内容包括：标识、系统概述、系统历史、项目的各相关方。

1. 标识

本条应描述本文档所适用系统的完整标识，适用时，包括其标识号、名称、缩略名、版本号和发布号。

(1) 系统名称：按照合同中名称定义。

(2) 系统标识：按照项目总体单位要求标识。

(3) 系统版本：按照项目总体单位要求定义。

(4) 系统简称：缩略名。

2. 系统概述

(1) 系统所属的组织机构。

(2) 该组织机构的职责。

(3) 该组织机构中使用系统的业务工人角色。

(4) 系统的主要用途。

3. 系统历史

概述系统开发、运行和维护历史。

系统分为两种情况：一是该类组织中以前没有此类系统，完全是新研制系统；二是该类组织中以前有此类系统，这次研制的系统是对原系统的改进。

对第一种情况，无系统历史信息。对第二种情况，应说明原系统的相关信息，包括：研制总体单位、鉴定时间、运行期间发生的变更情况等。

4. 项目的各相关方

(1) 需方：出资研制系统的机构。

(2) 用户：最终使用系统的机构。

(3) 使用总体：系统能力需求的论证机构。

(4) 研制总体：系统的总承包方。

(5) 开发方：系统的承研方和分承研方。

(6) 保障机构：系统交付后负责保障维护的机构。

4.5.2 系统级设计决策

系统设计决策的目的：对系统规格说明中的关键需求(包括功能、质量属性和设计约束)进行分析，得到系统级概念性架构，以及与软件相关的运行环境配置决策、系统级性能指标的分配决策、重要系统部件选择货架产品的决策等。

系统设计决策的方法简述如下。

(1) 逐条对关键设计约束进行分析，得到针对问题的解决方案/设计决策。

(2) 逐条对关键功能进行分析，得到针对关键功能的解决方案/概念性架构；画图描述系统的概念性架构，并用文字说明该架构是如何满足关键功能实现的。

(3) 采用目标-场景-决策表方法对关键质量属性进行分析，示例见表 4-11，根据得到的设计决策调整概念性架构或完善设计决策。

表 4-11 目标-场景-决策表(示例)

序号	目　标	场　景	设 计 决 策
1	可重用性	欲嵌入的系统的设备种类较多，如何避免开发多个孤立的储户端软件	研究需要嵌入的设备种类，提炼出通用部分，开发通用 SDK
2	持续可用	(1) 如何避免服务器硬盘故障造成的系统全面停机 (2) 如何避免数据库故障导致的系统停机	(1) 磁盘阵列 (2) 服务器集群
3	安全性	如何避免业务数据损坏或丢失	备份导出
4	性能	如何避免数据量较大时，系统处理延迟	关键的性能指标是如何被分配的：分配给了哪些部件、各分配了多少、分配的理由等

4.5.3 系统体系结构设计

按照 GJB 438B 要求，系统体系结构设计主要包括三部分内容：系统部件、执行方案和接口设计。

(1) 系统部件：主要说明系统的组成部件(软件配置项和硬件配置项)及其部件之间的静态关系。

(2) 执行方案：主要说明系统部件之间的动态关系，即如何协作完成系统需求规格说明中所要求的各项能力(系统用例)。

(3) 接口设计：对系统外部接口和内部接口进行设计。

1. 系统部件

1) 系统组成

系统组成是需要给出系统内部的全貌。注意所描述的设计细节的颗粒度应该一致。

如果此时已经可以明确子系统职责边界，则应首先用 UML 构件图说明各子系统之间的接口关系。之后，按照各子系统组织后续章节。

否则，视情况画出系统的部件组成关系图(树状图，见图 4-4)、部件组成结构关系图(物理连接关系图，见图 4-5)和列出部件组成表。对简单的系统，树状图可以省略；对复杂的嵌入式系统，建议两类图均需要，可以按照子系统、组件、部件的关系分层次使用多张图描述。

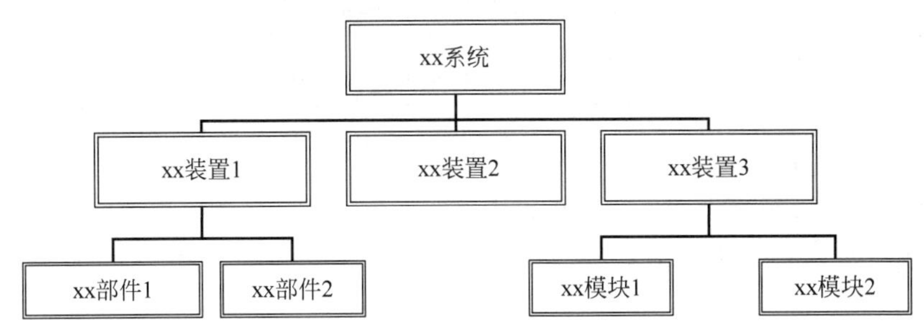

图 4-4　系统组成树状图(示例)

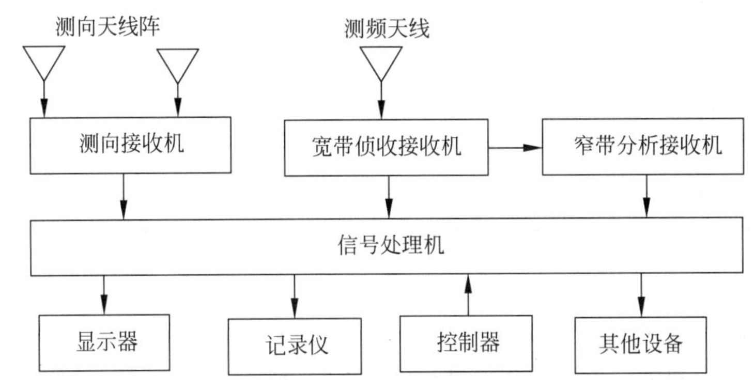

图 4-5　系统组成结构关系图(示例)

结构关系图中的部件主要体现出硬件部件，软件部件隐含在相应硬件部件中，主要在软件部件组成表中体现。

2) 软件部件

(1) 对系统中设计的全部软件配置项使用表 4-12 进行说明。

表 4-12　软件部件组成表(示例)

序号	CSCI 名称	CSCI 标识	部署的硬件部件	用途	与硬件的关系	与其他软件的关系	开发状态
					(1) 来自硬件的输入信号 (2) 向硬件输出的信号	(1) 接收哪个软件的什么数据 (2) 向哪个软件发送什么数据	新研 复用 改进

(2) 对每个软件配置项的计算机软硬件资源环境进行说明，如表 4-13 所示。

表 4-13　CSCI 的计算机软硬件资源配置(示例)

序号	CSCI 名称/标识	硬件资源配置	需分配的硬件资源	软件资源
		(1) 处理器：制造商名称、型号 (2) 存储器：制造商名称、型号、大小、类型、数量等 (3) 外存：制造商名称、型号、大小、类型、数量等 (4) 接口：种类、数量等	如果在同一硬件上部署了多个软件(即该硬件上的多个软件归属于一个 CSCI)，或多个 CSCI 需要共用同一个硬件资源，或需要对某个 CSCI 使用的硬件资源进行约束时，在此说明资源的分配情况。如 CSCI1 分配了 20%的内存，CSCI2 分配了 30%的内存	(1) 操作系统 (2) 数据库系统 (3) 框架 (4) 第三方软件等

3) 系统规格说明树

此处主要用图或表的方式说明系统规格说明中提出的系统能力需求都被分配给了哪些系统部件，不仅包括软件配置项，如果某个系统能力需求完全没有被分配给软件，表 4-14 同样需要说明。

表 4-14　系统能力需求分配表(示例)

系统能力需求	部件 1	部件 2	部件 3
系统用例 1	√	√	√
系统用例 2		√	√
系统用例 3	√	√	
质量因素 1—(描述)			√
质量因素 2—(描述)		√	

2. 执行方案

(1) 应按系统规格说明中识别出的系统用例组织各章节。对完全由硬件部件实现的系统用例，此处可以不列出。但在系统设计决策章节应予以说明。

(2) 使用 UML 的序列图对每个系统用例进行活动建模。注意以下内容。

① 序列图建模的目的是描述系统中相关部件如何交互实现用例；同时，交互关系主要是分配各个部件的职责；即软件的职责是在此时被系统架构设计师分配得到的。

② 序列图中上方各对象为各个系统部件，包含软件和硬件。

③ 序列图中指向某个部件对象的调用消息和自消息就是该部件的职责，对软件而言，即是软件的用例。所以，此处是识别软件配置项的用例的关键。

3. 接口设计

由于此时系统部件已经被设计出来，系统部件之间的接口关系也已经被设计出来，所以需要对系统的内部接口进行设计说明。

1) 系统外部接口

注意：此处系统的外部接口图与系统规格说明保持一致，按照硬件接口类型和数量分，不要按照协议中的信息分。同样，需要画系统外部接口图，再使用表格说明每个接口的相关信息。

2）系统内部接口

系统内部接口是指系统部件之间的接口。此处只需要说明与软件部件相关的接口，即每个软件部件与其他软件部件和硬件部件之间的接口。同样需要画系统内部接口图，以及用接口描述表概述接口用途。

3）对识别的每个接口进行设计说明

对全部接口，包括外部接口和内部接口分别用表 4-15 描述。建议用标识区分开外部接口和内部接口。

此处与系统规格说明的接口需求不同之处在于：此时是对系统规格说明提出的每个接口需求给出计算机领域的解决方案。所以需要给出详细的接口格式定义。

表 4-15　某接口描述表

接口名称	某接口	接口标识	JK-OU-001
接口实体	接口两端的软件或硬件	接口类型	网络等
接口用途	简述接口两端的软件或硬件使用该接口的用途		
接口数据	(1) 说明该接口上传输数据的种类 (2) 说明该接口上传输数据的编码格式：如果每类数据使用相同的编码格式，用其他的表说明该格式；否则，逐一说明每类数据使用的编码格式；如果编码格式为标准格式，说明即可 (3) 说明每类数据的具体格式定义。如果数据较多，可以在附录中或使用 GJB 438B 的《接口设计说明》模板详细说明		
接口通信特征	通信链路	如网络的带宽、串口速率等	
	数据传输	非/周期性、单向或双向传输	
接口协议特征	说明接口是否有同步机制，详细说明同步机制是如何设计的 接口上的每类数据的传输层协议等		

4.5.4　需求可追踪性

使用正向追踪表，说明系统的每个需求（系统规格说明中的三类需求）被分配给了哪些软件配置项。

使用逆向追踪表，说明每个软件配置项承担了哪些系统需求。

思　考　题

题目 1　系统设计的目标是什么？

题目 2　为什么 GJB 438B 的系统/子系统设计说明中非常明确地要求记录“系统体系结构设计”，而不是笼统的“系统设计”？系统体系结构设计的目标是什么？

题目 3　系统级设计决策的依据是什么？系统的概念性架构设计面向的最重要涉众是谁？

第5章 软件需求分析方法

5.1 软件需求的来源

软件需求来自(所属)系统的系统用例。系统用例是系统存在的价值,即使系统用例不发生变化,也可以通过改变系统中的软件、硬件改善系统用例的实现流程,从而改进提升系统的能力。

软件需求是被系统架构设计师分配出来的,在系统设计阶段,系统架构设计师将系统的每个能力需求(系统用例)分配给相应的软件和硬件。

所以,CSCI的用例来自系统用例的序列图。

5.2 软件是系统的部件

软件和硬件是组成系统的部件。在一个系统中,通过对软件和硬件之间的协作关系进行良好的设计,从而对系统的外部提供有价值的服务。服务的优劣自然受到软件和硬件部件的影响。

软件作为系统的部件,可以被业务工人使用,可以直接被外部涉众使用,可以被系统外部的其他系统使用,也可以被系统内部的其他部件使用。也就是说,软件用例的主执行者可以是业务工人,可以是组织的外部涉众,可以是系统外部的其他系统,也可以是系统内部的其他部件。

5.3 分析方法综述

软件需求的分析方法与系统需求的分析方法完全一致,仅仅是研究对象发生了变化。系统需求分析的研究对象是系统,软件需求分析的研究对象是软件。

按照GJB 2786A的要求,软件需求分析的一个依据性文件是系统设计阶段形成的“软件研制任务书”。

在软件研制任务书的基础上,将CSCI作为研究对象,对任务书规定的软件用例(CSCI能力需求)进行详细分析,描述每个用例的规格。相应的工作内容记录在“软件需求规格说明”中的第3章的3.1要求的状态和方式,以及3.2 CSCI能力需求中。

软件需求分析的第二步工作是基于软件用例规格说明,进行外部接口分析,确定CSCI的外部接口的物理形式、数据协议等。相应的工作内容记录在“软件需求规格说明”中的第3章的3.3 CSCI外部接口中。

软件需求分析的第三步工作是确定软件的内部接口。此处的内部接口指该 CSCI 所包含的多个软件实体之间的接口。即在系统设计阶段，按照 GJB 2786A 定义的 CSCI 划分原则，将一些软件实体（如某些 DSP 软件和某些 FPGA 软件）的集合打包作为一个 CSCI 时，需要在此处明确这些软件实体之间的接口需求。相应的工作内容记录在《软件需求规格说明》中的第 3 章的 3.4 CSCI 内部接口中。

软件需求分析的第四步工作是确定 CSCI 内部数据需求。内部数据需求是指与功能需求相关的数据需求，即找到“问题域”中存在的业务实体，确定它们之间的逻辑关系、数量关系和结构规则。相应的工作内容记录在“软件需求规格说明”中的第 3 章的 3.5 CSCI 内部数据需求中。

软件需求分析的第五步工作是分析 CSCI 的质量因素。按照相关国标的要求，主要对 6 类 27 种质量特性进行分析。相应的工作内容记录在“软件需求规格说明”中的第 3 章的 3.6 适应性需求、3.7 安全性需求和 3.11 软件质量因素中。

软件需求分析的第六步工作是进行设计约束分析。这类约束主要包括四类：业务环境约束、使用环境约束、构建环境约束、技术环境约束。相应的工作内容记录在“软件需求规格说明”中的第 3 章的 3.12 设计和实现约束中。

5.4 分析之第一步——CSCI 能力需求分析

CSCI 能力需求分析的主要工作就是确定 CSCI 的每个用例的规格。建议用表 5-1 模板描述 CSCI 的用例规格，CSCI 用例规约与系统用例规约完全一致，只是所描述的对象不同。

表 5-1 CSCI 用例规格表

<table>
<tr><td>用例名称</td><td colspan="2">动宾结构命名</td><td>项目唯一标识符</td><td>UC-CSCI-001</td></tr>
<tr><td>任务书章节</td><td colspan="4"></td></tr>
<tr><td>简要描述</td><td colspan="4">用例目标简述：CSCI 用例的职责</td></tr>
<tr><td>参与者</td><td colspan="4">主执行者：必须有主执行者。主执行者包括三类：时间、外部系统（软件、硬件）和人（业务工人、组织外的人）
辅助执行者：视具体情况而定，也可以没有辅助执行者</td></tr>
<tr><td>前置条件</td><td colspan="4">用例开始前 CSCI 需要满足的约束，且是 CSCI 能够检测到的</td></tr>
<tr><td rowspan="3">主流程（代表用例核心价值的路径）</td><td>步骤</td><td colspan="3">描　述</td></tr>
<tr><td>1</td><td colspan="3">主语是主执行者</td></tr>
<tr><td>2</td><td colspan="3">（1）一定聚焦于 CSCI 与外部的交互过程
（2）不要没有主语，且主语只能是主执行者或 CSCI
（3）使用主动语句，突出主语承担的责任
（4）使用 CSCI 所属系统的领域（核心域）的词语
（5）不要描述交互过程中设计的细节
（6）不要描述 CSCI 不能负责的事情</td></tr>
<tr><td rowspan="2">扩展流程</td><td>1a</td><td colspan="3">对应基本流程中某个步骤中，CSCI 要处理的意外和分支
注意：扩展一定是动作选项，不能是数据选项。因为扩展将改变用例的流程，选择不同的数据并不能改变用例的流程，就不是扩展</td></tr>
<tr><td>1a1</td><td colspan="3">针对 1a 所描述的意外，CSCI 的处理过程</td></tr>
<tr><td>子流程</td><td></td><td colspan="3">对应基本流程中多次重复的一组步骤集合</td></tr>
<tr><td>后置条件</td><td colspan="4">用例结束后，CSCI 需要满足的约束，且是 CSCI 能够检测到的</td></tr>
<tr><td>规则与约束</td><td colspan="4">业务规则、数据约束、性能需求等</td></tr>
</table>

仍然用 3.4.4 节的自动售饮料机为例，3.4.4 节演示了系统用例规约，本节演示自动售饮料机的控制软件的用例规约。

根据 3.4.4 节的自动售饮料机的系统用例——售卖饮料用例(见表 3-3)，进行系统设计，规划出以下几个系统部件：投币装置、饮料推送装置、找零装置、控制软件；使用 UML 序列图对用例进行交互建模后，得到控制软件的用例：售卖饮料，其用例规约见表 5-2。

需要说明的是，这仅仅是个示例，与实际自动饮料售卖机没有任何关系。

表 5-2　自动售饮料机控制软件的用例——售卖饮料用例规约表

<table>
<tr><td>用例名称</td><td colspan="2">售卖饮料</td><td>项目唯一标识符</td><td>UC-CSCI-001</td></tr>
<tr><td>研制要求章节</td><td colspan="4"></td></tr>
<tr><td>简要描述</td><td colspan="4">软件收到投币装置开始售卖信号后，经过与顾客交互，驱动饮料推送装置输出饮料，驱动找零装置退出零钱</td></tr>
<tr><td>参与者</td><td colspan="4">主执行者：投币装置
辅助执行者：顾客、推送装置、找零装置</td></tr>
<tr><td>前置条件</td><td colspan="4">无</td></tr>
<tr><td rowspan="10">主流程</td><td>步骤</td><td colspan="3">描　　述</td></tr>
<tr><td>1</td><td colspan="3">投币装置向软件发送售卖信号</td></tr>
<tr><td>2</td><td colspan="3">软件启动计时 T1，验证售卖信号为“开始售卖”</td></tr>
<tr><td>3</td><td colspan="3">软件根据硬币数量，计算金额</td></tr>
<tr><td>4</td><td colspan="3">软件提示饮料种类，开始计时 T2</td></tr>
<tr><td>5</td><td colspan="3">顾客选择饮料种类</td></tr>
<tr><td>6</td><td colspan="3">软件检查顾客选择饮料的库存</td></tr>
<tr><td>7</td><td colspan="3">软件检查记录的找零信息</td></tr>
<tr><td>8</td><td colspan="3">软件请求饮料推送装置推送购买的饮料</td></tr>
<tr><td>9</td><td colspan="3">软件记录相应饮料数量、库存零钱数额</td></tr>
<tr><td rowspan="4">扩展流程 1</td><td>2a</td><td colspan="3">信号为“投入硬币不足”</td></tr>
<tr><td>2a1</td><td colspan="3">软件提示继续投币，回到主流程 1</td></tr>
<tr><td>2b</td><td colspan="3">T1 时间内未收到投币装置发送的开始售卖信号</td></tr>
<tr><td>2b1</td><td colspan="3">软件提示超时，并请求投币装置退出已投入硬币，结束用例</td></tr>
<tr><td rowspan="5">扩展流程 2</td><td>3a</td><td colspan="3">需要找零</td></tr>
<tr><td>3a1</td><td colspan="3">软件检查所记录的 5 角零钱数额</td></tr>
<tr><td>3a2</td><td colspan="3">软件记录需要找零的金额</td></tr>
<tr><td>3a1-a</td><td colspan="3">零钱不足</td></tr>
<tr><td>3a1-a1</td><td colspan="3">软件提示无零钱，并请求投币装置退出已投入硬币，用例结束</td></tr>
<tr><td rowspan="4">扩展流程 3</td><td>5a</td><td colspan="3">T2 时间内，顾客未选择饮料种类</td></tr>
<tr><td>5a1</td><td colspan="3">软件请求投币装置退出已投入硬币，用例结束</td></tr>
<tr><td>5b</td><td colspan="3">顾客取消购买</td></tr>
<tr><td>5b1</td><td colspan="3">软件请求投币装置退出已投入硬币，用例结束</td></tr>
<tr><td rowspan="3">扩展流程 4</td><td>6a</td><td colspan="3">顾客选择的饮料已售空</td></tr>
<tr><td>6a1</td><td colspan="3">软件提示所选饮料已售空</td></tr>
<tr><td>6a2</td><td colspan="3">返回主流程 4</td></tr>
<tr><td rowspan="2">扩展流程 5</td><td>8a</td><td colspan="3">需找零</td></tr>
<tr><td>8a1</td><td colspan="3">软件请求找零装置退出找零金额的硬币</td></tr>
<tr><td>子流程</td><td></td><td colspan="3">无</td></tr>
</table>

续表

后置条件	饮料数量、库存零钱数额发生变更
规则与约束	(1) 饮料种类包括：可乐、雪碧、红茶，单价 1.50 元 (2) 找零只有 5 角硬币 (3) 投币装置发送的“售卖信号”包括： ① “开始售卖”信号=“开始售卖”+1 元硬币数量+5 角硬币数量 ② “投入硬币不足”信号

5.5 分析之第二步——CSCI 外部接口需求分析

CSCI 的外部接口是指该 CSCI 与系统外部，以及系统内部的其他硬件和软件之间的接口。

首先，确定 CSCI 外部接口图。CSCI 的外部接口图来自 CSCI 的用例图，即 CSCI 用例图中的主执行者和辅助执行者一定是 CSCI 的外部接口图中对应的外部实体对象。

与系统外部接口分析同理，要避免出现以下几类问题。

(1) CSCI 外部接口图中出现的均应该是物理实体，不能在接口的两端出现“某接口”“某数据”“某信息”之类的非实体对象。

(2) 外部接口图中要如实体现接口的物理形态，如以太网、串口、I/O 口等，且数量要与实际一致，不要将多路同物理形态的接口合并为一个。

之后，根据外部接口图给出全部外部接口的概述，见表 5-3。

表 5-3　CSCI 外部接口描述

序号	接口名称	标识	接口类型	接口用途	涉及的用例	外部实体名称	外部实体状态
			网络、串口、CAN 总线、I/O 口等				新研、改进、复用

其中，接口用途需要描述该接口上交互的数据，以及交互数据的目的。需要注意的是，在一个接口上，需要交互不同的数据，以支持不同的 CSCI 用例，所以此处需要分开详细描述。

最后，确定每个接口的规格，见表 5-4。

表 5-4　某接口说明

接口名称	某接口	接口标识	JK-OU-001
接口实体	接口两端的软件或硬件	接口类型	网络等
接口用途	简述接口两端的软件或硬件使用该接口的用途		
接口数据	(1) 说明该接口上传输数据的种类 (2) 说明该接口上传输数据的编码格式：如果每类数据使用相同的编码格式，用其他的表说明该格式；否则，逐一说明每类数据使用的编码格式；如果编码格式为标准格式，说明即可 (3) 说明每类数据的具体格式定义。如果数据较多，可以在附录中或使用 GJB 438B 的“接口设计说明”模板详细说明		

续表

接口通信特征	通信链路	如网络的带宽、串口速率等
	数据传输	非周期/周期性、单向或双向传输
接口协议特征	说明接口是否有同步机制，详细说明同步机制是如何设计的 接口上的每类数据的传输层协议等	

5.6 分析之第三步——CSCI 内部接口需求分析

CSCI 内部接口包含两种情况：一是当 CSCI 是单个软件实体时，CSCI 的内部接口就是指该软件的部件之间的接口；二是当 CSCI 是多个软件实体的集合时，CSCI 的内部接口就是指这些软件实体之间的接口。

在软件需求分析活动中，CSCI 应该被当作黑盒对待。因此，对第一种情况，CSCI 的内部组成部件还没有被软件架构设计师设计出来，其内部接口无法明确，需留待软件设计时明确。对第二种情况，参照 CSCI 外部接口分析的内容进行分析即可。

5.7 分析之第四步——CSCI 内部数据需求分析

CSCI 内部数据需求是指从 CSCI 用例中提取的相关数据需求，用 UML 的类表示就是指实体类，即 CSCI 用例的基本流程实现中的主要承载实体。一个用例可以有多个实体类参与，一个实体类也可以参与多个用例。

内部数据需求分析的目标是找到“问题域”中存在的实体类，确定它们之间的逻辑关系、数量关系和结构规则。可以用 UML 的类图表示这些实体类之间的关系。

此时的类图关注的重点是数据需求，即只关心类和类的属性，不关心类的操作。

对嵌入式软件而言，内部数据需求分析方法相同，只是此时分析得到的实体类在软件设计时，映射为软件的全局变量。例如，一个 8 门礼花炮点火控制软件，由于每门礼花炮的空中爆炸时间不同，需要按照射手设置的每门礼花炮的发射时间点火。因此，软件需要掌握每门礼花炮的相关信息：是否有礼花炮、是否需要发射、礼花炮的发射时间。这个实体类在软件设计阶段映射为一个全局结构数组。

```
struct{
uint yp;            //是否有礼花炮
uint fs;            //是否需要发射
uint tm;            //礼花炮的发射时间
}pao[8];
```

5.8 分析之第五步——软件质量因素分析

按照 GJB 438B 要求“本条应描述合同（或软件研制任务书）规定的或由较高一级规格说明派生出的软件质量因素方面的 CSCI 需求（若有）。用例包括有关 CSCI 功能性、可靠性、易用性、效率、维护性、可移植性和其他属性的定量要求。”

分析方法与 3.8 节介绍的系统质量因素分析方法相同，只是研究对象从“系统”换为“CSCI”。同样需要强调此处应遵循“万事皆可度量”的原则，以满足 GJB 438B 要求的“定量要求”。

5.9 分析之第六步——设计和实现约束分析

软件设计约束的分析方法与 3.9 节介绍的系统设计约束分析方法相同，只是研究对象从“系统”换为“CSCI”。

软件设计约束可能包括：界面样式（如网络交换机设备统型要求的人机交互界面样式）、报表格式、第三方开发平台、开发语言等。

5.10 软件需求规格说明模板解析

5.10.1 范围

范围的主要内容包括：标识、系统概述、系统历史、项目的各相关方、适用的 CSCI、软件概述。

1. 标识

（1）系统名称：按照合同中名称定义。

（2）系统标识：按照项目总体单位要求标识。

（3）系统版本：按照项目总体单位要求定义。

（4）系统简称：缩略名。

2. 系统概述

（1）系统所属的组织机构。

（2）该组织机构的职责。

（3）该组织机构中使用系统的业务工人角色。

（4）系统的主要用途。

3. 系统历史

概述系统开发、运行和维护历史。

系统分为两种情况：一是该类组织中以前没有此类系统，完全是新研制系统；二是该类组织中以前有此类系统，这次研制的系统是对原系统的改进。

对第一种情况，无系统历史信息。对第二种情况，应说明原系统的相关信息，包括：研制总体单位、鉴定时间、运行期间发生的变更情况等。

4. 项目的各相关方

（1）需方：出资研制系统的机构。

（2）用户：最终使用系统的机构。

（3）使用总体：系统能力需求的论证机构。

（4）研制总体：系统的总承包方。

（5）开发方：系统的承研方和分承研方。

（6）保障机构：系统交付后负责保障维护的机构。

5. 适用的CSCI

示例如表5-5所示。

表5-5 适用的CSCI列表(示例)

<table>
<tr><th>CSCI名称</th><th>CSCI标识</th><th>CSCI包含的软件</th><th>版本</th><th>技术状态</th></tr>
<tr><td rowspan="3">此处的名称、标识必须与系统设计说明完全一致</td><td rowspan="3"></td><td></td><td></td><td>新研、改进、货架、沿用</td></tr>
<tr><td></td><td></td><td></td></tr>
<tr><td></td><td></td><td></td></tr>
</table>

6. 软件概述

(1) 用图说明本CSCI在系统/子系统中的物理位置;可以直接使用系统设计说明文档的系统部件章节中的系统结构图的局部。

(2) 概述CSCI的用途。

5.10.2 需求

需求是软件需求规格说明文档的主要内容。需求包括三类:功能需求、质量因素和设计约束。

在GJB 438B模板中的对应关系如下。

(1) 模板的3.2 CSCI能力需求是指软件的功能需求。

(2) 模板的3.6适应性需求、3.7安全性需求、3.8保密性需求、3.11系统质量因素和3.13人员需求是质量因素类需求。

(3) 模板的3.12设计和实现约束是指设计约束类需求。

(4) 模板的3.1要求的状态和方式是与软件使用要求(用途)密切相关的要求。

(5) 模板的3.3 CSCI外部接口需求、3.4 CSCI内部接口需求和3.5 CSCI内部数据需求是支撑功能需求的接口需求和数据需求。

(6) 模板的3.9 CSCI环境需求和3.10计算机资源需求是指CSCI运行所依赖的计算机软件和硬件资源需求。

(7) 模板的3.14培训需求、3.15保障需求、3.16其他需求、3.17包装需求等主要是指支持软件交付的需求。

1. 要求的状态和方式

(1) CSCI仅有一种运行状态时,对该状态进行描述即可。

(2) CSCI有多种运行方式和状态时,可先用表5-6说明方式与状态的关系。

表5-6 要求的状态和方式(示例)

	方式1	方式2	方式3
状态1	√		
状态2		√	
状态3		√	√

(3) 用文字或状态图说明这些状态/方式之间如何转换。

(4) CSCI 有多种运行方式或状态时，需按表 5-7 说明本文的需求在哪个状态/方式下有效。

表 5-7　要求的状态和方式与 CSCI 能力关系(示例)

	状态 1	状态 2	状态 3
用例 1	√		
用例 2		√	
用例 3		√	√

2. CSCI 能力需求

(1) 如果本 CSCI 在系统设计阶段已经明确的任务中包含多个软件，则在此处用 UML 构件图说明这些软件之间的关系，如图 5-1 所示。

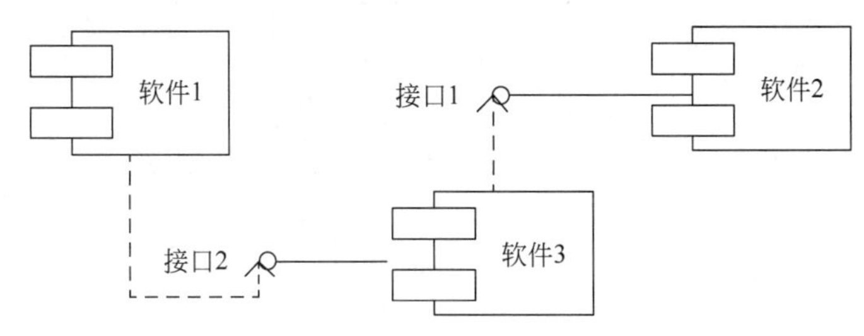

图 5-1　CSCI 包含软件之间的关系(示例)

(2) 用表格说明 CSCI 所包含的软件用途，如表 5-8 所示。

表 5-8　CSCI 包含的软件(示例)

软件名称	软件标识	版　　本	软件用途	技术状态
软件 1				新研/改进/沿用/货架
软件 2				

(3) 画出 CSCI 的 UML 用例图(见图 5-2)，并列表说明各个用例(见表 5-9)。

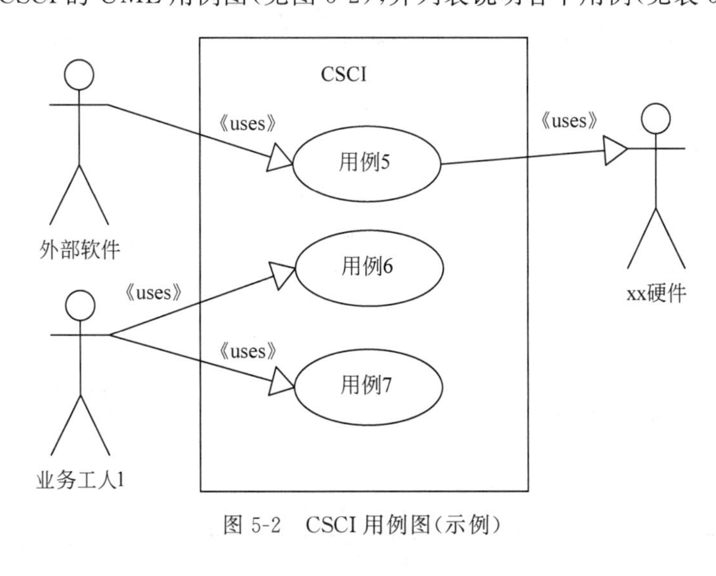

图 5-2　CSCI 用例图(示例)

表 5-9　CSCI 的用例列表(示例)

序　　号	用例名称	标　　识	功能描述	技术状态
1	用例 1			新研/改进/沿用
2	用例 2			

(4) 按照要求,以每个 CSCI 用例为小章节分条说明 CSCI 能力需求。每个 CSCI 用例使用如下 CSCI 用例规约表进行描述,见表 5-10。

表 5-10　CSCI 用例规约表(示例)

<table>
<tr><td>用例名称</td><td colspan="2">动宾结构命名</td><td>项目唯一标识符</td><td>UC-CSCI-001</td></tr>
<tr><td>研制要求章节</td><td colspan="4"></td></tr>
<tr><td>简要描述</td><td colspan="4">用例目标简述:CSCI 用例的职责</td></tr>
<tr><td>参与者</td><td colspan="4">主执行者:必须有主执行者。主执行者包括三类:时间、外部系统(软件、硬件)和人(业务工人、组织外的人)
辅助执行者:视具体情况而定,可以没有辅助执行者</td></tr>
<tr><td>前置条件</td><td colspan="4">该用例开始前,CSCI 需要满足的约束,且是 CSCI 能够检测到的</td></tr>
<tr><td rowspan="3">主流程(代表用例核心价值的路径)</td><td>步骤</td><td colspan="3">描　　述</td></tr>
<tr><td>1</td><td colspan="3">主语是主执行者</td></tr>
<tr><td>2</td><td colspan="3">(1) 一定聚焦于 CSCI 与外部的交互过程
(2) 不要没有主语,且主语只能是主执行者或 CSCI
(3) 使用主动语句,突出主语承担的责任
(4) 使用 CSCI 所属系统的领域(核心域)的词语
(5) 不要描述交互过程中设计的细节
(6) 不要描述 CSCI 不能负责的事情</td></tr>
<tr><td rowspan="2">扩展流程</td><td>1a</td><td colspan="3">对应基本流程中某个步骤中,CSCI 要处理的意外和分支。
注意:扩展一定是动作选项,不能是数据选项。因为扩展将改变用例的流程,选择不同的数据并不能改变用例的流程,就不是扩展</td></tr>
<tr><td>1a1</td><td colspan="3">针对 1a 所描述的意外,CSCI 的处理过程</td></tr>
<tr><td>子流程</td><td></td><td colspan="3">对应基本流程中多次重复的一组步骤集合</td></tr>
<tr><td>后置条件</td><td colspan="4">该用例结束后,CSCI 需要满足的约束,且是 CSCI 能够检测到的</td></tr>
<tr><td>规则与约束</td><td colspan="4">业务规则、数据约束、性能需求等</td></tr>
</table>

3. CSCI 外部接口需求

(1) 画出 CSCI 与软件外部的其他硬件和软件之间的接口图。注意:此处的外部接口图应该与系统设计说明的系统内部接口图中与此 CSCI 相关部分的描述完全一致。

(2) 使用表 5-11 说明 CSCI 外部接口的相关信息。注意:表 5-11 内容应该与系统设计说明的系统内部接口的描述完全一致。

表 5-11　CSCI 外部接口需求表(示例)

序号	接口名称	标识	接口类型	接口用途	外部接口实体	外部接口实体状态

(3) 对识别的接口逐条进行说明。

注意，表 5-12 中内容应与系统设计说明的系统内部接口的描述完全一致。

表 5-12　接口需求表(示例)

<table>
<tr><td>接口名称</td><td colspan="2">某接口</td><td>接口标识</td><td>JK-OU-001</td></tr>
<tr><td>接口实体</td><td colspan="2">接口两端的软件或硬件</td><td>接口类型</td><td>网络等</td></tr>
<tr><td>接口用途</td><td colspan="4">简述接口两端的软件或硬件使用该接口的用途</td></tr>
<tr><td>接口数据</td><td colspan="4">(1) 说明该接口上传输数据的种类
(2) 说明该接口上传输的数据的编码格式：如果每类数据使用相同的编码格式，用其他的表说明该格式；否则，逐一说明每类数据使用的编码格式；如果编码格式为标准格式，说明即可
(3) 说明每类数据的具体定义。如果数据较多，可以在附录中或使用 GJB 438B 的“接口设计说明”模板详细说明</td></tr>
<tr><td rowspan="2">接口通信特征</td><td>通信链路</td><td colspan="3">如网络的带宽、串口速率等</td></tr>
<tr><td>数据传输</td><td colspan="3">非周期/周期性、单向或双向传输</td></tr>
<tr><td>接口协议特征</td><td colspan="4">说明接口是否有同步机制，详细说明同步机制是如何设计的
接口上的每类数据的传输层协议等</td></tr>
</table>

4. CSCI 内部接口需求

(1) 如果本 CSCI 在系统设计阶段已经明确的任务中仅包含一个软件，或暂时无法明确软件个数，需要在 CSCI 软件设计阶段确定的，此处可留待设计时描述。

(2) 如果本 CSCI 在系统设计阶段已经明确的任务中包含多个软件，则应说明该 CSCI 包含的每个软件之间的接口。

(3) 画出 CSCI 所包含的软件之间的接口。

(4) 用接口需求表说明 CSCI 所包含的软件之间接口的相关信息。

5. CSCI 内部数据需求

(1) 从各个 CSCI 用例中找出软件需要处理的实体类。

(2) 画出 CSCI 所包含的实体类的 UML 类图，如图 5-3 所示。

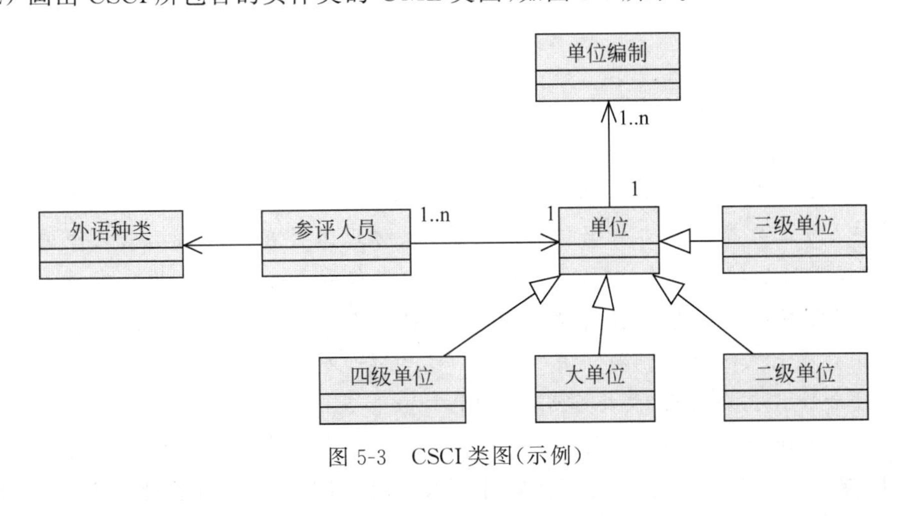

图 5-3　CSCI 类图(示例)

(3) 用表格说明所有实体类的相关信息，如表 5-13 所示。

表 5-13　CSCI 的内部类列表(示例)

序　　号	类　名　称	标　　识	涉及的用例
			是指该类在哪些软件用例中出现

(4) 逐条说明识别出的每个类的数据需求，见表 5-14。

表 5-14　某类(示例)

序号	属性名称	取 值 范 围	精度要求	组 成 格 式	是否为公共属性
		是指具有物理意义的取值范围		使用数据字典的词条法表示：=、+、[/]、()、* … * 、{}$^{n(\text{重复次数})}$ 如：编号由 2 位字母、6 位数字和 1 个可选 x 组成。编号＝{[A…Z/a…z]}^{2}＋{0…9}^{6}＋(x)	CSCI 的公共数据的来源

6. 适应性需求

GJB 438B 原文要求“本条应描述关于 CSCI 将提供的与安装有关的数据(如场地的经纬度或场地所在地的赋税代码)的需求(若有)，应指定对要求 CSCI 使用的运行参数(如指明与运行有关的目标常数或数据记录的参数)的需求，这些运行参数可以根据运行需要而改变。”

提示：是指在不同用户现场安装时需要修改的安装数据，并指明这些参数涉及的 CSCI，如地理数据配置文件、菜单配置文件、通信端口参数等。

例如，某电机控制软件可以部署运行在一个系统的多处电机的控制板上，软件运行时需要加载不同的配置文件，根据配置参数自主适配不同的电机。那么，该软件的适应性需求就应说明配置文件参数如何适配不同的电机。

7. 安全性需求

GJB 438B 原文要求“本条应描述关于防止或尽可能降低对人员、财产和物理环境产生意外危险的 CSCI 需求(若有)。”

提示：

(1) 要从本软件自身的安全性上考虑，而非外界提供的安全措施(如全系统的网络安全等)。

(2) 软件自身安全性主要体现在两方面：①防止恶意入侵的安全性，如防止非法用户登录的需求、防止数据库核心数据被篡改的需求、防止保存在本地的数据文件被篡改的需求、防止数据丢失后软件无法运行的需求、防止重要作战指令被误发的需求等；②防止人员、设备受到伤害的安全性，如意外地发出一个“自动驾驶关闭”命令，软件没有进行安全连锁判断或提示飞行员确认的前提下直接执行了该指令，可能导致飞机失事。

(3) 安全性需求要明确，要具备可测试性。

(4) 不要混淆需求和解决方案。

例如，某 CSCI 的安全性需求为“在软件的入口、出口及其他关键点上，应对重要的物理量进行合理性检查,并采取措施进行处理,以便进行故障隔离。”

这条安全性需求存在以下问题。

首先,不符合安全性需求定义的两条原则,不属于安全性需求范畴。

其次,需求描述不明确,“其他关键点”和“重要的物理量”等没有明确的定义,软件架构设计人员难以对此条需求给出有效的设计决策;测试人员更是难以确定测试内容。

另外,有混淆需求和设计的嫌疑。这条描述已经站在了“解决方案域”内,给出的是一种检查输入输出数据是否合理的方案,但是这条方案针对的是什么需求并不明确。

8. 保密性需求

GJB 438B 原文要求“本条应描述与维护保密性有关的 CSCI 需求(若有)。(若适用)这些需求应包括:CSCI 必须在其中运行的保密性环境、所提供的保密性的类型和级别、CSCI 必须经受的保密性风险、减少此类风险所需的安全措施、必须遵循的保密性政策、CSCI 必须具备的保密性责任、保密性认证/认可必须满足的准则等。”

提示:保密性需求是指 CSCI 使用环境中是否存在数据存储、销毁、传输等保密性需求。

另外需要注意的是,需求都应是明确的要求,而非笼统的要求。例如,保密性需求“在紧急情况下,需要销毁重要数据”就是不明确的需求,应该明确说明销毁哪些重要数据。

9. CSCI 环境需求

提示:此处的 CSCI 环境需求应与系统设计说明的软件部件的运行环境保持一致。

CSCI 运行环境需求表示例见表 5-15 所示。

表 5-15 CSCI 运行环境需求表(示例)

序号	硬件名称	类 型	软件名称	类 型
		处理器、存储器、输入/输出设备、辅助存储器、通信/网络设备		操作系统、地理信息系统、数据库系统、Office 办公软件、通信软件、框架软件、其他第三方软件等

10. 计算机资源需求

1)计算机硬件需求

GJB 438B 原文要求“本条应描述针对本 CSCI 必须使用的计算机硬件的需求(若有)。(若适合)这些需求应包括:各类设备的数量;处理机、存储器、输入/输出设备、辅助存储器、通信/网络设备及所需其他设备的类型、大小、容量和其他所需的特征。”

提示:对 CSCI 环境需求中的计算机硬件需求进行详细说明。

计算机硬件需求表示例如表 5-16 所示。

表 5-16 计算机硬件需求表(示例)

序号	硬件名称	类 型	资源配置说明	来 源	数 量
		处理器、存储器、输入/输出设备、辅助存储器、通信/网络设备			

2）计算机硬件资源使用需求

GJB 438B原文要求“本条应描述本CSCI的计算机硬件资源使用需求(若有)，例如：最大允许利用的处理机能力、内存容量、输入/输出设备的能力、辅助存储设备容量和通信/网络设备的能力。这些需求(例如陈述为每一个计算机硬件资源能力的百分比)应包括测量资源使用时所处的条件(若有)。”

提示：对计算机硬件需求中的各项硬件的使用要求进行详细说明。

计算机硬件资源使用需求表示例如表5-17所示。

表5-17 计算机硬件资源使用需求表(示例)

序号	硬件名称	类　型	使用要求	备　注
		处理器、存储器、输入/输出设备、辅助存储器、通信/网络设备	软件占用CPU、内存余量要求、占用带宽要求	

3）计算机软件需求

GJB 438B原文要求“本条应描述本CSCI必须使用或必须被并入本CSCI的计算机软件的需求(若有)。例子包括：操作系统、数据库管理系统、通信/网络软件、实用软件、输入和设备仿真软件、测试软件和制造软件。要列出每一个这样的软件项的正确名称、版本和参考文档。”

提示：对CSCI环境需求中的计算机软件需求进行详细说明。

计算机软件需求表示例如表5-18所示。

表5-18 计算机软件需求表(示例)

序号	软件名称	类　型	版本	来　源	备注
		操作系统、地理信息系统、数据库系统、通信/网络软件、实用软件、输入和设备仿真软件		自备、自研、货架、第三方提供	

4）计算机通信需求

GJB 438B原文要求“本条应描述本CSCI必须使用的计算机通信方面的需求(若有)。例子包括：要连接的地理位置；配置和网络拓扑；传输技术；数据传送速率；网关；要求的系统使用时间；被传送/接收的数据的类型和容量；传送/接收/响应的时间限制；数据量的峰值；以及诊断特性。”

提示：这条要求应该是指CSCI在运行环境中，与其他软件和硬件进行通信的需求，这个已经属于系统内部的通信需求。例如，CSCI通过什么速率的串口与其他CSCI通信；如果通过CAN总线与其他CSCI通信，对传送/接收的数据容量是否有要求；使用IO口通信是否有诊断特性需求等。

11. 软件质量因素

GJB 438B原文要求“本条应描述合同(或软件研制任务书)规定的或由较高一级规格说明派生出的软件质量因素方面的CSCI需求(若有)。例子包括有关CSCI功能性、可靠性、易用性、效率、维护性、可移植性和其他属性的定量要求。”

提示：此处的软件质量因素原则上直接来源于软件研制任务书的要求；也可以结合系

统规格说明中与本CSCI相关的质量属性进行分析。质量因素分析示例见表5-19。

表5-19 软件质量因素表(示例)

质量属性类型	质量子特性	CSCI的质量因素要求
功能性	安全性ZL-AQ	访问安全性
		数据安全性
		通信安全性
可靠性	容错性ZL-RC	接口容错要求
		人为输入容错要求
		降级使用要求；如情报质量差时的相关能力需求
		在关键能力需求中能够识别控制的故障模式
	易恢复性ZL-HF	数据备份与恢复要求
		软件失效后重新启动需恢复至失效前状态
		硬件网络设备重启动,软件需自动恢复与外部连接
易用性	易操作性ZL-CZ	完成一次业务操作的时间要求
		完成一次业务操作页面流转的次数
		人机交互界面组织符合业务逻辑
效率	资源特性ZL-ZY	数据存储量
		数据库访问量
		数据传输量
	时间特性ZL-SJ	服务调用时间
		关键算法时间
维护性	易分析性ZL-FX	诊断缺陷的粒度
	易改变性ZL-GB	功能易改变
		数据易改变
		流程易改变
可移植性	适应性ZL-SY	操作系统兼容性
		同一个CSCI可适用于不同对象；例如,卫星状态监测软件适用于不同卫星；电机控制软件适用于不同位置的电机
	易安装性ZL-AZ	一键安装、在线更新

示例1,某星载嵌入式软件,其可靠性需求为“为防止空间单粒子效应,软件应有措施保证每次加载正确的程序。”针对这条需求,软件设计人员给出设计决策为“存储在Flash中的程序代码采用三备份存储,当程序装载时采用三取二判决进行装载。”

示例2,对关键等级较高的嵌入式软件,通常都有恢复性需求“软件在故障后能够恢复运行”。针对这条需求,软件设计人员给出设计决策为“采用硬件看门狗,软件定时喂狗,若超时则软件被重新启动。”

12. 设计和实现约束

提示: 四类约束=业务环境约束+使用环境约束+构建环境约束+技术环境约束。这四类约束分布在不同层面的需求。

业务环境约束。属于业务级需求,来自出资方的约束,如上线时间、预算、集成、业务规则、行业法律法规(禁止使用解释性编程语言)等；由出资方指定技术选型(某平台、必须使用某数据库系统、必须遵循某数据标准、应与原某系统集成、应与某系统互连互通等)。

使用环境约束。属于用户级需求，来自使用方的约束，如使用者的专业能力、何种人群、分布式使用、使用环境有电磁干扰、车船移动等因素。

构建环境约束。属于开发级需求，来自开发和维护人员的约束，如开发人员的技术水平、业务知识、管理水平等。

技术环境因素。来自业界当前技术环境约束，如技术平台、中间件、编程语言成熟度等。

13. 人员需求

GJB 438B 原文要求“本条应描述与使用或支持本 CSCI 的人员有关的需求(若有)”。

注意：本条不应该描述与开发人员相关的需求，也不是单纯描述 CSCI 使用人员的数量、技能需求。

本条的目的是通过对软件使用或支持人员的数量、技能等信息进行分析，得到对 CSCI 质量因素方面的需求。例如“允许多少用户同时使用”等。

14. 培训需求

对具备人机交互界面的软件而言，对使用人员进行培训是有必要的。所以，本条应该描述与培训相关的需求。例如，需要培训的操作人员(角色)、数量、培训使用的教材(包括操作手册、用户手册、电子交互手册，以及其他教材)等。

注意：本条不是对软件使用方提出需求，而是站在需求方的角度，对系统研制方提出培训需求，要求研制方对软件使用方进行培训，要求研制方提供合适有效的培训资料。

15. 软件保障需求

GJB 438B 原文要求“本条应描述与软件保障考虑有关的 CSCI 需求，这些考虑可以包括：对系统维护、软件保障、系统运输方式、对现有设施的影响和对现有设备的影响”。

本条的目的通过对软件交付后，如何使得软件保障机构能够保障软件正常运转进行分析，得到与保障工作相关的软件质量因素方面的需求。

注意：本条不是对软件保障机构提要求，而是站在需方的角度，对软件研制方提出需求，要求研制方基于软件的维护保障工作的顺利实施，分析本 CSCI 需要承担的职责。

16. 其他需求

GJB 438B 原文要求“本条应描述上述各条未能覆盖的其他 CSCI 需求(若有)”。

这条的目的是如果需方还有在合同中，以及上述需求中未覆盖到的其他需求，包括研制方应提供的文档需求，可以在本条进行说明。

17. 包装需求

GJB 438B 原文要求“本条应描述为了交付而对 CSCI 进行包装、加标记和处理的需求(若有)”。

这条的目的很明确，站在需方或研制总承包方的角度，对 CSCI 交付时的包装提出要求。例如，以光盘为载体交付程序安装包，光盘外包装上应贴标签，标签应明示软件名称、标识、版本、时间、厂家、联系人等信息；以纸质为载体提交需交付的软件用户手册，手册的外包装要求等。

18. 需求的优先顺序和关键程度

GJB 438B 原文要求“本条(若适用)应描述本文档中诸需求的优先顺序、关键程度或所赋予的指示其相对重要性的权重”。

这条包含两方面的要求，一是需求的优先次序，优先次序是研制方优先实现 CSCI 需求的依据；二是需求的关键性，关键性是研制方需要特别关注是否需要特殊处理（如CSCI设计时需要给出专门的设计决策等）的依据。

例如，优先顺序定义为1和2。1是需要优先实现的基本需求；2是增强需求。

CSCI需求的关键程度通常来自系统需求的关键程度。系统需求的关键程度是从系统安全性和保密性角度考虑的，建议由高至低分为三个等级（A、B、C）。

在系统设计阶段，由系统架构设计师将系统的每个能力需求（系统用例）分配给相应的软件和硬件。所以，CSCI需求是从属于某个系统需求的，其关键程度等同于相应的系统需求的关键程度。

需求优先顺序和关键程度列表示例如表5-20所示。

表5-20 需求优先顺序和关键程度列表（示例）

序 号	需求名称	需求标识	优先顺序	关键程度

5.10.3 合格性规定

GJB 438B原文要求“本条应描述所定义的合格性方法，并为第3章中的每个需求指定为确保需求得到满足所应使用的方法”。

合格性规定是CSCI合格性测试的依据。按照GJB 2786A的要求，CSCI合格性测试应具有独立性（即必须由独立于CSCI研制团队的人员承担CSCI合格性测试）。本条的目的是站在需方的角度，为每条CSCI需求提出验证其合格性的方法。

GJB 438B提出的合格性方法包括：演示、测试、分析、审查和特殊的合格性方法。详见表5-21。

表5-21 合格性规定（示例）

序号	需求名称	需求标识	合格性方法
1			演示
2			使用某测试设备进行测试
3			分析某测试结果数据
4			审查某源代码
5			审查某文档

5.10.4 需求可追踪性

使用正向追踪表，说明系统的每个需求（系统/子系统规格说明中的三类需求）和本CSCI的能力需求（软件需求规格说明中的三类需求）的对应关系。

使用逆向追踪表，说明本CSCI的每个软件需求（软件需求规格说明中的三类需求）来自哪些系统需求。

思 考 题

题目1 为什么从自动售饮料机的系统用例中得到的软件用例是一个，而不是两个或三个，如“取消购买”不是系统用例吗？

题目2 软件用例和系统用例有何关系？

第6章 软件设计方法

6.1 CSCI 级设计决策

GJB 438B 中明确指出 CSCI 级设计决策包括两部分内容,一是"CSCI 行为设计的决策",即"忽略其内部实现,从用户角度出发描述系统将怎样运转以满足需求";二是"其他影响组成该 CSCI 的软件单元的选择与设计的决策"。

这段话中,对 CSCI 而言,更准确的说法应该是"忽略其内部实现,从 CSCI 外部角度出发描述 CSCI 将怎样运转以满足其需求"。

从 GJB 438B 的要求看,CSCI 级设计决策和系统级设计决策比较,除了研究对象不同:一个是 CSCI,一个是系统,研究内容和研究方法并没有大的区别。

因此,参考 4.1 系统架构设计方法,CSCI 级设计决策过程同样包括与需求对接阶段和概念架构设计阶段。

第一阶段,与需求对接阶段。采用需求矩阵分析方法得到三类需求中的关键性需求。

第二阶段,概念架构设计阶段。对于 CSCI 来说,概念架构设计的主要任务是基于 CSCI 级关键需求矩阵,确定 CSCI 级概念架构和设计决策。其实,CSCI 级概念架构就是设计决策的一种——CSCI 行为设计决策,即"忽略其内部实现,从 CSCI 外部角度出发描述 CSCI 将怎样运转以满足其关键功能需求"。

(1) 对使用环境约束和开发环境约束,给出 CSCI 级设计决策。

(2) 对关键功能,给出 CSCI 概念性架构设计决策。

(3) 采用目标-场景-决策表考虑关键质量属性,调整和完善概念架构设计决策。

6.2 CSCI 体系结构设计

CSCI 体系结构设计是指对 CSCI 的每个用例的行为的内部实现进行设计,设计的结果一定是模块化的软件单元(类或函数),以及这些软件单元之间的协作关系,即静态关系和动态关系。

6.2.1 CSCI 部件

CSCI 部件是指构成这个 CSCI 的软件单元。按照 GJB 2786A 的定义"软件单元可以出现在层次结构的不同层上,并可以由其他软件单元组成。"

这句话包含两层意思,一是 CSCI 部件应该按照层次组织,分层结构能够保证层与层之间的相关性被隔离，不能被跨层传递。即每一层只与其上层和下层发生关系。二是软件单元之间存在包含关系，由于不同的开发语言所指向的软件单元完全不同，此处仅考虑C语言和C++语言。C语言的软件单元分为两类：源程序文件.c和最小软件单元(函数)。C++语言的软件单元分为两类：源程序文件.cpp和最小软件单元(类)。源程序文件包含最小软件单元。

所以，分层结构主要体现在两个方面：源文件的分层结构和文件包含的类/函数的分层结构。

1. CSCI的源程序文件的分层结构

源程序文件分层结构是指程序文件之间的调用关系，即每个c/cpp文件之间的关系，示例见图6-1。

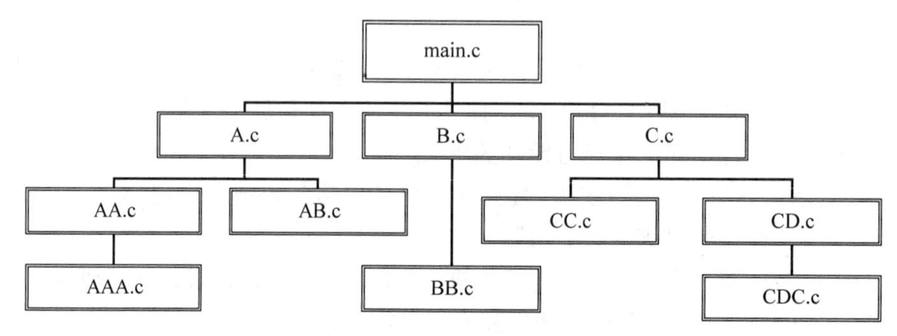

图6-1　CSCI的源程序文件关系示意图

开发人员通常喜欢将这些源程序文件称为某某功能模块，可见，每个文件实现了一些特定功能，也就是说，这些模块被软件架构设计人员分配了一些职责，模块之间的调用关系形成了职责链，职责链与软件用例是匹配的。

2. 类的分层结构

类是面向对象开发语言的最小软件单元。此处是要明确CSCI的类之间的静态关系，也称为协作的结构。这种静态关系来源于软件需求分析阶段得到的领域类图(只有实体类)，在此基础上，开展分层设计，第一步在实体类基础上得到边界类和控制类；第二步借鉴标准的设计模式，继续得到一些抽象类。

类是软件功能模块(.cpp源程序文件)的职责的实际承载体。类的操作分为公有和私有两类，公有的操作是能够被这个类之外的其他类(包括本模块和其他模块中的类)所调用的，这些操作就是所在功能模块的职责承载体。在对应的CSCI用例的序列图中可以看到，软件设计人员对软件部件(类)分配职责时，得到了类的这些操作。

当CSCI设计的类较少时，用一张类图就可以说明所有类之间关系；当CSCI设计的类较多的情况下，可以以功能模块为条目，分别说明每个功能模块内的类的关系。

3. 函数的分层结构

函数是结构化开发方法的最小软件单元。函数是软件功能模块(.c源程序文件)职责的实际承载体。众所周知，一个源程序文件包含两类函数，被其他模块调用的函数和只能被本模块内函数调用的函数。所以，那些能够被其他模块调用的函数就是这个模块对外提供的函数接口，也就是这个功能模块的职责所在。在对应的CSCI用例的序列图中可以看到，软件设计人员对软件部件(功能模块)分配职责时,得到了这些函数。

当 CSCI 设计的函数较少时,用一张函数调用关系图就可以说明所有函数之间的关系;当 CSCI 设计的函数较多的情况下,可以以功能模块为条目,分别说明每个功能模块内的函数调用关系。

6.2.2 执行方案

1. CSCI 用例实现的方案

软件单元之间的动态关系,也称为协作的行为。执行方案的设计过程就是对每个软件单元进行职责分配的过程,通过分配职责,形成一条职责链,确保 CSCI 的相应用例实现。

对类这种软件单元而言,这个关系就是某个用例的相关类之间的动态关系,执行方案设计就是发现类的职责,即类的所有方法(操作)。可以用 UML 的序列图表示,见图 6-2。

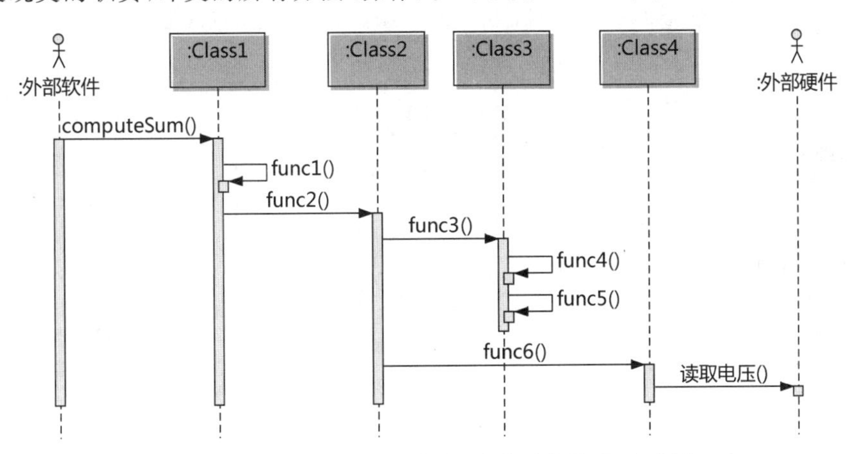

图 6-2 某个用例的执行方案(类的动态关系)示意图

对函数这种软件单元而言,这个关系就是某个用例的相关函数之间的调用关系,执行方案设计就是对源程序文件模块分配对应的函数职责。

如图 6-3 所示,对某个 CSCI 而言,当 main. c 模块通过 readbook()接收到外部软件的数据后,通过调用 a. c 模块的 func1()函数、b. c 模块的 func3()函数和 c. c 模块的 func4()函数实现了一个用例。

2. CSCI 并发控制方案

当 CSCI 中存在并发处理控制流(如多进程、多线程、中断等)时,需要特别说明。

图 6-4 是使用 UML 活动图表达并发控制流的一个示例。该示例中的软件没有实际意义,主要目的是演示当多个线程被设计在不同 C 文件模块中时的并发控制流,如果多个线程设计实现在一个 C 文件模块中,无须使用泳道。

该图表示 main. c 模块中初始化两个串口、创建两个线程;当收到串口 1 数据,进入线程 1 处理:通过串口 1 采集转向当前方位角度,计算与最终位置的差,得到方位伺服电动机驱动电压;当收到串口 2 数据,进入线程 2 处理:通过串口 2 采集转向当前俯仰角度,计算与最终位置的差,得到俯仰伺服电动机驱动电压;两个线程处理完成后,主线程读取显示两个线程更新的角度数据。两个角度数据在不同线程之间的同步机制采用加锁方式解决,防止对同一个内存,两个线程出现同时一个读、一个写的冲突情况。

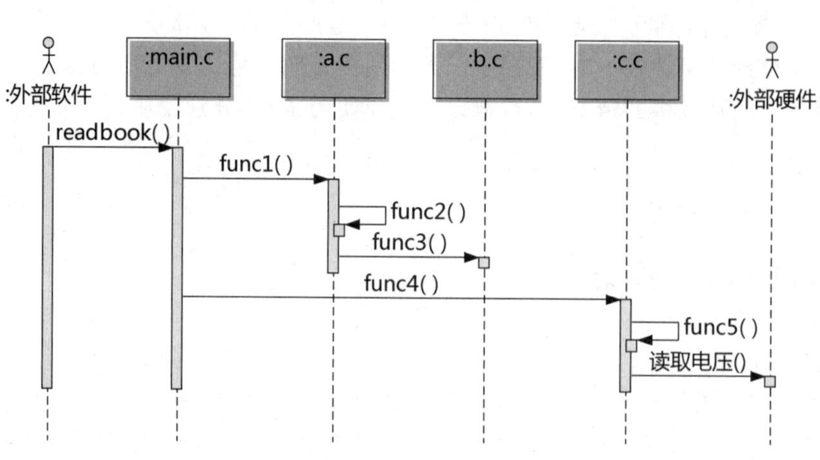

图 6-3 某个用例的执行方案(函数的动态关系)示意图

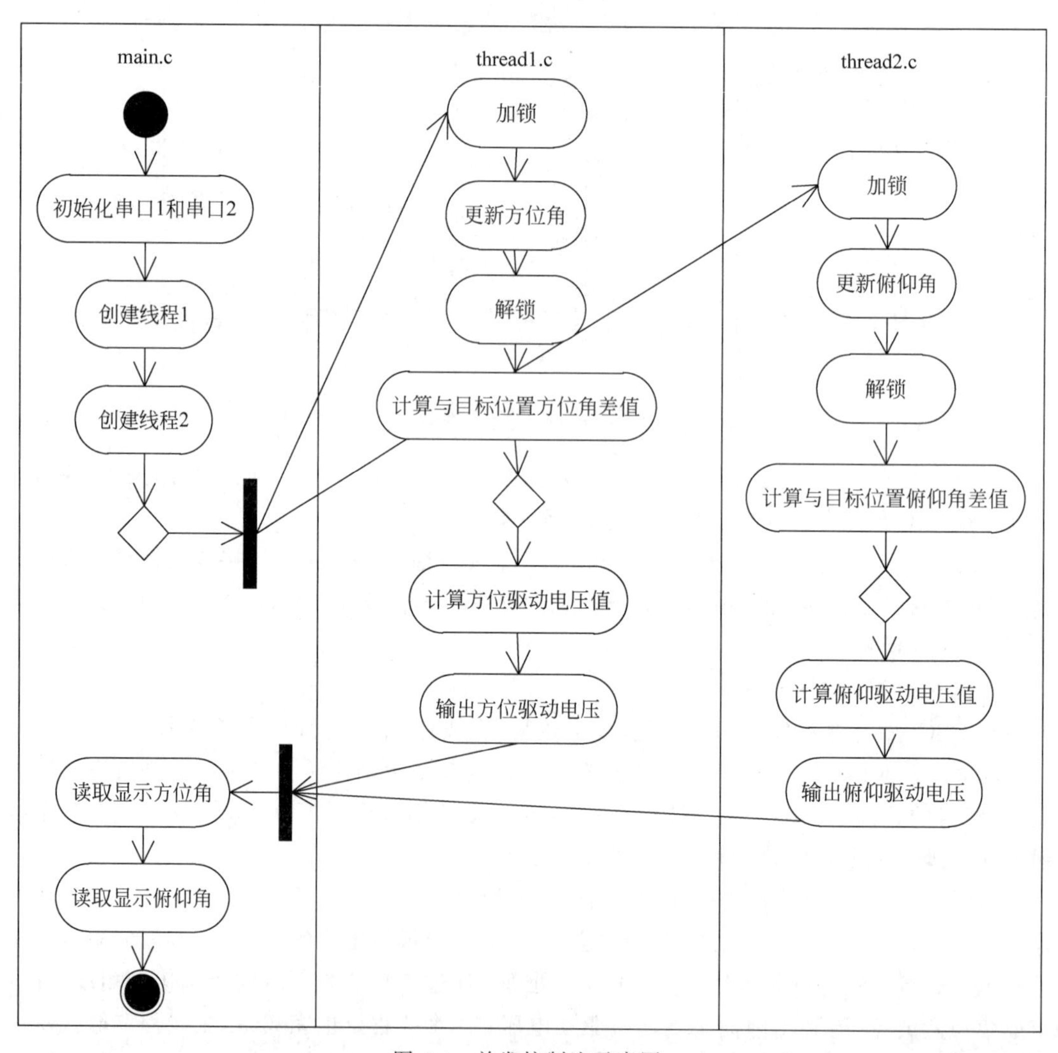

图 6-4 并发控制流示意图

3. 状态变化设计方案

状态是指在软件的生命周期中的某个条件或状况，在此期间，软件将满足某些条件、执行某些活动或等待某些事件。

1）软件状态——类的属性变化

对类这种软件单元而言，软件运行期间，每个类生成的对象都具有状态，状态是对象执行了一系列活动的结果，当某个事件发生后，对象的状态发生变化。

状态变化设计方案就是需要说明在程序运行期间，对象如何改变它的代表状态的属性值。通常用 UML 的状态图表示。此时状态图中引起状态转换的事件就是类的操作。

需要再次强调的是，并不是所有的类都需要画状态图，有明确意义的状态，在不同状态下行为有所不同的类才需要画状态图。

以订单类为例，见图 6-5。订单类存在如下状态：正常（待出库、运送中、已签收）、退货（申请、准许、退货中、退款）、换货。

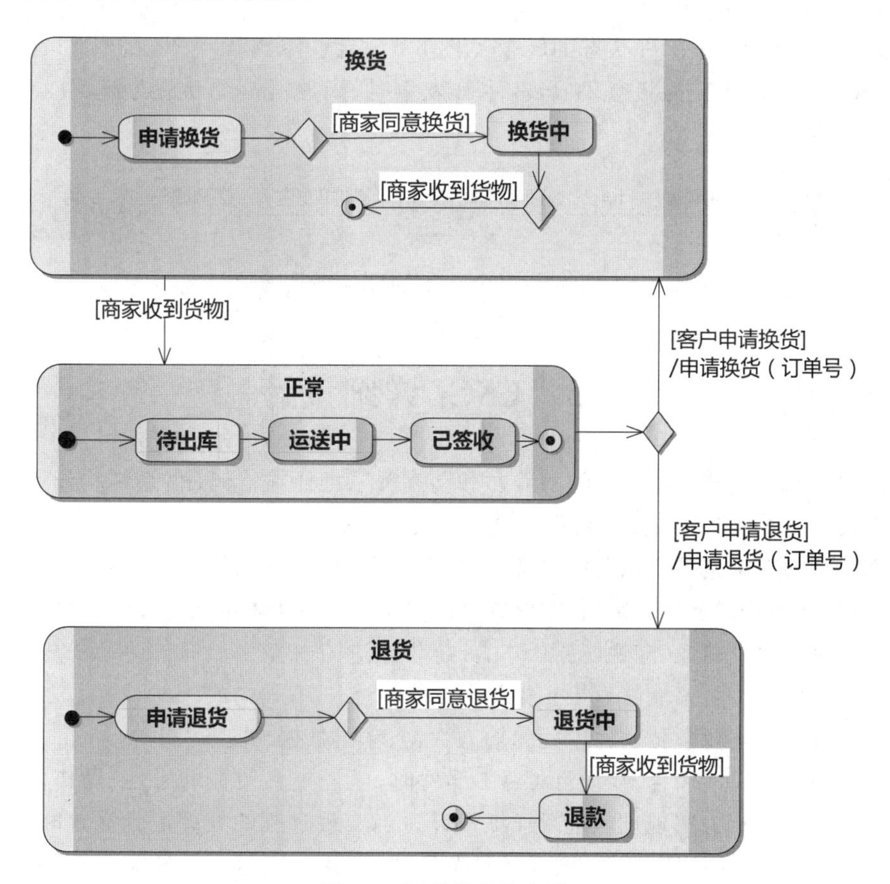

图 6-5　订单类的状态图

订单类跨越了多个系统用例，当某个订单对象在不同的系统用例执行过程中，执行了相应活动后，其状态发生了变化。例如：

（1）买家—下订单；订单对象状态为“待出库”。

（2）卖家—出库；订单对象状态变为“运送中”。

（3）物流公司—变更物流信息；订单对象状态保持“运送中”。

(4) 物流公司—货品签收；订单对象状态变为“已签收”。

(5) 买家—申请退货；订单对象状态变为“退货：申请”。

(6) 卖家—审核退货；订单对象状态变为“退货：同意”；等等。

当卖家—申请退货系统用例执行时，订单对象的状态由“正常：签收”变为“退货：申请”，引发状态转换的事件是买家提出退货申请，对应该订单对象的一个相应操作：申请退货。

2) 软件状态——全局变量变化

对函数这种软件单元而言，软件运行期间定义的全局变量往往表示软件的状态，这些状态是程序执行一系列活动的结果，当某个活动发生后，全局变量值发生变化。因此，需要特别说明全局变量的动态变化与软件单元之间的关系。

同样，只需要对有明确意义的状态且在不同状态下，程序的行为有所不同的状态进行分析设计。

例如，某个全局变量三种状态的转换见图 6-6。当事件 A 发生时，函数 fun1()负责处理，使得软件从状态 1 变为状态 2；当事件 B 发生时，函数 fun2()负责处理，使得软件从状态 2 变为状态 3。

图 6-6 某全局变量状态转换图

6.3 CSCI 详细设计

软件单元与其他软件单元之间的静态和动态关系已经在 CSCI 体系结构设计活动中完成了相应设计；详细设计主要是对每个软件单元的内部实现细节进行设计。

详细设计的对象是需要编码的软件单元(新研和改进)，对第三方提供的软件单元(包括框架、开源软件等)，以及完全复用的软件单元，只需在 CSCI 体系结构设计中说明其功能和状态。对改进的软件单元，应说明原版本，并标识改进的内容。

详细设计的结果应该能够直接支撑代码编写。

详细设计内容主要包括软件单元的输入数据、输出数据、处理逻辑。

对类这种软件单元而言，在设计 CSCI 部件时，已经定义了类的属性、操作，此时，主要对类的操作的具体行为实现过程进行详细设计。当实现过程的处理逻辑简单时，可以用文本或伪码描述；当处理逻辑复杂，或存在复杂算法时，建议使用活动图或状态图描述；在处理逻辑的描述中应能够显式说明对各个类属性的处理过程。如果该操作需要处理人机交互界面数据，还应说明人机交互界面设计内容。

对函数这种软件单元而言，详细设计就是对函数的具体行为实现过程进行设计，当实现过程的处理逻辑简单时，可以用文本或伪码描述；对非高级编程语言(如汇编语言、计算类语言)，可以使用流程图表示代码的逻辑；对表达能力较强的高级语言，可以用伪码或自然语言描述。当处理逻辑复杂，或存在复杂算法时，建议使用活动图或状态图描述；在处理逻辑的描述中应能够显式说明对全局变量的处理过程。如果该操作需要处理人机交互界面数据，还应说明人机交互界面设计内容。

6.4 软件设计说明模板解析

本节是对 GJB 438B 的软件设计说明模板的内容的详细解析，展现了前文所描述的软件设计方法的结果如何落实体现在文档之中。

GJB 438B 的软件设计说明模板包括六个章节：范围、引用文档、CSCI 级设计决策、CSCI 体系结构设计、需求可追踪性、注释。

本节内容除省略引用文档和注释外，对其他章节内容逐一解析。

6.4.1 范围

范围的主要内容包括：标识、系统概述、系统历史、项目的各相关方、适用的 CSCI、软件概述。

1. 标识

(1) 系统名称：按照合同中名称定义。

(2) 系统标识：按照项目总体单位要求标识。

(3) 系统版本：按照项目总体单位要求定义。

(4) 系统简称：缩略名。

2. 系统概述

(1) 系统所属的组织机构。

(2) 该组织机构的职责。

(3) 该组织机构中使用系统的业务工人角色。

(4) 系统的主要用途。

3. 系统历史

概述系统开发、运行和维护历史。

系统分为两种情况：一是该类组织中以前没有此类系统，完全是新研制系统；二是该类组织中以前有此类系统，这次研制的系统是对原系统的改进。

对第一种情况，无系统历史信息。对第二种情况，应说明原系统的相关信息，包括研制总体单位、鉴定时间、运行期间发生的变更情况等。

4. 项目的各相关方

(1) 需方：出资研制系统的机构。

(2) 用户：最终使用系统的机构。

(3) 使用总体：系统能力需求的论证机构。

(4) 研制总体：系统的总承包方。

(5) 开发方：系统的承研方和分承研方。

(6) 保障机构：系统交付后负责保障维护的机构。

5. 适用的 CSCI

适用的 CSCI 列表示例如表 6-1 所示。

表 6-1　适用的 CSCI 列表（示例）

CSCI 名称	CSCI 标识	CSCI 包含的软件	版本	技术状态
此处的名称、标识必须与系统设计说明完全一致				新研、改进、货架、沿用

6. 软件概述

（1）用图说明本 CSCI 在系统/子系统中的物理位置；可以直接使用系统设计说明文档的系统部件章节中的系统结构图的局部。

（2）概述 CSCI 的用途。

6.4.2　CSCI 级设计决策

CSCI 级设计决策的目的是对软件需求规格说明中的关键需求（包括功能、质量属性和设计约束）进行分析，得到 CSCI 级概念性架构，以及软件部件选择的决策等。

设计决策的方法简述如下。

（1）逐条对关键设计约束进行分析，得到对应的解决方案/设计决策。

（2）逐条对关键功能进行分析，得到 CSCI 概念性架构；用图和文字说明 CSCI 架构如何能够满足关键功能、性能需求。

（3）采用目标-场景-决策表方法，逐条对关键质量属性进行分析，示例见表 6-2，根据得到的设计决策调整概念性架构或完善设计决策。

表 6-2　目标-场景-决策表（示例）

序号	目　标	场　景	设 计 决 策
1	性能保证	如何保证实时记录 CAN 总线上交互的数据，不发生丢包现象	采用多线程设计 采用内存缓存数据设计
2	持续可用	如何避免软件故障导致设备重启期间，丢失应记录的数据	
3	易用性	如何方便未来用户使用设备所记录的数据	使用 MySQL 数据库，便于将来使用数据库数据的用户无须开发软件，就能够访问数据
4	安全性	访问安全性	如：权限限制、动态口令
5		数据安全性	如：SQL 语句安全设计、数据库字段加密
6		通信安全性	如：SSL 支持、CRC 校验
7	时间特性	服务调用时间	异步调用方式
8	易分析性	快速诊断缺陷	日志记录
9	易改变性	功能易改变	标准构件设计
10		数据易改变	共用数据库访问接口
11		流程易改变	标准流程管理平台

6.4.3　CSCI 体系结构设计

按照 GJB 438B 要求，CSCI 体系结构设计主要包括三部分内容：CSCI 部件、执行方案和接口设计。

(1) CSCI 部件。主要说明 CSCI 的组成部件(软件单元)及其部件之间的静态关系。

(2) 执行方案。主要说明 CSCI 部件之间的动态关系,即如何协作完成软件需求规格说明中所要求的各项能力(CSCI 用例)。

(3) 接口设计。对 CSCI 外部接口和内部接口进行设计。

1. CSCI 部件

如果一个 CSCI 中包含多个软件(如多个 DSP、ARM 软件),需按各软件组织后续章节,否则直接按软件单元、软件模块、全局变量组织章节。

1) 软件模块

CSCI 的第一层部件是源程序文件。此处建议使用一图一表描述组成 CSCI 的全部源程序文件之间的静态关系。可以使用树状关系图描述 CSCI 的源程序文件的分层调用关系,见图 6-7,使用表 6-3 描述这些源程序文件的功能、状态等。

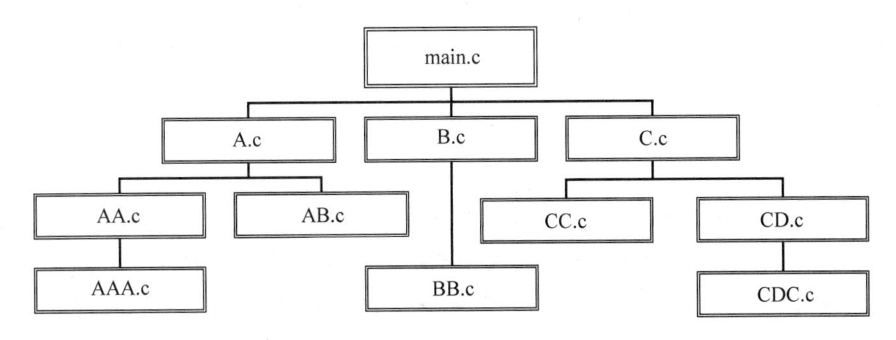

图 6-7　CSCI 的源程序文件关系图(示例)

表 6-3　CSCI 软件单元列表(示例)

序号	程序文件	概　　述	服务对象	函数/类个数	涉及的用例	开发状态
1	.c/.cpp	简述该文件的功能	其他.c/.cpp 模块	包含的软件单元个数	参与完成哪些 CSCI 用例	新研、改进、重用

2) 软件函数/类

CSCI 的第二层部件是函数或类。逐条对每个源程序文件进行模块化设计,使用一图一表描述每个源程序文件的设计结果。

如果是面向对象语言开发,使用类图和类列表;如果是结构化编程语言开发,使用函数调用关系图和函数列表。.c 模块包含的函数列表和.cpp 模块包含的类列表见表 6-4 和表 6-5。

表 6-4　.c 模块包含的函数列表(示例)

所属源文件			*.c		所属工程项目	
序号	函数	标识	用途	对外接口	使用其他模块接口	开发状态
1				是		新研
2				否		复用、改进

表 6-5 .cpp 模块包含的类列表(示例)

所属源文件			*.cpp	所属工程项目	
序号	类定义	标识	用途	开发状态	
1	包含全部属性,以及操作			新研、复用、改进	
2					

3) 全局变量

如果是结构化编程语言,该章节是对全局变量进行说明,见表 6-6。当定义的全局变量有结构体时,需要进一步说明结构体的定义。

表 6-6 CSCI 定义的全局变量列表(示例)

序号	程序文件	全局变量定义	作用域	初始值	用途描述

2. 执行方案

1) CSCI 用例执行方案

(1) 应按软件需求规格说明中的用例组织各章节。

注意:设计部件时,部件静态和动态关系设计环节迭代进行,不分严格的先后顺序。

(2) 使用 UML 的序列图对每个 CSCI 用例进行活动建模。注意以下内容。

此时,软件是个白盒,序列图建模的目的是表示软件内部的单元之间如何协作完成一个用例。

序列图中各对象为软件部件(类、或模块)及其软件需要交互的外部硬件。

序列图中调用消息为软件的职责,即函数或类的公共操作。

需要画出重要的自消息(类的私有操作、或 C 模块中调用的不对外提供的函数),以及对全局变量的处理。

2) CSCI 并发控制方案

(1) 当 CSCI 中存在并发处理控制流(多进程、多线程、中断等)时,需要特别说明。

(2) 使用并发控制流描述表说明 CSCI 每个控制流的责任、创建者和销毁时机,见表 6-7。

表 6-7 CSCI 并发控制流描述表(示例)

序号	控制流名称	类　型	任务	创建者	销毁时机
		进程、线程、中断			

(3) 使用控制流之间通信描述表说明 CSCI 每个控制流之间通信(交互数据)的方法,见表 6-8。

表 6-8 CSCI 并发控制流之间的通信机制(示例)

序号	控制流名称	通信对象	通信数据对象	对数据对象的操作(读/写/复制)

(4) 当并发控制流之间存在资源竞争时,需进一步说明同步机制,见表 6-9。

表 6-9 CSCI 并发控制流之间资源竞争解决方案(示例)

序号	竞争资源	实　　例	竞　争　者	解决方式

(5) 最后使用一个或多个 UML 活动图详细描述并发控制流,见图 6-8。

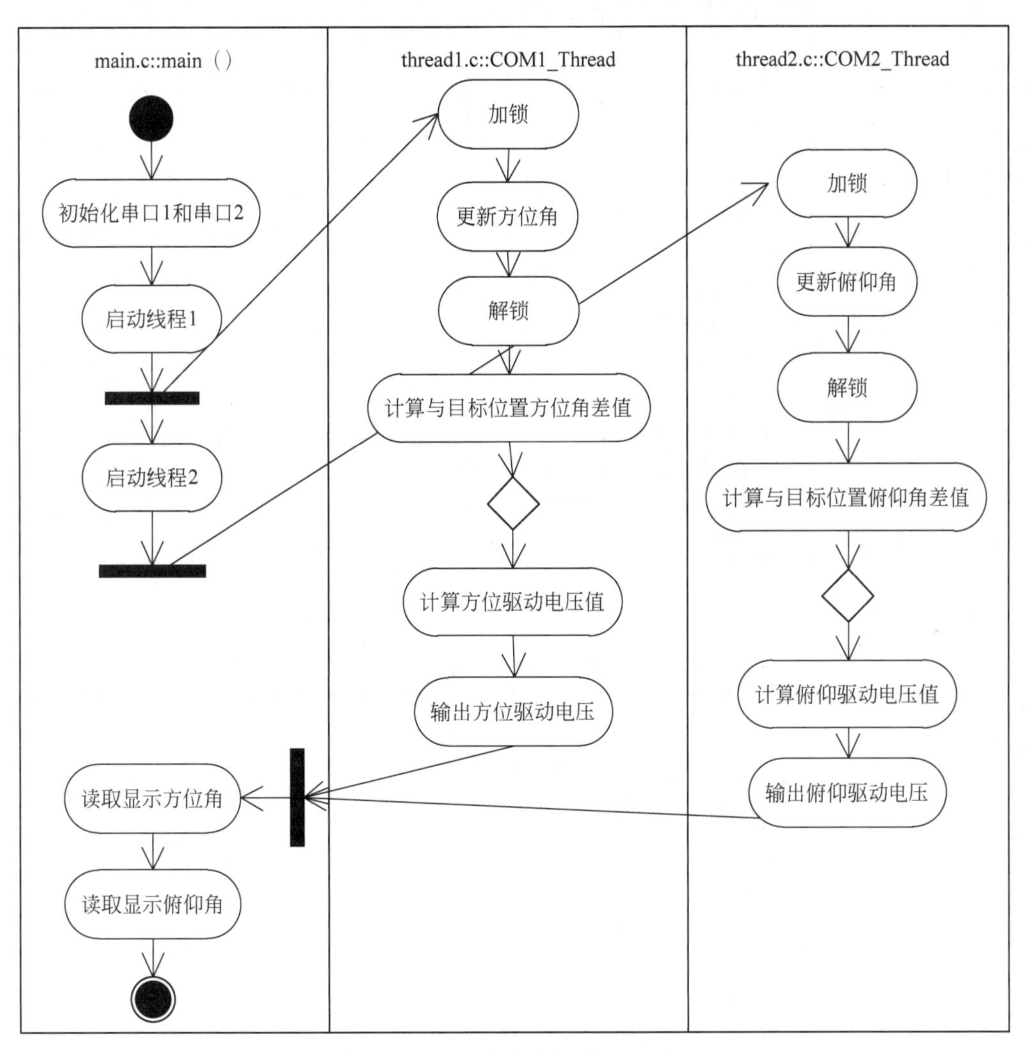

图 6-8　CSCI 并发控制流图(示例)

3) 状态变化方案

对结构化编程而言,对某些全局变量所表示的有明确意义的状态且在不同状态下,程序的行为有所不同的状态,需要特别说明全局变量的动态变化与函数之间的关系。

对面向对象编程而言,对某些类所表示的有明确意义的状态且在不同状态下,程序的行为有所不同的状态,需要特别说明类的动态变化与类的操作之间的关系。

使用 UML 的状态转换图对这些状态转换进行建模。

3. 接口设计

(1) 此处 CSCI 的外部接口图、接口描述表均与软件需求规格说明保持一致。

(2) 展开对每个接口的详细设计内容。

6.4.4 CSCI 详细设计

CSCI 详细设计主要是对最小软件单元(函数或类)的内部细节进行设计。

如果是结构化编程,使用表 6-10 描述函数的详细设计即可。

表 6-10 某函数(示例)

标识/版本	
函数定义	列出完整的函数定义
功能描述	概述该函数的主要功能
输入	对输入参数进行说明:含义、数据范围
输出	对输出参数进行说明
返回值	对返回值的各个取值进行说明
处理的全局变量	说明该函数处理哪些全局变量
处理逻辑	用活动图或流程图或状态图描述。对非高级编程语言(如汇编语言、计算类语言),可以使用流程图表示代码的逻辑;否则,对表达能力较强的高级语言,可以用伪码描述。对复杂算法,建议用活动图建模 在图中需要显式说明全局量的处理过程 对简单的处理(无逻辑)时,也可以文本描述
人机交互界面设计	该函数处理人机交互界面时,需给出界面设计

如果是面向对象语言编程,继续分条目使用表 6-11 描述类的每个操作。

表 6-11 某类的操作—操作 1(示例)

标识/版本	
操作定义	列出操作的完整定义
功能描述	概述操作的功能
输入	对输入参数进行说明:含义、数据范围
输出	对输出参数进行说明
返回值	对返回值的各个取值进行说明
处理的类的属性	说明该操作处理哪些类的属性
处理逻辑	用活动图或流程图或状态图描述 可以用伪码描述。对复杂算法,建议用活动图建模 在图中需要显式说明类的属性的处理过程 对简单的处理(无逻辑)时,也可以文本描述
人机交互界面设计	该操作处理人机交互界面时,需给出界面设计

6.4.5 需求可追踪性

使用正向追踪表,说明 CSCI 的每个需求(软件需求规格说明中的三类需求)被分配给了哪些软件单元(详细设计中的最小软件单元)。

使用逆向追踪表,说明每个软件单元和哪些 CSCI 的需求有关系。

思 考 题

题目 1 如果是结构化编程,CSCI 部件包括什么?如果是面向对象编程,CSCI 部件包括什么?

题目 2 如果使用 UML 序列图对 CSCI 的执行方案建模,当结构化编程时,序列图中的对象是什么?序列图建模目的是什么?当面向对象编程时,序列图中的对象是什么?序列图建模目的是什么?

题目 3 CSCI 级设计决策的基本方法是什么?

第7章 软件开发活动质量评价

联合技术评审是GJB 2786A要求开展的活动，也是对软件承研单位所完成的主要软件开发活动的质量评价。

这种评审活动由需方组织，评审应集中在过程中的和最终的软件工作产品上，而不是专为评审准备的资料上。评审的参加人员应该是具备被审工作产品相关技术知识的人员，需求类工作产品的评审应该有具备上述技术知识的需方代表参加。

目前，需求类工作产品评审活动存在的主要问题如下。

一是开发方花费大量精力准备评审资料。由于研发人员不按照GJB 2786A的要求开展需求分析活动，在实际工作中不对工作内容和结果进行记录形成文档，为了应付评审，不得不停止“实际工作”，专门准备评审会议资料。

二是需求文档质量不高。需求类文档最重要的目的是和需方代表沟通，以便得到需方的认可。但是由于研制单位不重视专业系统需求分析人员的技术能力培养，所以需求类文档往往不是针对系统提出明确能力需求，而是绕过需求直接给出设计方案，导致需方代表看不懂。

三是评审会上需方被大量信息超载，容易遗漏重要需求。评审会时间短、专家水平参差不齐、不能深入解决实际问题、会议意见的整改落实无人监督，需求评审流于形式的风险较大。

按照GJB 2786A的要求，联合技术评审应该实现以下目标。

(1) 应使用一致的软件工作产品评价准则开展评审；对提出的技术方案进行评审并演示；对技术工作提供深入的了解并获得反馈；暴露并解决技术问题。

(2) 评审项目状态，暴露关于技术、成本和计划进度等问题的近期和长期风险。

(3) 在参加评审人员的权限内，对已标识风险的缓解策略达成一致。

(4) 确保在需方和开发方的技术人员之间及时沟通。

(5) 明确将在联合管理评审中提出的问题和风险。

本章主要为评审活动提供一致的、操作性较强的四类软件工作产品的评价准则。

针对系统需求分析、系统设计、软件需求分析和软件设计活动的软件工作产品定量评价，适用于需方组织的相关评审，需方可根据参与评审人员给出的评价分数，衡量研制单位的需求分析能力和设计能力。另外，研制单位在提交需方评审前，其质量部门最好先组织内部相关人员利用这些评价模型进行打分，如果分数不合格表示不具备提交需方评审的价值，应进行整改完善。同时，这些定量评价模型的考核内容也适用于第三方软件测评机构开展文档审查工作，测试人员在掌握基本的软件需求分析和设计能力的基础上，按照考核内容开展文档审查，模型能够引导测试人员对软件开发文档内容的正确性进行评判，降低有些测试人员仅仅对上下文内容进行一致性比对的风险，进一步提升文档审查的质量。

7.1 系统需求分析活动评价

系统需求分析活动质量的主要评价点如下。

(1) 三类需求：功能需求、系统质量因素、设计和构造约束。

(2) 系统环境需求：主要包括软件和硬件需求。

(3) 其他：主要包括系统用途和追踪关系。

按照百分制进行量化评价，基于各评价项对系统需求分析活动的贡献程度，上述主要评价项的量化分值见表7-1。

表7-1 系统需求分析活动质量评价点

序号	评价项	分值
1	功能需求	50
2	系统质量因素	15
3	设计和构造约束	15
4	系统环境需求	10
5	其他	10

7.1.1 功能需求

对系统功能需求开展分析，重点是系统能力需求，其次是基于能力需求分析得到的接口需求和数据需求。该评价项包括的各个评价子项见表7-2。

表7-2 功能需求评价项

评价项	评价子项	分值
功能需求	要求的状态和方式	5
	系统能力需求	35
	系统外部接口需求	5
	系统内部接口需求	2
	系统内部数据需求	3

1. 要求的状态和方式

该评价子项主要明确系统是否应该有不同的使用/运行状态或方式，如果出现以下三种错误情况，此项应不得分。

(1) 系统有不同状态，但是开发方没有识别出来。

(2) 系统没有不同状态，但是开发方错误地识别了不同的状态。

(3) 系统有不同的运行状态，但是开发方识别出来的与实际不一致。

如果系统有不同运行状态，且开发方识别正确，则按表7-3的评价内容进行评判。

表7-3 要求的状态和方式评价子项

评价子项	评价内容	分值
要求的状态和方式	系统状态转换图正确	2
	每种状态下生效的系统用例明确	3

2. 系统能力需求

该评价子项是评价系统需求分析活动的重点，主要确认一张系统用例图，以及系统用例图中的各个系统用例规约表内容是否正确、完备。如果出现以下三种错误情况，此项不仅不得分，而且可以视作完全不具备评审条件，可直接以评审不通过处理。

(1) 出现软件配置项，按照软件配置项分条描述能力需求。

(2) 系统用例图完全不正确：识别的系统用例 50%以上不是系统价值；这条对未使用 UML 用例图、但是识别的系统能力需求 50%以上错误的情况同样适用。

(3) 系统用例识别有效，但是 50%以上的用例规约内容不完整或不正确。

对该评价子项，按表 7-4 的评价内容进行评判。

表 7-4 要求的状态和方式评价子项

评价子项	评价内容	分值
系统能力需求	系统用例图正确： (1) 边界名称是系统名称 (2) 每个用例都有主执行者 (3) 主执行者和辅助执行者必须是时间、或业务工人、或其他系统三类之一 (4) 用例之间不能存在“串糖葫芦”关系 (5) 用例必须是系统价值 (6) 用例不能是解决方案 (7) 系统用例图有且只有一个；不能出现多个图分层组织情况	15
	用例规约描述准确： (1) 主执行者和辅助执行者与用例图一致 (2) 前置条件是系统能够检测到的运行状态，且不满足该条件时，此用例不能执行 (3) 主流程描述的步骤聚焦于系统与外部的交互过程，能够反映系统的价值 (4) 步骤中用词均属于本系统所属核心领域的词汇 (5) 步骤中没有出现设计内容：如出现某些系统部件 (6) 扩展流程一定是从主流程的某个步骤中出现的特别情况；当这种情况发生时，打破了系统与外部正常的交互过程，改变了交互过程的走向 (7) 后置条件是系统能够检测到的运行状态，且是此用例正常执行后能够到达的状态 (8) 规则与约束描述完备：对步骤中出现的每个包含数据含义的名词进行了明确约束(含组成和取值范围)；对该用例需要满足的业务规则进行了明确说明；对该用例所体现的系统能力好到什么程度给出了明确的定量要求	20

由于系统用例规约数量是随系统变化的，建议可以将第二个评价内容的分值按用例数均摊，如有 10 个系统用例，那么每个系统用例平均 2 分。或视情按用例重要程度分配分值。

需要注意的是，对于第二个评价内容，每个用例规约的评价重点在于其中的(3)、(4)、(5)、(8)条款。如果一个用例规约描述中违反了上述条款的要求，已经不能有效说明用例规格时，该评价内容应不得分。

3. 系统外部接口需求

该评价项包括的各个评价子项见表 7-5。

表 7-5　系统外部接口需求评价子项

评价子项	评价内容	分　值
系统外部接口需求	系统外部接口图中的外部接口实体与用例图中的执行者一致，接口数量与系统实际情况一致	3
	外部接口表中接口类型正确，接口用途描述准确全面	1
	系统外部接口实体所用名称上下文一致，且所有外部接口实体均在用例规约中出现	1

4. 系统内部接口需求

该评价项包括的各个评价子项见表 7-6。当系统中的子系统明确时，该条有效。

表 7-6　系统内部接口需求评价子项

评价子项	评价内容	分　值
系统内部接口需求	系统内部接口图中的接口实体应是已经明确的子系统，接口数量与子系统实际情况一致	1
	内部接口表中接口类型正确，接口用途描述准确全面	1

5. 系统内部数据需求

该评价项包括的各个评价子项见表 7-7。

表 7-7　系统内部数据需求评价子项

评价子项	评价内容	分　值
系统内部数据需求	类图说明这些领域实体(类)之间的关系	2
	表格说明这些领域实体(类)包含的属性	1

注意：系统内部数据需求是指系统需要处理的领域实体(类)，来自各个系统用例中出现的名词，不是输入、输出数据的简单罗列。

7.1.2　系统质量因素

对系统质量因素开展分析，根据每个评价子项对系统能力的影响程度定义分值，这些分值可依据系统特性适当调整。如安全性要求不高、但可靠性要求高的系统，可调整两种质量因素的分值。该评价项包括的各个评价子项见表 7-8。

表 7-8　系统质量因素评价项

评价项	评价子项	分　值
系统质量因素	适应性	1
	安全性	5
	保密性	1
	效率	2
	可靠性	3
	易用性	1
	维护性	1
	分析过程	1

该评价项包括的各个评价子项对应的评价内容见表7-9。

表7-9 系统质量因素下的各评价子项

评价子项	评价内容	分值	备注
适应性	明确了系统部署到不同场地时的要求	1	
安全性	明确描述了当系统失效时，可能造成人员伤亡或设备损失的情况 当系统与外部系统互连时，应给出是否存在被恶意入侵情况的场景分析	5	
保密性	明确说明系统需要保密的数据，以及这些数据在系统存储、通信、系统遭遇最坏情况时的保密要求	1	
效率	明确描述了跨多个系统用例时的性能要求	2	此处的效率不是指系统用例中针对某个用例的性能要求；是度量跨多个系统用例时的性能，也就是度量系统所属组织的某个业务用例运行好坏的程度
可靠性	定量说明因软件故障引起系统失效的频度(成熟性)	1	
	明确说明软件故障(含接口异常)情况下，系统维持规定的性能水平的能力(容错性)。如降级使用要求	1	
	明确说明软件失效后，系统重建其性能水平并恢复受影响数据的能力(易恢复性)。应对是否需要恢复宕机前状态给出分析过程，如果需要恢复，需明确需要恢复的具体数据要求	1	
易用性	定量说明业务工人与系统交互时的界面要求，如界面出现的专业术语的比率上限、交互过程最复杂的系统用例或使用频率最高的系统用例的界面流转次数上限、需要业务工人输入内容最多个数的上限、无经验的业务工人能够熟练使用系统的平均练习时间等 明确说明业务工人输入复杂内容时，是否需要业务工人利用专业和经验加以研判才能确定输入什么数值合适，那么业务工人需要具备什么水平的专业知识才可能得到正确研判结果等	1	该条对带人机交互界面的系统有效
维护性	定量说明对系统可能发生的故障，如偶发故障(难以复现，但是易于恢复)、频发故障(易于复现，但是影响系统恢复后运行)的平均故障率的诊断缺陷所花费时间和修复时间。/(易分析性、易改变性) 定量说明因修复故障而引发新缺陷的概率。/(稳定性) 定量说明对修复后故障完成验证确认的平均时间。/(易测试性)	1	注意：此处是需求，不是直接给出解决方案
分析过程	分析过程描述清晰合理，如通过对业务级的三类需求和用户级中的约束需求进行分析，得到上述质量因素	1	

7.1.3 设计和构造约束

设计和构造约束评价项包括的各个评价子项及其对应的评价内容见表7-10。

表7-10　设计和构造约束评价项

评　价　项	评 价 子 项	评 价 内 容	分值
设计和构造约束	业务环境约束	明确描述了来自出资方的约束。如上线时间、与现有系统集成要求、业务规则、行业法律法规、由出资方指定技术选型等	5
	使用环境约束	明确描述了来自使用方的约束。如使用者的专业能力、何种人群、分布式使用、使用环境有电磁干扰、车船移动、太空中使用等因素	5
	构建环境约束	明确描述了来自开发和维护人员的约束。如开发人员的技术水平、业务知识、维护人员专业能力、维护手段等	2
	技术环境约束	明确描述了来自业界当前技术环境约束。如成熟算法、技术平台、中间件、编程语言成熟度等	3

7.1.4 系统环境需求

系统环境需求主要对纯软件系统有效，对于软件和硬件结合的系统而言，在系统需求分析阶段，由于各软件配置项还没有被系统架构设计师设计出来，软件所依赖的计算机运行环境还无法确定。该评价项包括的各个评价子项及其对应的评价内容见表7-11。

表7-11　系统环境需求评价项

评价项	评 价 子 项	评 价 内 容	分值
系统环境需求	系统软硬件环境需求	明确说明支持系统运行的计算机硬件和操作系统	2
	计算机资源需求	明确说明系统运行需要的计算机硬件配置详细要求	2
		明确说明系统运行时占用的计算机软件和硬件资源需求	2
		明确说明系统运行时需要的计算机软件配置详细要求	2
		明确说明系统运行时占用的计算机通信资源需求	2

7.1.5 其他

该评价项包括的各个评价子项及其对应的评价内容见表7-12。

表7-12　其他需求评价项

评价项	评价子项	评 价 内 容	分值	备　　注
其他	系统用途	明确描述了系统所属的组织、组织承担的职责，以及组织中与系统交互的业务工人	2	
		明确描述了系统部署后的使用场景，复杂情况下可用图的形式说明系统与外部其他系统的关系	2	
		明确描述了系统用例的出处：使用UML序列图说明组织的业务用例的实现过程(业务流程)	4	当没有“运行方案说明”文档时，该条有效
	需求追踪	正向追踪关系完备	1	
		逆向追踪关系完备	1	

7.2 系统设计活动评价

系统设计活动质量的主要评价点如下。

(1) 系统级设计决策：主要包括概念性架构、其他影响部件选择/设计的决策。

(2) 系统体系结构设计：主要包括系统部件的静态关系、系统部件的动态关系和接口设计。

(3) 其他：主要包括系统用途和追踪关系。

按照百分制进行量化评价，基于各评价项对系统设计活动的贡献程度，上述主要评价项的量化分值见表7-13。

表7-13 系统设计活动质量评价点

序号	评价项	分值
1	系统级设计决策	40
2	系统体系结构设计	55
3	其他	5

7.2.1 系统级设计决策

系统级设计决策评价项包括的各个评价子项及其对应的评价内容见表7-14。

表7-14 系统级设计决策评价项

<table>
<tr><th>评价项</th><th>评价子项</th><th>评价内容</th><th>分值</th></tr>
<tr><td rowspan="8">系统级设计决策</td><td rowspan="3">概念性架构设计</td><td>明确描述了系统的三类关键性需求，如用需求分析矩阵表说明</td><td>5</td></tr>
<tr><td>针对每一项关键性需求，给出了明确的系统级设计决策，且存在直接影响概念性架构设计的决策</td><td>5</td></tr>
<tr><td>明确描述了系统的概念性架构，且使用该架构能够向出资方说明系统的关键能力需求实现的解决方案</td><td>8</td></tr>
<tr><td rowspan="5">其他影响部件选择/设计的决策</td><td>分析决策过程清晰合理、无矛盾和漏洞</td><td>2</td></tr>
<tr><td>针对每一个关键性需求，给出了明确的系统级设计决策，且存在直接影响系统部件选择或设计的决策。如部件复用或选择货架产品的决策、软件运行环境的配置决策等</td><td>10</td></tr>
<tr><td>明确说明关键系统性能指标的分配决策。确定关键性能指标被分配给一个部件还是多个部件，如何分配以及分配的合理因素等</td><td>5</td></tr>
<tr><td>明确说明了对某个关键需求的多个解决方案选项，并说明选择其中某个解决方案的理由</td><td>3</td></tr>
<tr><td>分析决策过程清晰合理、无矛盾和漏洞</td><td>2</td></tr>
</table>

7.2.2 系统体系结构设计

系统体系结构设计评价项包括的各个评价子项见表7-15。

表 7-15 系统体系结构设计评价项

评 价 项	评 价 子 项	分 值
系统体系结构设计	系统部件的静态关系	20
	系统部件的动态关系	20
	系统接口设计	15

该评价项包括的各个评价子项对应的评价内容见表 7-16。

表 7-16 系统体系结构设计的各评价子项

评 价 项	评 价 子 项	评 价 内 容	分值
系统体系结构设计	系统部件的静态关系	明确描述了系统部件之间的组成关系,如用树状图(非必需)以及结构关系图(必需)说明硬件部件之间的物理连接关系,用表说明软件部件(软件配置项)相应的部署位置	10
		明确描述了全部软件部件运行所需的硬件配置和软件配置环境	5
		明确描述了全部软件部件的用途、开发状态(新研、改进、重用)	3
		明确描述了每一个系统需求是由哪些系统部件实现的(树状图或表格)	2
	系统部件的动态关系	针对系统规格说明中全部系统用例,逐一明确描述了系统的软件部件和硬件部件如何协同实现。如对每个系统用例,用序列图建模	10
		序列图中的对象正确,与软件部件或硬件部件一致,没有不正确的对象出现(如用例、模块等)	5
		序列图中消息线描述正确,正确表达了对软件部件和硬件部件所分配的职责	5
	系统接口设计	系统外部接口图、外部接口表与系统规格说明一致	2
		明确说明每个系统外部接口的数据特征,包括协议格式、字段内容、取值范围等	8
		明确说明每个系统外部接口的接口通信特征和接口协议特征	5

7.2.3 其他

该评价项包括的各个评价子项对应的评价内容见表 7-17。

表 7-17 其他评价项

评 价 项	评 价 子 项	评 价 内 容	分值
其他	系统用途	明确描述了系统所属的组织、组织承担的职责,以及组织中与系统交互的业务工人	3
	追踪关系	正向追踪关系完备	1
		逆向追踪关系完备	1

7.3 软件需求分析活动评价

软件需求分析活动质量的主要评价点如下。

(1) 三类需求：功能需求、软件质量因素、设计和实现约束。

(2) CSCI环境需求：软件和硬件运行环境需求。

(3) 其他：占比10%,主要包括CSCI用途和追踪关系。

按照百分制进行量化评价,基于各评价项对软件需求分析活动的贡献程度,上述主要评价项的量化分值见表7-18。

表7-18 软件需求分析活动质量评价点

序 号	评 价 项	分 值
1	功能需求	50
2	软件质量因素	15
3	设计和实现约束	15
4	CSCI环境需求	10
5	其他	10

7.3.1 功能需求

对软件功能需求开展分析,重点是能力需求,其次是基于能力需求分析得到的接口需求和数据需求。该评价项包括的各个评价子项见表7-19。

表7-19 功能需求评价项

评 价 项	评 价 子 项	分 值
功能需求	要求的状态和方式	5
	CSCI能力需求	35
	CSCI外部接口需求	5
	CSCI内部接口需求	2
	CSCI内部数据需求	3

1. 要求的状态和方式

该评价子项主要明确CSCI是否应该有不同的使用/运行状态或方式,如果出现以下三种错误情况,此项应不得分。

(1) CSCI有不同状态,但是开发方没有识别出来。

(2) CSCI没有不同状态,但是开发方错误地识别了不同的状态。

(3) CSCI有不同的运行状态,但是开发方识别出来的与实际不一致。

如果CSCI有不同运行状态,且开发方识别正确,则按表7-20的评价内容进行评判。

表7-20 要求的状态和方式评价子项

评 价 子 项	评 价 内 容	分 值
要求的状态和方式	状态转换图正确	2
	每种状态下生效的CSCI用例明确	3

2. CSCI 能力需求

该评价子项是评价软件需求分析活动的重点，主要确认一张 CSCI 用例图，以及用例图中的各个 CSCI 用例规约表内容是否正确、完备。如果出现以下三种错误情况，此项不仅不得分，而且可以视作完全不具备评审条件，可直接以评审不通过处理。

(1) 出现软件配置项中的部件(模块)，按照已经设计出的软件模块分条描述能力需求。

(2) CSCI 用例图完全不正确：识别的用例 50%以上不是 CSCI 价值；这条对未使用 UML 用例图、但是识别的软件能力需求 50%以上错误的情况同样适用。

(3) CSCI 用例识别有效，但是 50%以上的用例规约内容不完整或不正确。

对该评价子项，按表 7-21 的评价内容进行评判。

表 7-21　CSCI 能力需求评价子项

评 价 子 项	评 价 内 容	分值
CSCI 能力需求	CSCI 用例图正确： (1) 边界名称是 CSCI 名称 (2) 每个用例都有主执行者 (3) 主执行者和辅助执行者必须是时间、或业务工人、或其他系统三类之一 (4) 用例之间不能存在“串糖葫芦”关系 (5) 用例必须是 CSCI 对外呈现的价值 (6) 用例不能是解决方案 (7) CSCI 用例图有且只有一个；不能出现多个图分层组织情况	15
	用例规约描述准确： (1) 主执行者和辅助执行者与用例图一致 (2) 前置条件是 CSCI 能够检测到的运行状态，且不满足该条件时，此用例不能执行 (3) 主流程描述的步骤聚焦于 CSCI 与外部的交互过程，能够反映 CSCI 的价值 (4) 步骤中用词均属于本 CSCI 所属核心领域的词汇 (5) 步骤中没有出现设计内容：如出现某些软件模块 (6) 扩展流程一定是从主流程的某个步骤中出现的特别情况；当这种情况发生时，打破了 CSCI 与外部正常的交互过程，改变了交互过程的走向 (7) 后置条件是 CSCI 能够检测到的运行状态，且是此用例正常执行后能够到达的状态 (8) 规则与约束描述完备：对步骤中出现的每个包含数据含义的名词进行了明确约束(含组成和取值范围)；对该用例需要满足的业务规则进行了明确说明；对该用例所体现的系统能力好到什么程度给出了明确的定量要求	20

由于 CSCI 用例规约数量是随 CSCI 变化的，建议可以将第二个评价内容的分值按用例数均摊，如有 10 个 CSCI 用例，那么每个用例平均 2 分。或视情按用例重要程度分配分值。

需要注意的是，对于第二个评价内容，每个用例规约的评价重点在于其中的(3)、(4)、(5)、(8)条款。如果一个用例规约描述中违反了上述条款的要求，已经不能有效说明用例规格时，该评价内容应不得分。

3. CSCI 外部接口需求

该评价项包括的各个评价子项见表 7-22。

表 7-22 CSCI 外部接口需求评价子项

评价子项	评价内容	分值
CSCI 外部接口需求	CSCI 外部接口图中的外部接口实体与用例图中的执行者一致，接口数量与系统实际情况一致	3
	CSCI 外部接口表中接口类型正确，接口用途描述准确全面	1
	CSCI 外部接口实体所用名称上下文一致，且所有外部接口实体均在用例规约中出现	1

4. CSCI 内部接口需求

该评价项包括的各个评价子项见表 7-23。

表 7-23 CSCI 内部接口需求评价子项

评价子项	评价内容	分值
CSCI 内部接口需求	CSCI 内部接口图中的接口实体应是已经在系统设计中明确的 CSCI 所包含的软件，接口数量与软件实际情况一致	1
	内部接口表中接口类型正确，接口用途描述准确全面	1

当该 CSCI 包含系统设计说明中分配的多个软件时，该条有效。注意，此时还未开展软件架构设计，软件单元(模块、函数等)还不确定，所以，此处不是指 CSCI 内部实现的各模块之间的接口。如果描述这些软件模块之间的接口，本条应不得分。

5. CSCI 内部数据需求

该评价项包括的各个评价子项见表 7-24。

表 7-24 CSCI 内部数据需求评价子项

评价子项	评价内容	分值
CSCI 内部数据需求	明确说明 CSCI 需要处理的领域实体(类)。如使用类图说明这些领域实体(类)之间的关系	1
	使用表格说明这些领域实体(类)包含的属性	1

CSCI 内部数据需求是指 CSCI 需要处理的领域实体(类)，来自各个 CSCI 用例中出现的名词。

7.3.2 软件质量因素

对软件质量因素开展分析，根据每个评价子项对软件能力的影响程度定义分值，这些分值可依据软件特性适当调整。如安全性要求不高、但可靠性要求高的软件，可调整两种质量因素的分值。该评价项包括的各个评价子项见表 7-25。

表 7-25 软件质量因素评价项

评　价　项	评 价 子 项	分　值
软件质量因素	适应性	1
	安全性	5
	保密性	1
	效率	2
	可靠性	3
	易用性	1
	维护性	1
	分析过程	1

该评价项包括的各个评价子项对应的评价内容见表 7-26。

表 7-26 软件质量因素下的各评价子项

评价项	评价子项	评 价 内 容	分　值	得分/备注
软件质量因素	适应性	明确了 CSCI 部署到不同场地时的要求	1	
	安全性	明确描述了当 CSCI 失效时，可能造成人员伤亡或设备损失的情况 当 CSCI 与外部系统互连时，应给出是否存在被恶意入侵情况的场景分析	5	
	保密性	明确说明 CSCI 需要保密的数据，以及这些数据在系统存储、通信、系统遭遇最坏情况时的保密要求	1	
	效率	明确描述了跨多个 CSCI 用例时的性能要求	2	此处的效率不是指 CSCI 用例中针对某个用例的性能要求；是度量跨多个 CSCI 用例时的性能，也就是度量系统用例运行的好的程度
	可靠性	定量说明因软件故障引起 CSCI 失效的频度（成熟性）	1	
		明确说明软件故障（含接口异常）情况下，CSCI 维持规定的性能水平的能力（容错性）。如降级使用要求	1	
		明确说明软件失效后，CSCI 重建其性能水平并恢复受影响数据的能力（易恢复性）。应对是否需要恢复宕机前状态给出分析过程，如果需要恢复，需明确需要恢复的具体数据要求	1	

续表

评价项	评价子项	评价内容	分　　值	得分/备注
软件质量因素	易用性	定量说明业务工人与系统交互时的界面要求，如界面出现的专业术语的比率上限、交互过程最复杂的系统用例或使用频率最高的系统用例的界面流转次数上限、需要业务工人输入内容最多个数的上限、无经验的业务工人能够熟练使用系统的平均练习时间等 明确说明业务工人输入复杂内容时，是否需要业务工人利用专业和经验加以研判才能确定输入什么数值合适，那么业务工人需要具备什么水平的专业知识才可能得到正确研判结果等	1	该条对带人机交互界面的 CSCI 有效
	维护性	定量说明对软件可能发生的故障，如偶发故障（难以复现，但是易于恢复）、频发故障（易于复现，但是影响系统恢复后运行）的平均故障率的诊断缺陷所花费时间和修复时间。/（易分析性、易改变性） 定量说明因修复故障产生新缺陷的概率。/（稳定性） 定量说明对修复后故障完成验证确认的平均时间。/（易测试性）	1	注意：此处是需求，不是直接给出解决方案
	分析过程	分析过程描述清晰合理。如通过对业务级的三类需求、用户级中的约束需求，以及开发级的三类需求进行分析，得到上述质量因素	1	

7.3.3 设计和实现约束

设计和实现约束评价项包括的各个评价子项及其对应的评价内容见表 7-27。

表 7-27　设计和实现约束评价项

评价项	评价子项	评价内容	分值
设计和实现约束	使用环境约束	明确描述了来自使用方的约束。如使用者的专业能力、何种人群、分布式使用、使用环境有电磁干扰、车船移动等因素	5
	构建环境约束	明确描述了来自开发和维护人员的约束。如开发人员的技术水平、业务知识、维护人员的专业能力、维护手段等	5
	技术环境约束	明确描述了来自业界当前技术环境约束。如成熟算法、技术平台、中间件、编程语言成熟度等	5

7.3.4 CSCI 环境需求

该评价项包括的各个评价子项及其对应的评价内容见表 7-28。

表 7-28 CSCI 环境需求评价项

评 价 项	评 价 子 项	评 价 内 容	分值
CSCI 环境需求	CSCI 软硬件环境需求	CSCI 运行的计算机环境应与系统设计说明一致	2
	计算机资源需求	明确说明 CSCI 运行需要的计算机硬件配置详细要求	2
		明确说明 CSCI 运行时占用的计算机软件和硬件资源需求	2
		明确说明 CSCI 运行时需要的计算机软件配置详细要求	2
		明确说明 CSCI 运行时占用的计算机通信资源需求	2

7.3.5 其他

该评价项包括的各个评价子项及其对应的评价内容见表 7-29。

表 7-29 其他需求评价项

评价项	评 价 子 项	评 价 内 容	分值
其他	CSCI 用途	明确描述了 CSCI 与其他系统部件的组成关系，且与系统设计说明内容一致	4
		明确描述了 CSCI 的主要用途	4
	需求追踪	正向追踪关系完备	1
		逆向追踪关系完备	1

7.4 软件设计活动评价

软件设计活动质量的主要评价点：

(1) CSCI 级设计决策：主要包括概念性架构设计、其他影响部件选择/设计的决策。

(2) CSCI 体系结构设计：主要包括软件部件的静态关系、动态关系和外部接口设计。

(3) CSCI 详细设计：主要包括软件单元的详细设计内容。

按照百分制进行量化评价，基于各评价项对软件设计活动的贡献程度，上述主要评价项的量化分值见表 7-30。

表 7-30 软件设计活动质量评价点

序号	评 价 项	分值
1	CSCI 级设计决策	25
2	CSCI 体系结构设计	50
3	CSCI 详细设计	25

7.4.1 CSCI 级设计决策

CSCI 级设计决策评价项包括的各个评价子项及其对应的评价内容见表 7-31。

表 7-31 CSCI 级设计决策评价项

评 价 项	评 价 子 项	评 价 内 容	分值
CSCI 级设计决策	概念性架构设计	明确描述了 CSCI 的三类关键性需求，如用需求分析矩阵表说明	4
		针对每一项关键性需求，给出了明确的 CSCI 级设计决策，且存在直接影响概念性架构设计的决策	5
		明确描述了 CSCI 的概念性架构，且使用该架构能够向软件研制任务下达方说明 CSCI 的关键能力需求实现的解决方案	10
		分析决策过程清晰合理、无矛盾和漏洞	1
	其他影响部件选择/设计的决策	针对每一个关键性需求，给出了明确的 CSCI 级设计决策，且存在直接影响软件部件选择或设计的决策	2
		明确说明了对某个关键需求的多个解决方案选项，并说明选择其中某个解决方案的理由	2
		分析决策过程清晰合理、无矛盾和漏洞	1

7.4.2 CSCI 体系结构设计

CSCI 体系结构设计评价项包括的各个评价子项及其对应的评价内容见表 7-32。

表 7-32 CSCI 体系结构设计评价项

评 价 项	评 价 子 项	评 价 内 容	分值	备 注
CSCI 体系结构设计	软件部件的静态关系	明确描述了第一层软件部件之间的关系，如用图说明 *.c/cpp 模块之间的调用关系，且这种调用关系是层次清晰的	4	
		明确描述了全部 *.c/cpp 模块的用途、开发状态（新研、改进、重用）	4	
		明确描述了第二层软件部件之间的关系，如用图说明每个 *.c/cpp 模块内所包含函数/类之间的调用关系，且这种调用关系是层次清晰的	4	
		明确描述了每个函数/类的用途、开发状态（新研、改进、重用）	4	
		明确描述了全局变量的定义	4	仅适用于结构化编程语言

续表

评价项	评价子项	评价内容	分值	备注
CSCI体系结构设计	软件部件的动态关系	针对软件需求规格说明中全部CSCI用例，逐一明确描述了软件部件(*.c模块或类)之间是如何协同实现的。如对每个CSCI用例，用序列图建模	4	
		序列图中的对象正确，与软件部件一致，没有不正确的对象出现(如用例、函数等)	4	
		序列图中消息线描述正确，正确表达了对软件部件(*.c模块或类)所分配的职责	4	
		明确说明CSCI中存在的并发处理控制流(多进程、多线程、中断等)。如使用UML活动图表达并发控制流图和控制流描述表说明控制流	4	仅适用于有并发控制的软件
		明确说明当软件在不同状态下，其行为有所不同的情况。如使用状态图说明状态变化与函数/类的操作之间的关系	4	仅适用于有明确意义状态变化的软件
	外部接口设计	CSCI外部接口图、外部接口表与软件需求规格说明一致	2	
		明确说明每个外部接口的数据特征，包括协议格式、字段内容、取值范围等	6	
		明确说明每个外部接口的接口通信特征和接口协议特征	2	

7.4.3 CSCI详细设计

由于CSCI详细设计中涉及的模块和函数的数量是随CSCI变化的，建议可以将第二个评价内容的分值按模块(源文件)数均摊，如有10个源文件，那么每个模块平均2分。或视情按重要程度分配分值。

CSCI详细设计评价项包括的各个评价子项及其对应的评价内容见表7-33。

表7-33 CSCI详细设计评价项

评价项	评价子项	评价内容	分值
CSCI详细设计	模块完备性	按模块分条进行详细设计说明 模块与体系结构设计中的部件一致	5
	模块中函数/类详细设计	函数/类操作的定义完整	2
		函数/类操作的功能描述准确	3
		函数/类操作的输入、输出、返回值说明(参数类型、取值)完备	5
		函数/类操作的处理逻辑描述清晰、合理 当对全局变量/类的公共属性进行处理时，在处理逻辑中应明示	10

附录A 网络数据采集系统案例

附录A-1 网络数据采集系统规格说明

1. 范围

1.1 标识

略。

1.2 系统概述

1.2.1 系统用途

数据采集系统部署于局域网网络环境中，接入一台镜像交换机，负责对流经镜像交换机的视频、音频和报文数据进行实时采集和存储。其主要使用场景见图A-1。

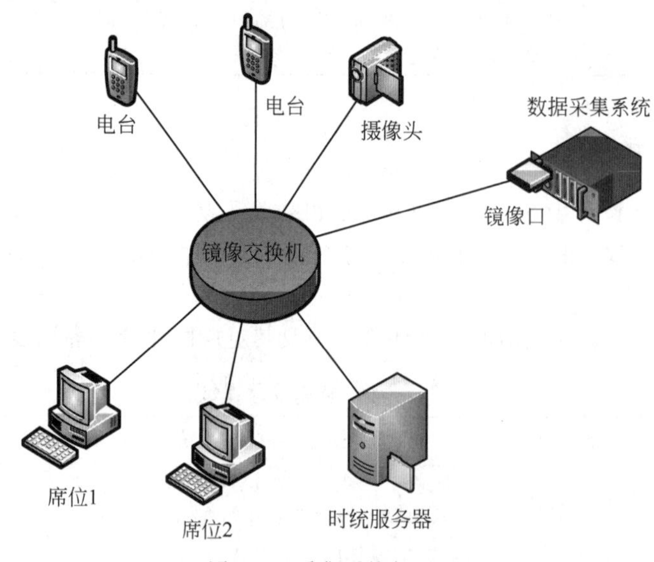

图A-1 采集系统部署图

1.2.2 系统历史

数据采集系统为新研系统，无开发、运行和维护历史。

1.2.3 项目的各相关方

略。

1.3 文档概述

文档主要包括六个部分。

第一部分主要概述数据采集系统的基本情况。

第二部分主要列出引用的文件。

第三部分是重点，分别描述数据采集系统的系统需求，包括功能需求、接口需求、设计约束需求、质量属性需求，标明了各个需求的优先次序和关键程度。

第四部分列出了每个需求项的合格性规定。

第五部分列出了每个需求项与系统研制任务书的追踪关系。

第六部分列出了注释内容。

2. 引用文档

引用文档见表 A-1。

表 A-1 引用文档列表

序号	文档标识/版本	标　　题	编写单位	发布日期
1	GJB 2786A—2009	军用软件开发通用要求	原总装备部	2009.08
2	GJB 438B—2009	军用软件开发文档通用要求	原总装备部	2009.08
3	XXX[2018]40 号	数据采集系统研制总要求	略	2018.01

3. 需求

3.1 要求的状态和方式

数据采集系统有两种工作状态：待机态和工作态。

系统启动后，默认进入待机态，等待操作人员进行系统配置。在待机态，系统可接收操作人员的全部指令。

当接收到操作人员开始工作指令时，系统进入工作态，开始实时采集记录网络数据。在工作态，系统只接收处理操作人员的待机指令，收到待机指令后，转换为待机态；当系统发现磁盘空间不足时，自动切换为待机态。

两种状态的转换如图 A-2 所示。

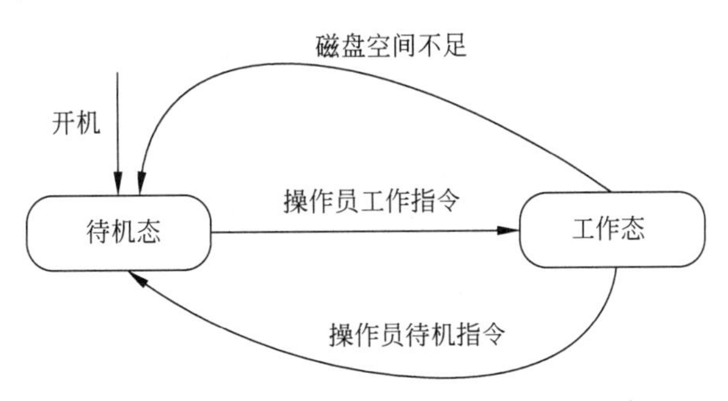

图 A-2 状态转换关系图

两种状态下，相关的系统能力需求见表 A-2。

表 A-2 要求的状态和方式与系统能力关系

能 力 需 求	待　机　态	工　作　态
配置采集策略	√	—
导出数据	√	—

续表

能力需求	待机态	工作态
采集音频数据	—	√
采集视频数据	—	√
采集报文数据	—	√
检测磁盘空间	√	√
校时	√	√
删除历史文件	√	√
播放视频文件	√	√
分析数据延迟	√	√
展现数据交互	√	√
配置报文类型	√	—
配置校时源地址	√	—

3.2 系统能力需求

数据采集系统的系统用例见图 A-3，系统用例列表见表 A-3。

表 A-3 系统用例列表

序号	用例名称	标识	功能描述
1	配置采集策略	UC-CJXT-001	操作人员能够对系统配置视频、音频和报文数据的采集策略
2	采集音频数据	UC-CJXT-002	系统按照采集策略实时采集镜像交换机转发的音频流，存储为本地文件
3	采集视频数据	UC-CJXT-003	系统按照采集策略实时采集镜像交换机转发的视频流，存储为本地文件
4	采集报文数据	UC-CJXT-004	系统按照采集策略实时采集镜像交换机转发的数据报文，存储为本地文件
5	检测磁盘空间	UC-CJXT-005	系统周期检测磁盘剩余空间，空间不足时按配置的策略删除文件
6	导出数据	UC-CJXT-006	操作人员能够按照记录时间段、类型（视频、音频和报文），通过 USB 口导出历史保存的文件至外部存储设备
7	校时	UC-CJXT-007	系统周期与时统服务器进行校时
8	删除历史文件	UC-CJXT-008	操作人员能够删除指定的历史记录文件
9	播放视频文件	UC-CJXT-009	操作人员能够播放指定的视频记录文件
10	分析数据延迟	UC-CJXT-010	系统能够利用不同局域网环境下的数据采集系统记录的文件，进行通信延迟分析
11	展现数据交互	UC-CJXT-011	系统能够使用记录的文件，图形化展现在某个时间段内，一个数据源端向其他目的端发送的全部数据，以及接收的全部数据
12	配置报文类型	UC-CJXT-012	操作人员能够对系统配置需要采集的报文类型
13	配置校时源地址	UC-CJXT-013	操作人员能够配置时统服务器地址

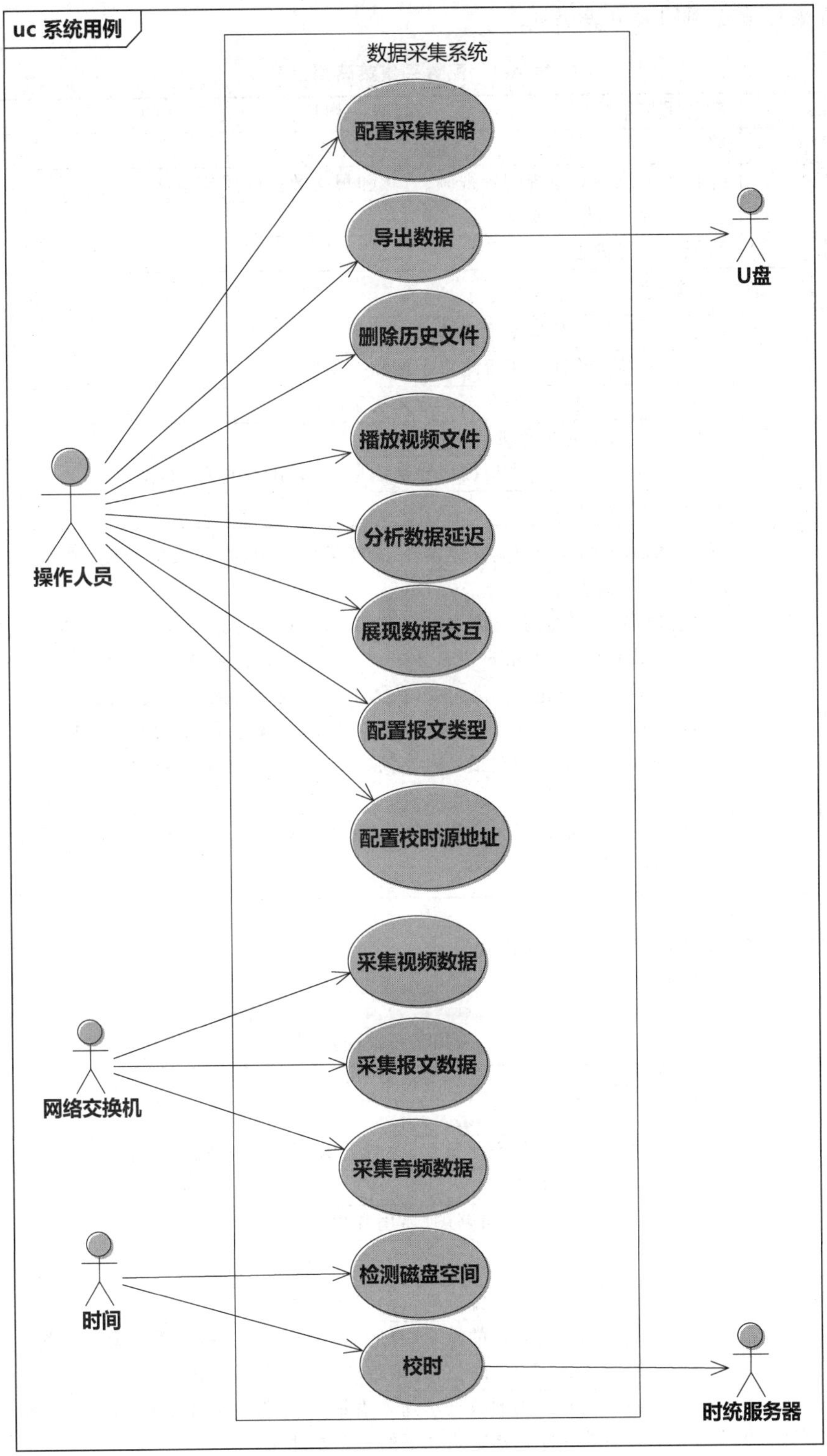

uc 系统用例

数据采集系统

配置采集策略
导出数据
删除历史文件
播放视频文件
分析数据延迟
展现数据交互
配置报文类型
配置校时源地址
采集视频数据
采集报文数据
采集音频数据
检测磁盘空间
校时

操作人员
网络交换机
时间
U盘
时统服务器

图 A-3　系统用例图

3.2.1 配置采集策略/ UC-CJXT-001

配置采集策略用例表见表 A-4。

表 A-4 配置采集策略用例表

<table>
<tr><td>用例名称</td><td colspan="2">配置采集策略</td><td>项目唯一标识符</td><td>UC-CJXT-001</td></tr>
<tr><td>研制要求章节</td><td colspan="4">略</td></tr>
<tr><td>简要描述</td><td colspan="4">操作人员能够对系统配置视频、音频和报文数据的采集策略</td></tr>
<tr><td>参与者</td><td colspan="4">主执行者：操作人员</td></tr>
<tr><td>前置条件</td><td colspan="4">系统处于待机态</td></tr>
<tr><td rowspan="4">主流程</td><td>步骤</td><td colspan="3">描　　述</td></tr>
<tr><td>1</td><td colspan="3">操作人员提交采集策略</td></tr>
<tr><td>2</td><td colspan="3">系统验证采集策略指令的相关参数</td></tr>
<tr><td>3</td><td colspan="3">系统将参数保存至本地采集策略配置文件</td></tr>
<tr><td rowspan="2">扩展流程</td><td>2a</td><td colspan="3">[参数超出范围]</td></tr>
<tr><td>2a1</td><td colspan="3">系统向操作人员提示异常信息，不更新本地策略配置文件</td></tr>
<tr><td>后置条件</td><td colspan="4">采集策略配置文件更新</td></tr>
<tr><td>规则与约束</td><td colspan="4">(1) 采集策略包括：视频采集参数、音频采集参数、报文采集参数、文件循环覆盖(默认启用)、磁盘告警阈值
(2) 视频采集参数包括：优先级(默认低)、视频文件记录方式(大小、时长)、视频文件结束值(MB 或[1,30]min，默认 15min)、启用视频记录(默认是)
(3) 音频采集参数包括：优先级(默认中)、音频文件记录方式(大小、时长)、音频文件结束值(MB 或[1,30]min，默认 15min)、启用音频记录(默认是)、压缩存储(默认否)
(4) 数据报文采集参数包括：优先级(默认高)、文件结束值[1,1440]min、压缩存储(默认否)
(5) 磁盘告警阈值包括：磁盘满阈值(最小 100MB)，磁盘告警阈值(最大不低于磁盘满阈值的 2 倍)</td></tr>
</table>

3.2.2 采集音频数据/UC-CJXT-002

采集音频数据用例表见表 A-5。

表 A-5 采集音频数据用例表

<table>
<tr><td>用例名称</td><td colspan="2">采集音频数据</td><td>项目唯一标识符</td><td>UC-CJXT-002</td></tr>
<tr><td>研制要求章节</td><td colspan="4">略</td></tr>
<tr><td>简要描述</td><td colspan="4">系统实时采集网络上的音频数据，按照采集策略将音频数据存储为本地文件</td></tr>
<tr><td>参与者</td><td colspan="4">主执行者：网络交换机</td></tr>
<tr><td>前置条件</td><td colspan="4">系统处于工作态，且采集策略的“启用音频记录”配置为“是”</td></tr>
<tr><td rowspan="4">主流程</td><td>步骤</td><td colspan="3">描　　述</td></tr>
<tr><td>1</td><td colspan="3">系统识别并捕获镜像网口的音频流数据</td></tr>
<tr><td>2</td><td colspan="3">系统判断音频流的来源(源地址、目的地址)，按照采集策略设置的音频文件记录方式(大小、时长)对该路(来源)音频数据进行采集</td></tr>
<tr><td>3</td><td colspan="3">系统判断采集的数据达到采集策略设置的数据大小或时长后，将该路音频流封装存储在指定路径下的一个本地文件</td></tr>
</table>

续表

扩展流程	2a	[某一路音频流 2s 内无新数据]
	2a1	系统停止采集该路音频
	2a2	系统将该路音频流封装存储在指定路径下的一个本地文件
后置条件	无	
规则与约束	(1) 音频流为 PCM 裸流 (2) 最多同时采集 8 路音频流。当超过 8 路音频流时,系统根据音频源被发现的先后顺序选取前 8 路音频源采集记录 (3) 存储音频文件的目录为四级目录:根目录/AUDIO/源地址-目的地址/YYYYMMDD/文件名称。其中,文件名称为 HHMMSS.wav 或 HHMMSS.aac。YYYYMMDD 和 HHMMSS 分别为文件存储时的日期和时间 (4) 当策略为压缩存储时,音频记录文件格式为 aac,否则文件格式为标准 wav (5) 采集音频的丢包率不大于 0.1%	

3.2.3 采集视频数据/UC-CJXT-003

采集视频数据用例表见表 A-6。

表 A-6 采集视频数据用例表

用例名称	采集视频数据	项目唯一标识符	UC-CJXT-003
研制要求章节	略		
简要描述	系统实时采集网络上的视频数据,按照采集策略将视频数据存储为本地文件		
参与者	主执行者:网络交换机		
前置条件	系统处于工作态,且采集策略的"启用视频记录"配置为"是"		
主流程	步骤	描　述	
	1	系统识别并捕获镜像网口的视频流数据	
	2	系统判断视频流的来源(源地址、目的地址),按照采集策略设置的视频文件记录方式(大小、时长)对该路视频数据进行采集	
	3	系统判断采集的数据达到采集策略设置的数据大小或时长后,将该路视频流封装存储为一个本地文件	
扩展流程	2a	[某一路视频流 2s 无新数据]	
	2a1	系统停止当前视频记录	
	2a2	系统将该路视频流封装存储为一个本地文件	
后置条件	无		
规则与约束	(1) 视频码流的控制协议为 RTSP,传输协议为 RTP,编码方式为 H264 (2) 系统最多同时支持 1 路视频的记录 (3) 采集视频的丢包率不大于 0.1% (4) 存储视频文件为四级目录:根目录/VIDEO/源 IP-目的 IP/YYYYMMDD/文件名称。其中,文件名称为 HHMMSS.flv。YYYYMMDD 和 HHMMSS 分别为文件存储时的日期和时间 (5) H264 编码格式的视频码流存储为标准 flv 格式文件		

3.2.4 采集报文数据/UC-CJXT-004

采集报文数据用例表见表 A-7。

表 A-7　采集报文数据用例表

用例名称	采集报文数据	项目唯一标识符	UC-CJXT-004
研制要求章节	略		
简要描述	系统实时采集网络上的报文数据，按照采集策略将报文数据存储为本地文件		
参与者	主执行者：网络交换机		
前置条件	系统处于工作态		
主流程	步骤	描　述	
	1	系统识别并捕获镜像网口的报文数据	
	2	系统判断报文的来源(源地址、端口号、类别)，按来源分别采集	
	3	系统判断达到策略设置的指定时长后，按来源将报文封装存储为一个本地文件	
扩展流程	2a	[报文类别不是预定义的 32 种]	
	2a1	系统记录日志	
	2a2	系统向操作人员提示错误信息	
后置条件	无		
规则与约束	(1) 当配置为压缩存储时，本地数据报文记录为 zip 文件，否则为 dat 文件 (2) 系统最多同时支持 32 类报文的识别和记录 (3) 报文数据文件记录内容应包括：采集时间＋网络层 ID＋源 IP＋源端口＋目的 IP＋目的端口＋报文长度＋报文 (4) 采集数据报文的丢包率不大于 0.1% (5) 存储报文文件为四级目录：根目录/DATA/设备标识/YYYYMMDD/文件名称。其中，文件名称为 HHMMSS.zip 或 HHMMSS.dat。YYYYMMDD 和 HHMMSS 分别为文件存储时的日期和时间		

3.2.5　检测磁盘空间/UC-CJXT-005

检测磁盘空间用例表见表 A-8。

表 A-8　检测磁盘空间用例表

用例名称	检测磁盘空间	项目唯一标识符	UC-CJXT-005
研制要求章节	略		
简要描述	系统周期检测磁盘剩余磁盘空间，当磁盘空间不足时，按照采集策略中配置的循环覆盖要求，对存储的文件进行删除		
参与者	主执行者：时间		
前置条件	无		
主流程	步骤	描　述	
	1	系统周期(5s)检测一次磁盘剩余磁盘空间	
	2	系统判断剩余磁盘空间，当小于等于磁盘告警阈值时，按照采集策略中设置的循环覆盖策略，依次删除最先时间记录的优先等级最低的文件，直至剩余磁盘空间不小于磁盘总空间的 40%	
扩展流程	2a	[剩余磁盘空间小于等于磁盘满阈值]	
	2a1	系统自动切换为待机状态	
	2a2	系统向操作人员提示待机状态和告警状态	
后置条件	无		
规则与约束	无		

3.2.6 导出数据/UC-CJXT-006

导出数据用例表见表 A-9。

表 A-9 导出数据用例表

用例名称	导出数据		项目唯一标识符	UC-CJXT-006
研制要求章节	略			
简要描述	操作人员能够选择记录的文件导出至外部存储设备			
参与者	主执行者：操作人员；辅助执行者：U 盘			
前置条件	系统处于待机态			
主流程	步骤	描　述		
	1	操作人员提交需导出文件的检索条件		
	2	系统提示符合条件的全部文件信息		
	3	操作人员提交需要导出的文件		
	4	系统将文件输出至外部存储设备		
扩展流程	2a	[无符合检索条件的文件]		
	2a1	系统向操作人员提示无文件存在信息		
	4a	[外部存储设备存储空间不足]		
	4a1	系统向操作人员提示存储空间不足		
后置条件	无			
规则与约束	检索条件包括：记录文件的类型(视频、音频和报文)和时间段			

3.2.7 校时/UC-CJXT-007

校时用例表见表 A-10。

表 A-10 校时用例表

用例名称	校时		项目唯一标识符	UC-CJXT-007
研制要求章节	略			
简要描述	系统周期与时统服务器进行校时			
参与者	主执行者：时间；辅助执行者：时统服务器			
前置条件	无			
主流程	步骤	描　述		
	1	系统向时统服务器发送校时请求		
	2	系统接收时统服务器发送的时间，设置为系统时间		
扩展流程		无		
后置条件	无			
规则与约束	时间精确到 s			

3.2.8 删除历史文件/UC-CJXT-008

删除历史文件用例表见表 A-11。

表 A-11 删除历史文件用例表

用例名称	删除历史文件	项目唯一标识符	UC-CJXT-008
研制要求章节	略		
简要描述	操作人员能够删除指定的历史记录文件		
参与者	主执行者：操作人员		
前置条件	系统处于待机态		
主流程	步骤	描述	
	1	操作人员提交需删除的文件的检索条件	
	2	系统提示符合条件的全部文件信息	
	3	操作人员提交需要删除的文件	
	4	系统删除指定的全部文件	
扩展流程	2a	[无符合检索条件的文件]	
	2a1	系统向操作人员提示信息	
后置条件	无		
规则与约束	此操作需授权人员操作		

3.2.9 播放视频文件/UC-CJXT-009

播放视频文件用例表见表 A-12。

表 A-12 播放视频文件用例表

用例名称	播放视频文件	项目唯一标识符	UC-CJXT-009
研制要求章节	略		
简要描述	操作人员能够播放指定的视频记录文件		
参与者	主执行者：操作人员		
前置条件	系统处于待机态		
主流程	步骤	描述	
	1	操作人员提交需播放的视频文件的检索条件	
	2	系统提示符合条件的全部视频文件	
	3	操作人员提交需要播放的视频文件	
	4	系统播放视频文件	
扩展流程	2a	[无符合检索条件的文件]	
	2a1	系统向操作人员提示信息	
后置条件	无		
规则与约束	播放期间，操作人员可以停止、暂停、加速播放		

3.2.10 分析数据延迟/UC-CJXT-010

分析数据延迟用例表见表 A-13。

表 A-13 分析数据延迟用例表

用例名称	分析数据延迟	项目唯一标识符	UC-CJXT-010
研制要求章节	略		
简要描述	系统能够利用不同局域网环境下的数据采集系统记录的报文文件，进行通信延迟分析		
参与者	主执行者：操作人员		

续表

前置条件	系统处于待机态	
主流程	步骤	描　　述
	1	操作人员提交需要分析的多个节点下记录的报文文件
	2	系统按照每个文件的源端地址，搜索对应目的端节点记录的文件
	3	系统对发端的报文与收端的报文进行匹配，在文件中找出该条报文的发和收的时间
	4	系统按照树结构，以发端为每个根节点，显示该端发送的全部报文的时间、报文对应的收端、收端接收的时间、收发的时间差
	5	循环 2～4，直至所有文件处理完毕
扩展流程		无
后置条件	无	
规则与约束	如果某条报文有发无收，系统应显示报文对应的收端为“无”、收端接收的时间为(0)、收发的时间差(空)	

3.2.11　展现数据交互/UC-CJXT-011

展现数据交互用例表见表 A-14。

表 A-14　展现数据交互用例表

用例名称	展现数据交互	项目唯一标识符	UC-CJXT-011
研制要求章节	略		
简要描述	系统能够使用记录的文件，图形化展现在某个时间段内，一个数据源端向其他目的端发送的全部数据，以及接收的全部数据		
参与者	主执行者：操作人员		
前置条件	系统处于待机态		
主流程	步骤	描　　述	
	1	操作人员提交需要展现的某个节点下记录的一段时间内的全部文件	
	2	系统按照树结构，以本节点为根节点，显示该端发送的每条数据的时间、对应的收端、数据类型(视频、音频、报文)、数据内容	
	3	系统按照树结构，以本节点为根节点，显示该端接收的每条数据的时间、对应的发端、数据类型(视频、音频、报文)、数据内容	
扩展流程		无	
后置条件	无		
规则与约束	数据内容展现要求：音频和视频数据可以播放、报文数据显示为原始记录内容		

3.2.12　配置报文类型/UC-CJXT-012

配置报文类型用例表见表 A-15。

表 A-15　配置报文类型用例表

用例名称	配置报文类型	项目唯一标识符	UC-CJXT-012
研制要求章节	略		
简要描述	操作人员能够对系统配置需采集的新类型的报文		
参与者	主执行者：操作人员		
前置条件	系统处于待机态		

续表

	步骤	描　　述
主流程	1	操作人员提交需采集的新报文类型
	2	系统验证报文类型的有效性
	3	系统将新报文类型保存至本地采集策略配置文件
扩展流程	2a	[报文类型无效]
	2a1	系统向操作人员提示异常信息,不更新本地策略配置文件
后置条件	采集策略配置文件更新	
规则与约束	报文类型编号(1～32)、报文传输层协议(UDP、TCP)、报文端口号(0～65 535)、报文标识偏移(0～259)、报文标识(不大于520B的字符串)	

3.2.13　配置校时源地址/UC-CJXT-013

配置校时源地址用例表见表A-16。

表A-16　配置校时源地址用例表

用例名称	配置校时源地址	项目唯一标识符	UC-CJXT-013
研制要求章节	略		
简要描述	操作人员能够对系统配置校时需要的时统服务器地址		
参与者	主执行者:操作人员		
前置条件	系统处于待机态		
主流程	步骤	描　　述	
	1	操作人员提交校时时统服务器地址	
	2	系统验证地址有效性	
	3	系统保存地址	
扩展流程	2a	[地址无效]	
	2a1	系统向操作人员提示异常信息,不更新原有地址	
后置条件	无		
规则与约束	地址为IP地址		

3.3　系统外部接口需求

3.3.1　接口标识和接口图

系统外部接口见图A-4,接口描述见表A-17。

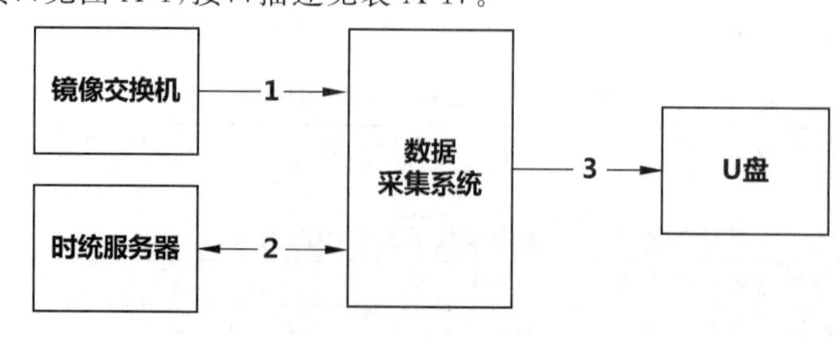

图A-4　系统外部接口图

表 A-17　系统外部接口需求表

序号	接口名称	接口标识	接口类型	接 口 用 途	外部实体名称	外部实体状态
1	采集数据接口	JK-OU-001	网络	系统通过镜像口采集镜像交换机的全部数据	镜像交换机	货架
2	校时接口	JK-OU-002	网络	系统向时统服务器发送校时请求，接收时统服务器的校时时间	时统服务器	货架
3	导出数据接口	JK-OU-003	USB	系统向 U 盘导出数据	U 盘	货架

3.3.2　数据采集接口/JK-OU-001

数据采集接口需求表见表 A-18。

表 A-18　数据采集接口需求表

接口名称	数据采集接口		接口标识	JK-OU-001
外部接口实体	镜像交换机		接口类型	网络
接口用途	系统通过该接口获取流经该镜像交换机的音频、视频和数据报文			
接口数据	包含以下三种接口数据。 (1) 音频数据：PCM 编码格式 (2) 视频数据：H264 编码格式 (3) 报文数据：报文数据包括：源 IP 地址＋源端口号＋目的 IP 地址＋目的端口号＋应用层数据长度＋应用层数据			
接口通信特征	通信链路	100/1000MB 自适应		
	数据传输	非周期性、单向传输		
接口协议特征	音频流的传输协议为 RTP 视频流的控制协议为 RTSP、传输协议为 RTP 报文的传输协议为 TCP/UDP			

3.3.3　校时接口/JK-OU-002

校时接口需求表见表 A-19。

表 A-19　校时接口需求表

接口名称	校时接口		接口标识	JK-OU-002
外部接口实体	时统服务器		接口类型	网络
接口用途	系统通过该接口向时统服务器发送校时请求，并接收时统服务器发送的校时时间			
接口数据	遵循标准 NTP V3 协议(详见 RFC 1305(Network Time Protocol(Version3)Specification, Implementation and Analysis))			
接口通信特征	通信链路	100/1000MB 自适应		
	数据传输	周期性、双向传输		
接口协议特征	NTPV3 协议			

3.3.4 导出数据接口/JK-OU-003

导出数据接口需求表见表 A-20。

表 A-20 导出数据接口需求表

接口名称	导出数据接口		接口标识	JK-OU-003
外部接口实体	U 盘		接口类型	USB
接口用途	系统通过该接口向 U 盘导出数据文件			
接口数据	包含以下三种数据。 (1) 待导出的视频文件 (2) 待导出的音频文件 (3) 待导出的报文文件			
接口通信特征	通信链路	USB 2.0		
	数据传输	非周期、单向传输		
接口协议特征	无			

3.4 系统内部接口需求

留待系统设计时描述。

3.5 系统内部数据需求

系统内部数据见图 A-5，类的列表见表 A-21。

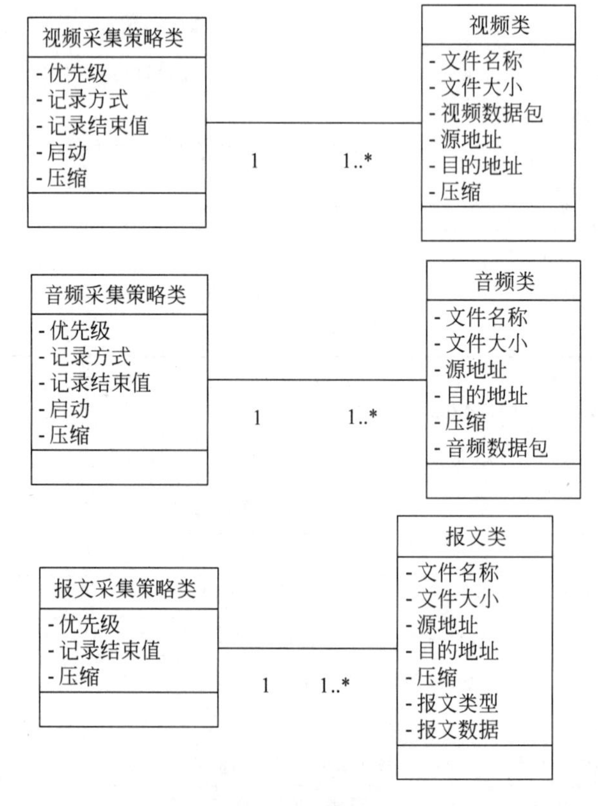

图 A-5 系统类图

表 A-21　系统的类列表

序号	类　名　称	标　　识	涉及的系统用例/标识
1	视频采集策略类	EN-CJXT-001	配置采集策略/UC-CJXT-001 采集视频数据/UC-CJXT-003
2	视频类	EN-CJXT-002	采集视频数据/UC-CJXT-003
3	音频采集策略类	EN-CJXT-003	配置采集策略/UC-CJXT-001 采集音频数据/UC-CJXT-002
4	音频类	EN-CJXT-004	采集音频数据/UC-CJXT-002
5	报文采集策略类	EN-CJXT-005	配置采集策略/UC-CJXT-001 采集报文数据/UC-CJXT-004
6	报文类	EN-CJXT-006	采集报文数据/UC-CJXT-004

3.5.1　视频采集策略类/EN-CJXT-001

视频采集策略类见表 A-22。

表 A-22　视频采集策略类

序号	属性名称	标识	取值范围	精度要求	组成格式	是否为公共属性
1	优先级	略	高、中、低	无	无	是
2	记录方式	略	大小、时长	无	无	是
3	记录结束值	略	大小：[1,2048]MB 时长：[1,30]min	无	无	是
4	启动	略	是、否	无	无	是
5	压缩	略	是、否	无	无	是

3.5.2　视频类/EN-CJXT-002

视频类见表 A-23。

表 A-23　视频类

序号	属性名称	标识	取值范围	精度要求	组成格式	是否为公共属性
1	文件名称	略	无	无	根目录/VIDEO/源 IP-目的 IP/YYYYMMDD/HHMMSS.flv。其中，YYYYMMDD 和 HHMMSS 分别为文件存储时的日期和时间	否
2	文件大小	略	[1,2048]MB	无	无	否
3	源地址	略	无	无	IP 地址	否
4	目的地址	略	无	无	IP 地址	否
5	压缩	略	是、否	无	无	否
6	视频数据包	略	无	无	H264 编码格式	否

3.5.3 音频采集策略类/EN-CJXT-003

音频采集策略类见表 A-24。

表 A-24 音频采集策略类

序号	属性名称	标识	取值范围	精度要求	组成格式	是否为公共属性
1	优先级	略	高、中、低	无	无	是
2	记录方式	略	大小、时长	无	无	是
3	记录结束值	略	大小：[1,2048]MB 时长：[1,30]min	无	无	是
4	启动	略	是、否	无	无	是
5	压缩	略	是、否	无	无	是

3.5.4 音频类/EN-CJXT-004

音频类见表 A-25。

表 A-25 音频类

序号	属性名称	标识	取值范围	精度要求	组成格式	是否为公共属性
1	文件名称	略	无	无	根目录/AUDIO/源地址-目的地址/YYYYMMDD/文件名称。其中，文件名称为 HHMMSS.wav 或 HHMMSS.aac。YYYYMMDD 和 HHMMSS 分别为文件存储时的日期和时间	否
2	文件大小	略	[1,2048]MB	无	无	否
3	源地址	略	无	无	IP 地址	否
4	目的地址	略	无	无	IP 地址	否
5	压缩	略	是、否	无	无	否
6	音频数据包	略	无	无	PCM 流格式	否

3.5.5 报文采集策略类/EN-CJXT-005

报文采集策略类见表 A-26。

表 A-26 报文采集策略类

序号	属性名称	标识	取值范围	精度要求	组成格式	是否为公共属性
1	优先级	略	高、中、低	无	无	是
2	记录结束值	略	时长：[1,30]min	无	无	是
3	压缩	略	是、否	无	无	是

3.5.6 报文类/EN-CJXT-006

报文类见表 A-27。

表 A-27　报文类

序号	属性名称	标识	取值范围	精度要求	组成格式	是否为公共属性
1	文件名称	略	无	无	根目录/DATA/设备标识/YYYYMMDD/文件名称。文件名称为 HHMMSS.zip 或 HHMMSS.dat。YYYYMMDD 和 HHMMSS 分别为文件存储时的日期和时间	否
2	文件大小	略	[1,2048]MB	无	无	否
3	源地址	略	无	无	IP 地址	否
4	目的地址	略	无	无	IP 地址	否
5	压缩	略	是、否	无	无	否
6	报文类型	略	[1,32]	无	无	否
7	报文数据包	略	无	无	源 IP+源端口+目的 IP+目的端口+报文长度+报文	否

3.6　适应性需求

对于不同的应用场合，网络上的报文类型不同，系统应能够适应当前规定的 32 种报文外的其他类型报文。

3.7　安全性需求

导出数据操作、删除历史记录文件时，必须有密码验证，防止非授权人员导出数据或删除数据。

3.8　保密性需求

在紧急情况下，可以硬件销毁记录的文件。

3.9　系统环境需求

需要至少一台计算机，待系统设计时确定具体软件和硬件需求。

3.10　计算机资源需求

3.10.1　计算机硬件需求

计算机硬件需求见表 A-28。

表 A-28　计算机硬件需求

序号	硬件名称	类型	资源配置说明	数量	来源
1	数据采集计算机	计算机	CPU、内存、系统硬盘留待系统设计决策 至少 2 个网卡：100/1000MB 自适应 至少 1 个 USB 口：支持 USB 2.0	1	货架
2	外挂硬盘	存储设备	容量：2TB 经估算，能够连续记录 8h 的视频数据 支持一键销毁数据	1	货架

3.10.2　计算机硬件资源使用需求

计算机硬件资源使用需求见表 A-29。

表 A-29 计算机硬件资源使用需求

序号	硬件名称	类型	使用要求	备注
1	数据采集计算机	计算机	为保证连续运行正常,系统应满足 CPU 占用率低于 80%、内存余量 20%,以及硬盘空间余量 20%的要求	
2	外挂硬盘	存储设备	最多使用 60%～70%的磁盘空间	

3.10.3 计算机软件需求

留待系统设计时确定。

3.10.4 计算机通信需求

无。

3.11 系统质量因素

使用环境约束要求对数据采集设备的操作越少越好,也就是说,操作人员工作关注的重点不是数据采集系统,容易忽视系统的运行状态。所以系统在可靠性上应该满足如表 A-30 所示要求。

表 A-30 系统质量因素分析表

质量属性类型	质量子特性	系统的质量因素要求
可靠性	成熟性 ZL-CS	系统应能够无故障连续运行 12h
	容错性 ZL-RC	系统应能够识别外挂硬盘故障,避免写文件失败导致系统失效
	易恢复性 ZL-HF	系统运行状态应受到监控；一旦软件故障崩溃,应能自动重启；另外,系统应具备一键重启能力。系统重启后,应按照宕机前的采集策略开始工作

3.12 设计和构造的约束

3.12.1 业务环境约束

报文文件压缩存储必须采用 zip 格式,便于与其他系统共享数据。

能够适用于各种车辆内,采集设备的尺寸受限,安装位置受限。

3.12.2 使用环境约束

车内操作人员数量少于 2 人,主要负责操作其他设备,对数据采集设备的操作越少越好。

3.12.3 开发环境约束

软件开发语言必须是 C 语言。

3.13 人员需求

无需专门的操作人员,可以与车内其他席位的操作人员是同一人。

3.14 培训需求

无。

3.15 系统保障需求

无。

3.16 其他需求

无。

3.17 包装需求

软件和硬件分别包装。软件随硬件设备一起交付，软件安装包以光盘形式交付，包装应该显式标注软件名称、版本、日期、厂家名称。

3.18 需求的优先顺序和关键程度

需求的优先顺序和关键程度见表 A-31。

表 A-31 需求的优先顺序和关键程度列表

序号	需求名称	需求标识	优先顺序	关键程度
1	配置采集策略	UC-CJXT-001	1	C
2	采集音频数据	UC-CJXT-002	1	C
3	采集视频数据	UC-CJXT-003	1	C
4	采集报文数据	UC-CJXT-004	1	C
5	检测磁盘空间	UC-CJXT-005	1	C
6	导出数据	UC-CJXT-006	2	C
7	校时	UC-CJXT-007	1	C
8	删除历史文件	UC-CJXT-008	2	C
9	播放视频文件	UC-CJXT-009	2	C
10	分析数据延迟	UC-CJXT-010	1	C
11	展现数据交互	UC-CJXT-011	1	C
12	配置报文类型	UC-CJXT-012	2	C
13	配置校时源地址	UC-CJXT-013	1	C

优先顺序为 1 和 2。1 是需要优先实现的基本需求；2 是增强需求。

4. 合格性规定

合格性规定见表 A-32。

表 A-32 合格性规定

序号	需求名称	需求标识	合格性方法
1	配置采集策略	UC-CJXT-001	演示
2	采集音频数据	UC-CJXT-002	演示、测试
3	采集视频数据	UC-CJXT-003	演示、测试
4	采集报文数据	UC-CJXT-004	演示、测试
5	检测磁盘空间	UC-CJXT-005	演示、测试、分析
6	导出数据	UC-CJXT-006	演示
7	校时	UC-CJXT-007	演示
8	删除历史文件	UC-CJXT-008	演示
9	播放视频文件	UC-CJXT-009	演示
10	分析数据延迟	UC-CJXT-010	演示
11	展现数据交互	UC-CJXT-011	演示
12	配置报文类型	UC-CJXT-012	演示
13	配置校时源地址	UC-CJXT-013	演示

5. 需求可追踪性

略。

6. 注释

略。

附录 A-2　网络数据采集系统设计说明

1. 范围

1.1　标识

略。

1.2　系统概述

1.2.1　系统用途

数据采集系统部署于局域网网络环境中，接入一台镜像交换机，负责对流经镜像交换机的视频、音频和报文数据进行实时采集和存储。其主要使用场景见图 A-6。

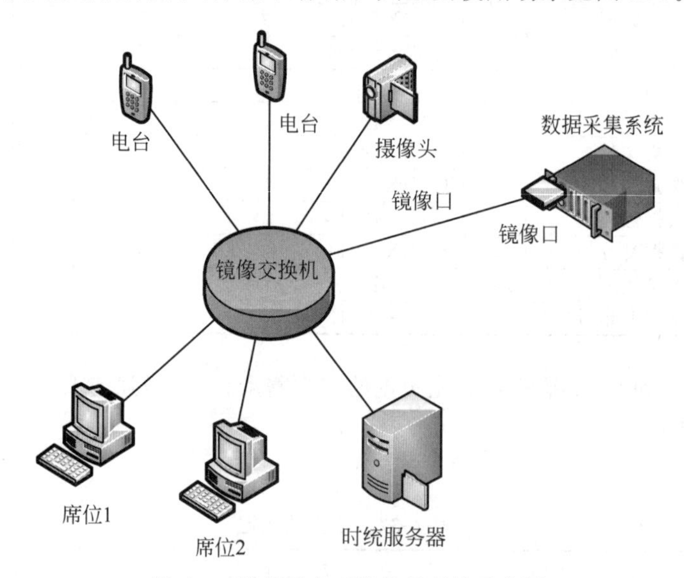

图 A-6　数据采集系统使用环境示意图

1.2.2　系统历史

本系统属于新研系统，无开发、运行和维护历史。

1.2.3　项目的各相关方

略。

1.3　文档概述

略。

2. 引用文档

引用文档见表 A-33。

表 A-33　引用文档列表

序号	文档标识/版本	标　　题	编写单位	发布日期
1	GJB 2786A—2009	略		
2	GJB 438B	略		
3	略	数据采集系统规格说明		

3. 系统级设计决策

对系统规格说明进一步分析后，得到系统的三类需求中的关键性需求，见表 A-34。

表 A-34 系统需求矩阵

需求层次	功能	质量属性	约束
业务级需求	—	在不同场合使用时，采集报文的类型可以变化	业务环境约束： (1) 报文文件压缩存储必须采用 zip 格式，便于与其他系统共享数据 (2) 能够适用于各种车辆内，采集设备的尺寸受限，安装位置受限
用户级需求	采集视频数据 采集音频数据 采集报文数据 导出数据	(1) 性能可靠，采集数据的丢包率不大于 0.1% (2) 运行稳定，工作期间不能宕机，避免遗漏重要数据	使用环境约束： 车内操作人员数量少于 2 人，主要负责操作其他设备，对数据采集设备的操作越少越好
开发级需求	—	—	开发环境约束： 使用 C 语言

对上述关键需求进行分析，得到以下系统级设计决策。

(1) 对第一个业务环境约束，设计决策为数据采集软件直接调用 ZIP 软件，无须对文件压缩进行编程。

(2) 对第二个业务环境约束和使用环境约束，设计决策为采集设备本身做成黑盒，无需任何交互显示界面，便于安装在操作人员不便操作和观察的位置。对采集设备的操作由上位机上安装的配置管理软件实现。上位机使用车上其他操控类计算机，只需要在其上安装配置管理软件即可。这样，负责操作那台操控类计算机的人员同时负责采集设备操作，做到一机多用，节省空间和人员。

(3) 对用户级的三个采集数据关键功能，重点是保证数据处理的实时性，最好的实现方法是数据采集软件采用多线程实现，硬件配置上选择多核处理器。

另外，为了实现导出数据功能，需要实时保存所记录数据文件的相关信息，供上位机有条件检索。经过对主流数据库比较，设计决策为采用轻型数据库 SQLite，占用资源少，支持 C 语言开发。

(4) 采用目标-场景-决策表(见表 A-35)考虑关键质量属性，调整上一步给出的概念架构设计和设计决策。系统概念性架构设计见图 A-7。

表 A-35 目标-场景-决策表

目标	场景	设计决策
可扩展性	在不同场合使用时，能够改变采集报文的类型	采集报文的类型保存在配置文件中，由上位机进行配置
性能	实时记录镜像网卡上采集到的所有数据，丢包率符合要求	采集设备配置为双网卡，100/1000MB 自适应。一个网卡负责与上位机通信，一个网卡负责接收镜像交换机数据
可靠性	(1) 运行稳定，工作期间不能死机 (2) 避免硬盘故障造成的系统停机	(1) 采用 Linux 操作系统 CentOS，相比 Windows 操作系统更为稳定，保证操作系统的稳定性 (2) 采用可靠性高于固态硬盘的机械硬盘作为系统运行硬盘，另外采用一个外挂硬盘专门记录文件

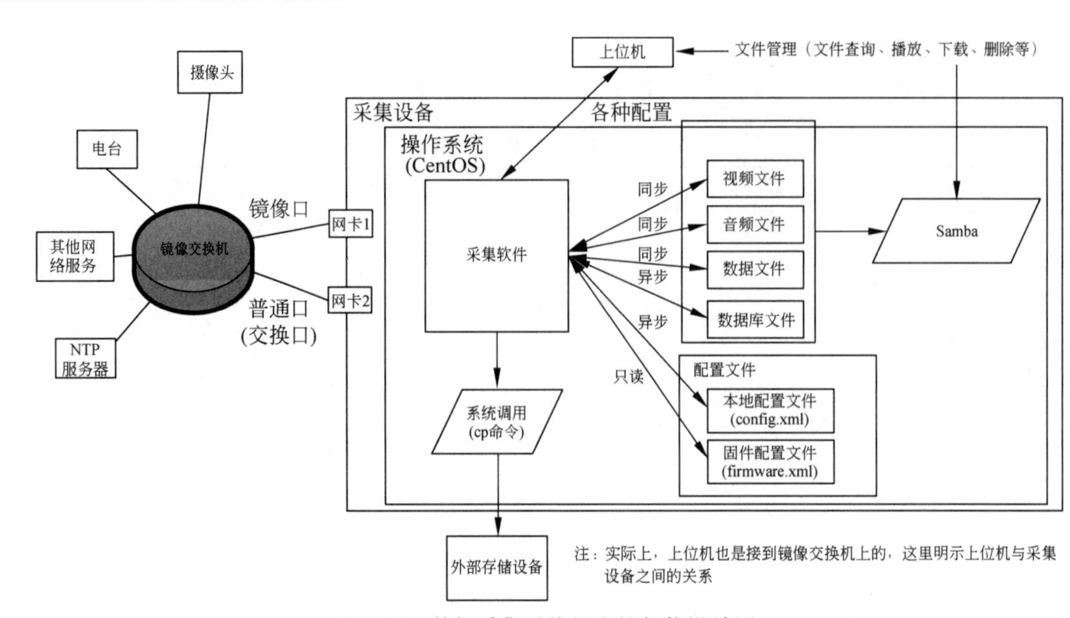

图 A-7　数据采集系统概念性架构设计图

4. 系统体系结构设计

4.1　系统部件

4.1.1　系统组成

系统由两部分组成，见图 A-8，部件说明见表 A-36。

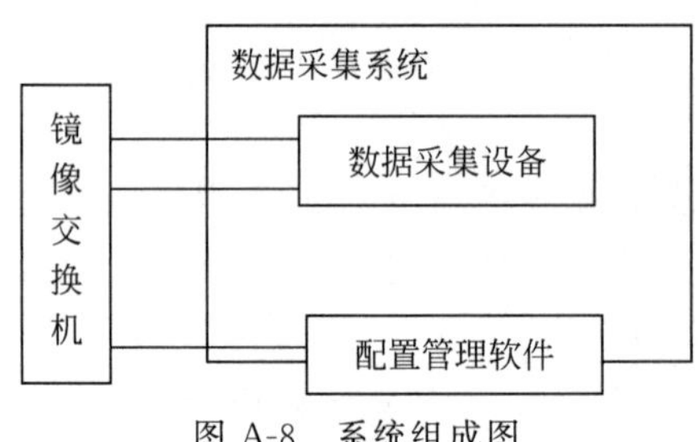

图 A-8　系统组成图

表 A-36　系统部件组成表

序　　号	系 统 部 件	部件的配置
1	配置管理软件	—
2	数据采集设备	软件环境： (1) 数据采集软件(待开发) (2) 操作系统：CentOS (3) 数据库：SQLite (4) 文件压缩软件：ZIP
		硬件环境： (1) CPU：Intel® Atom E3854/1.92GHz，4 核 (2) 内存：板载 AAR3L 2GB (3) 硬盘：16GB 机械硬盘 (4) 外挂硬盘：2TB 自毁硬盘 (5) 网卡：双网卡，100/1000MB 自适应 (6) USB 口：USB 2.0

4.1.2 软件部件

系统包含两个软件部件,具体说明见表 A-37。

表 A-37 软件部件组成表

序号	软件部件	标识	部署的硬件部件	用途描述	开发状态
1	配置管理软件	CSCI-PZGL	上位机(车上其他操控计算机)	支持操作人员对数据采集设备下发采集策略、导出数据	新研
2	数据采集软件	CSCI-SJCJ	数据采集设备	按采集策略采集网络数据、导出数据、实时检测磁盘空间、校时	新研

4.1.3 系统规格说明树

系统需求和系统部件之间的关系见表 A-38。

表 A-38 系统需求和系统部件之间的关系

序号	系统需求/标识	配置管理软件	数据采集软件	数据采集设备
1	配置采集策略	√	√	—
2	导出数据	√	√	—
3	采集视频数据	—	√	—
4	采集音频数据	—	√	—
5	采集报文数据	—	√	—
6	检测磁盘空间	—	√	—
7	校时	—	√	—
8	删除历史文件	√	√	—
9	播放视频文件	√	—	—
10	分析数据延迟	√	—	—
11	展现数据交互	√	—	—
12	适应性需求	√	√	—
13	安全性需求	√	—	—
14	保密性需求	—	—	√
15	质量属性——成熟性/ZL-CS	—	√	√
16	质量属性——容错性/ZL-RC	—	√	—
17	质量属性——易恢复性/ZL-HF	√	√	—

4.2 执行方案

4.2.1 配置采集策略

配置采集策略用例的序列图见图 A-9。

4.2.2 采集音频数据

采集音频数据用例的序列图见图 A-10。

4.2.3 采集视频数据

采集视频数据用例的序列图见图 A-11。

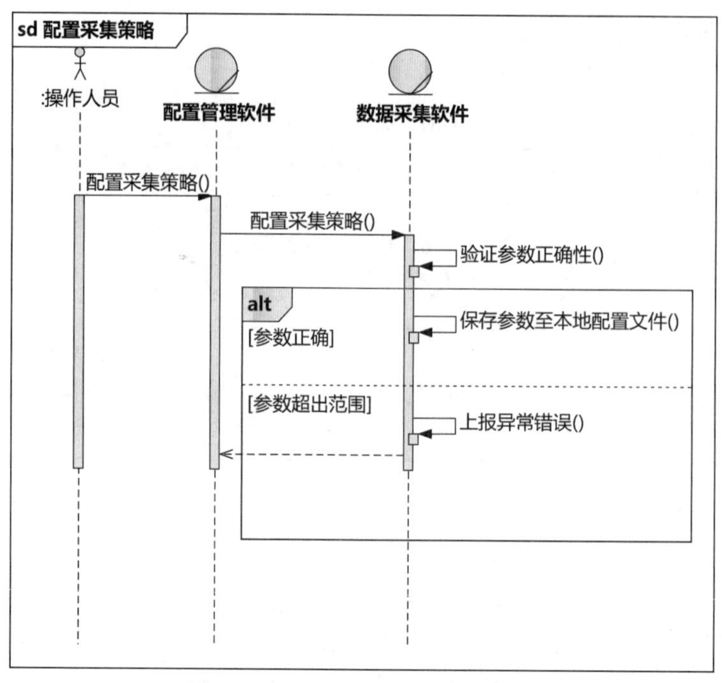

图 A-9 配置采集策略用例序列图

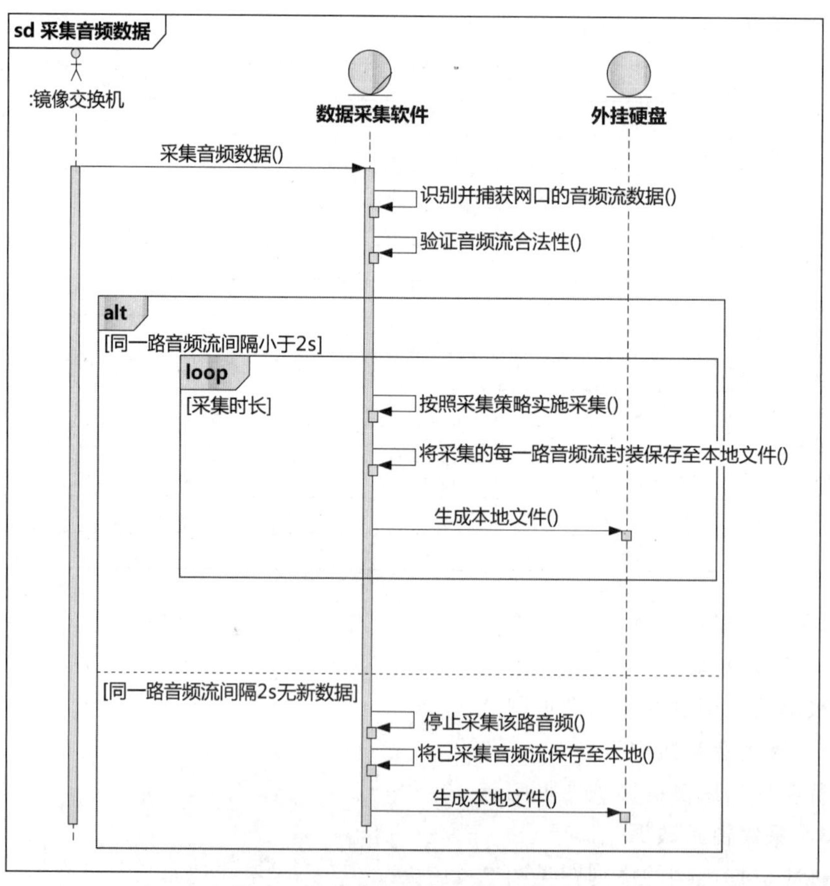

图 A-10 采集音频数据用例序列图

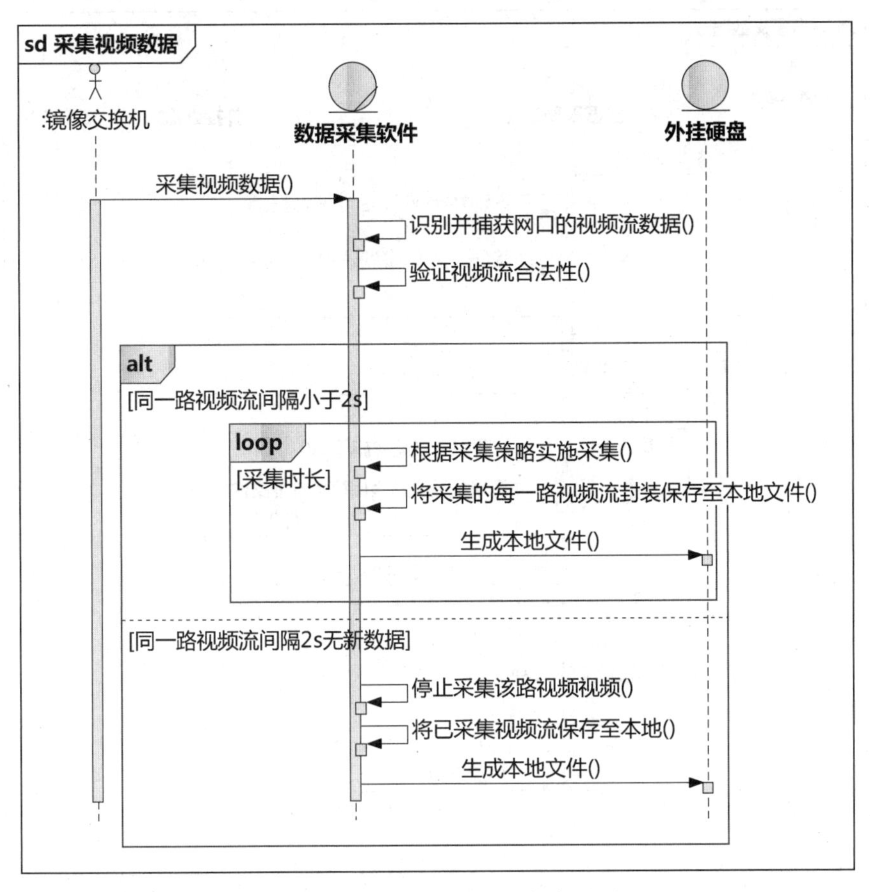

图 A-11　采集视频数据用例序列图

4.2.4　采集报文数据

采集报文数据用例的序列图见图 A-12。

4.2.5　检测磁盘空间

检测磁盘空间用例的序列图见图 A-13。

4.2.6　导出数据

导出数据用例的序列图见图 A-14。

4.2.7　校时

校时用例的序列图见图 A-15。

4.2.8　删除历史文件

略。

4.2.9　播放视频文件

略。

4.2.10　分析数据延迟

略。

4.2.11　展现数据交互

略。

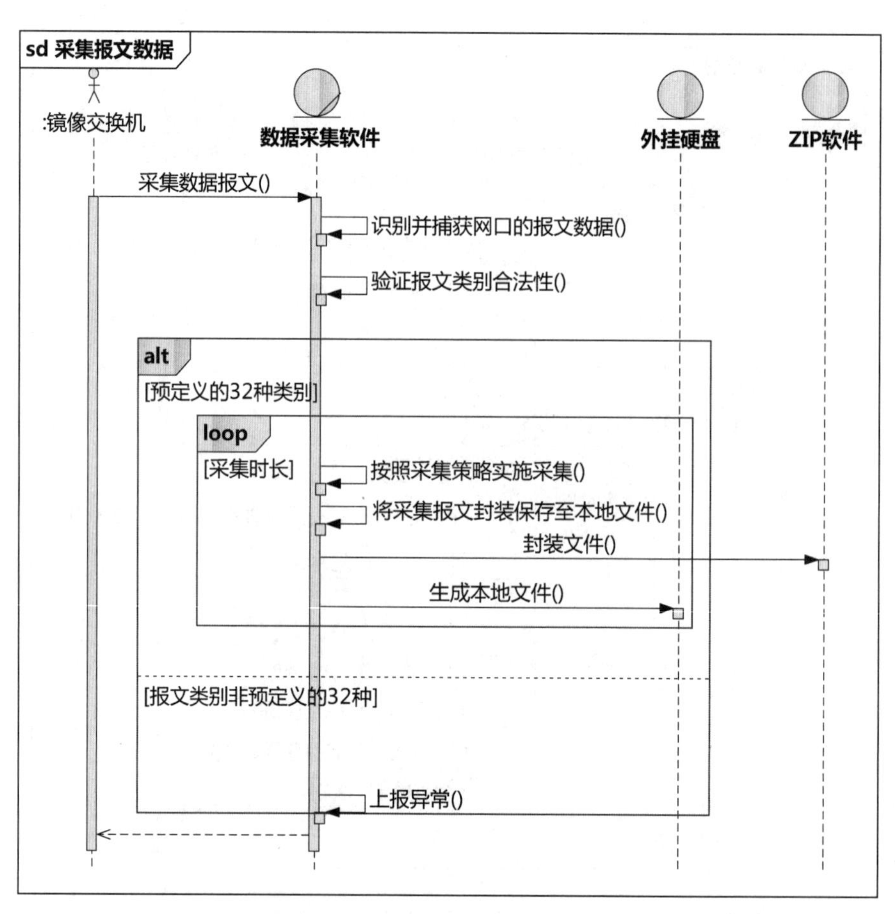

图 A-12 采集报文数据用例序列图

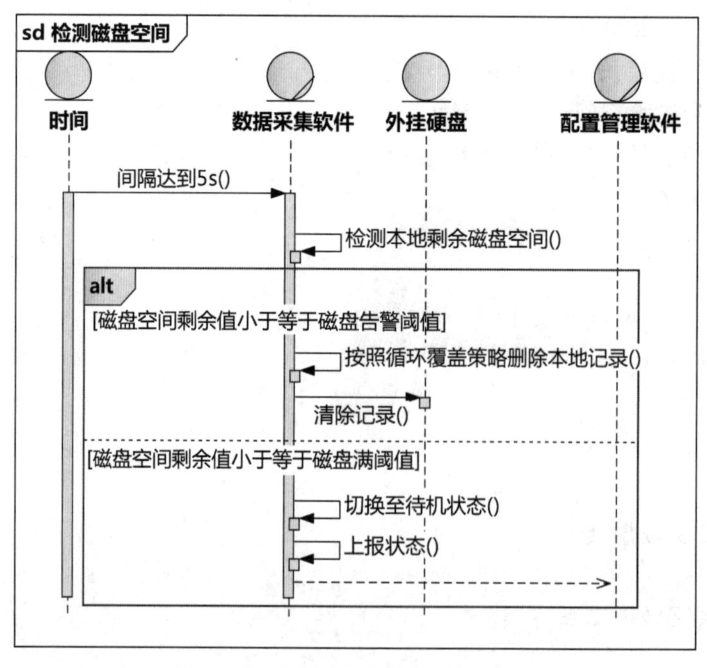

图 A-13 检测磁盘空间用例序列图

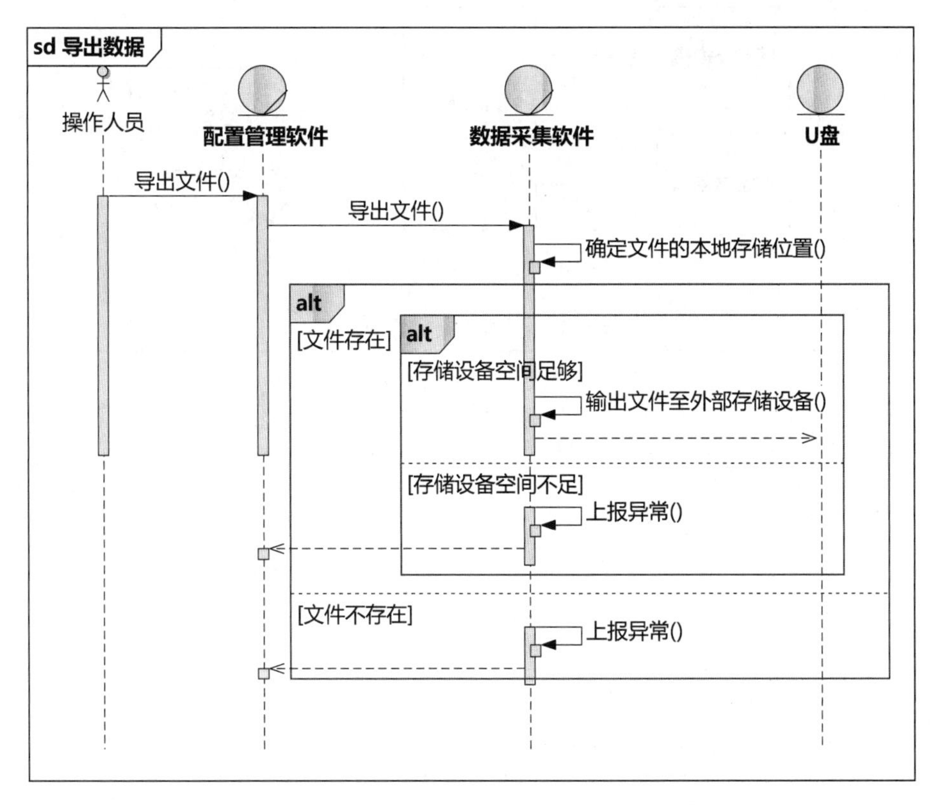

图 A-14 导出数据用例序列图

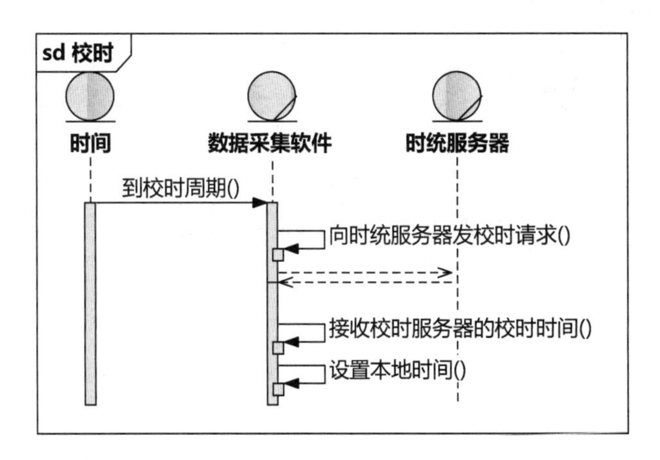

图 A-15 校时用例序列图

4.3 接口设计

4.3.1 接口标识和接口图

4.3.1.1 系统外部接口

系统的外部接口见图 A-16,接口说明见表 A-39。

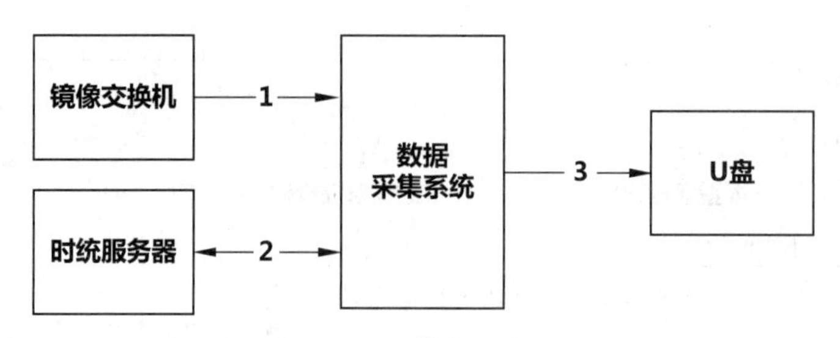

图 A-16　系统外部接口图

表 A-39　系统外部接口描述表

序号	接口名称	接口标识	接口类型	外部实体名称	外部实体状态	接口用途
1	数据采集接口	JK-OU-001	网络	镜像交换机	货架	系统通过镜像口采集镜像交换机的全部数据
2	校时接口	JK-OU-002	网络	时统服务器	货架	数据采集软件向时统服务器发送校时请求,接收时统服务器的校时时间
3	数据导出接口	JK-OU-003	USB	U 盘	货架	向 U 盘导出数据

4.3.1.2　系统内部接口

系统内部接口见图 A-17,接口说明见表 A-40。

图 A-17　系统内部接口图

表 A-40　系统内部接口描述表

序号	接口名称	接口标识	接口类型	接口实体	接口实体状态	接口用途
1	配置管理接口	JK-IN-001	网络	配置管理软件	新研	心跳报文收发 下发采集策略
				数据采集软件	新研	上报磁盘空间告警
2	记录文件接口	JK-IN-002	文件	外挂硬盘	货架	向硬盘写入文件

4.3.2　数据采集接口 JK-OU-001

数据采集接口见表 A-41。

表 A-41　数据采集接口需求表

接口名称	数据采集接口		接口标识	JK-OU-001
接口实体	镜像交换机、数据采集软件		接口类型	网络
接口用途	数据采集软件通过该接口获取流经该镜像交换机的音频、视频和报文数据			
接口数据	包含以下三种接口数据。 (1) 音频数据：PCM 编码格式 (2) 视频数据：H264 编码格式 (3) 报文数据：见表 A-42 报文数据需求			
接口通信特征	通信链路	100/1000MB 自适应		
	数据传输	非周期性、单向传输		
接口协议特征	音频流的传输协议为 RTP 视频流的控制协议为 RTSP、传输协议为 RTP 报文的传输协议为 TCP/UDP			

表 A-42　报文数据需求

序号	数据需求	备　注
1	时间戳	自 1970 年 1 月 1 日 0 时 0 分 0 秒以来的时间
2	网络层 ID 号	
3	协议类型	TCP、UDP
4	源 IP 地址	
5	源端口号	[0,65 535]
6	目的 IP 地址	
7	目的端口号	[0,65 535]
8	应用层数据长度	
9	应用层数据	

4.3.3　校时接口 JK-OU-002

校时接口见表 A-43。

表 A-43　校时接口需求表

接口名称	校时接口		接口标识	JK-OU-002
接口实体	时统服务器、数据采集软件		接口类型	网络
接口用途	数据采集软件通过该接口向时统服务器发送校时请求，并接收时统服务器发送的校时时间			
接口数据	遵循标准 NTP V3 协议(详见 RFC 1305(Network Time Protocol(Version3)Specification，Implementation and Analysis))			
接口通信特征	通信链路	100/1000MB 自适应		
	数据传输	周期性、双方传输		
接口协议特征	NTP V3 协议			

4.3.4　数据导出接口 JK-OU-003

数据导出接口见表 A-44。

表 A-44　数据导出接口需求表

接口名称	数据导出接口	接口标识	JK-OU-003
接口实体	U 盘、数据采集软件	接口类型	网络
接口用途	数据采集软件通过该接口向 U 盘导出数据文件		
接口数据	包含以下三种数据。 (1) 待导出的视频文件 (2) 待导出的音频文件 (3) 待导出的报文文件		
接口通信特征	通信链路	USB 2.0	
	数据传输	非周期、单向传输	
接口协议特征	无		

4.3.5　配置管理接口 JK-IN-001

配置管理接口见表 A-45。

表 A-45　配置管理接口描述表

接口名称	配置管理接口	接口标识	JK-IN-001
接口实体	配置管理软件、数据采集软件	接口类型	网络
接口用途	配置管理软件通过该接口向数据采集软件发送采集策略、检索/导出数据指令 数据采集软件通过该接口向配置管理软件上报符合检索条件的文件信息、磁盘告警等异常信息 双方互相发送心跳报文		
接口数据	应用层数据需求见表 A-46 管理接口数据格式 共包含 17 种数据：见表 A-47 管理类数据需求		
接口通信特征	通信链路	100/1000MB 自适应	
	数据传输	非周期性、双向传输	
接口协议特征	(1) 接口同步机制如下 ① 数据采集软件与配置管理软件建立 TCP 连接后，配置管理软件向数据采集软件周期发送握手请求，直到数据采集软件响应，建立握手 ② 双方建立握手后，配置管理软件周期(2s)向采集软件发送心跳询问，采集软件回复心跳应答，若采集软件连续 3 次未能回复，则配置管理软件应判定采集软件离线 (2) 数据采集软件收到配置管理软件发送的任何数据，正常结束处理后，均需以同消息类型将原报文回送应答 (3) 数据传输协议为 TCP (4) 应用层数据载荷遵循可扩展标记语言(eXtensible Markup Language，XML)		

表 A-46　管理接口数据格式

序号	数据需求	备注
1	请求方或应答方标识	主动发送报文的一方是请求方
2	17 种消息类型	请求和响应应有相同的消息类型，见表 A-47
3	数据载荷长度	如果发送方的报文格式错误，或者处理报文失败，则响应方应答时将长度置为 0，并且实际数据载荷为空
4	实际数据载荷	见表 A-47

表 A-47 管理类数据需求

序号	消息类型	数据组成
1	握手消息	无实际数据载荷
2	修改磁盘配置消息	磁盘满阈值(MB)+磁盘告警阈值(MB)
3	修改循环覆盖消息	启用循环覆盖(是、否)
4	修改时统服务器消息	新的时统服务器的 IP 地址
5	修改视频记录参数消息	视频文件优先级(HIGH/MEDIUM/LOW)+视频文件结束方式(SIZE/TIME)+视频文件结束值(MB 或 s)+启用视频记录(TRUE/FALSE)
6	修改音频记录参数消息	压缩存储(TRUE/FALSE)+音频文件优先级(HIGH/MEDIUM/LOW)+音频文件结束方式(SIZE/TIME)+音频文件结束值(MB 或 s)+启用音频记录(TRUE/FALSE)
7	修改报文记录参数消息	压缩(TRUE/FALSE)+文件优先级(HIGH/MEDIUM/LOW)+报文文件结束值(min)
8	添加报文采集器消息	报文类型编号[1,32]+报文传输层协议(UDP/TCP)+报文端口号(0～65 535)+报文标识偏移(0～259)+报文标识(不大于 520B 的字符串)
9	删除报文采集器消息	要删除的报文类型编号[1,32]
10	修改报文采集器消息	报文类型编号[1,32]+报文传输层协议(UDP/TCP)+报文端口号(0～65 535)+报文标识偏移(0～259)+报文标识(不大于 520B 的字符串)
11	校时消息	无实际数据载荷
12	暂停/继续工作消息	无实际数据载荷
13	文件录制报告消息	文件类型(视频、音频、报文)+压缩存储(TRUE/FALSE)+文件相对路径(不大于 250B 的字符串)+文件开始记录的时间(YYYY-MM-DD HH:MM:SS)+文件结束记录的时间(YYYY-MM-DD HH:MM:SS)+文件大小(B)
14	删除文件消息	要删除的文件相对路径(不大于 250B 的字符串)+要删除的文件大小(B)
15	心跳消息	无实际数据载荷
16	复制文件消息	要导出的文件相对路径(不大于 250B 的字符串)+要导出的文件大小(B)
17	文件导出报告消息	如果文件导出成功：文件原始路径(不大于 250B 的字符串)+文件导出后的路径(不大于 250B 的字符串)+本文件导出的耗时(ms) 如果文件导出失败：错误原因(源文件无读权限/文件名错误/文件夹无写权限)

4.3.6 记录文件接口 JK-IN-002

记录文件接口见表 A-48。

表 A-48 记录文件接口需求表

<table>
<tr><td>接口名称</td><td colspan="2">记录文件接口</td><td>接口标识</td><td>JK-IN-002</td></tr>
<tr><td>接口实体</td><td colspan="2">数据采集软件、外挂硬盘</td><td>接口类型</td><td>文件</td></tr>
<tr><td>接口用途</td><td colspan="4">数据采集软件通过该接口向外挂硬盘写入文件</td></tr>
<tr><td>接口数据</td><td colspan="4">包含以下三种数据。
(1) 待写入的视频数据,数据采集软件按照标准 FLV(详见 Adobe Flash Video File Format Specification)格式向文件中写入 H264 数据
(2) 待写入的音频数据,数据采集软件调用 ffmpeg 提供的 SDK,按照标准 WAV(不压缩)或 AAC(压缩)格式向文件中写入 PCM 或 AAC 数据
(3) 待写入的报文数据,数据采集软件将特定的 TCP/UDP 报文,按照“块”的形式,连续写入一个文件</td></tr>
<tr><td rowspan="2">接口通信方法特征</td><td>通信链路</td><td colspan="3">SATA</td></tr>
<tr><td>数据传输</td><td colspan="3">非周期性、单向传输</td></tr>
<tr><td>接口协议特征</td><td colspan="4">无</td></tr>
</table>

5. 需求的可追踪性

略。

6. 注释

略。

附录 A-3 数据采集软件需求规格说明

1. 范围

1.1 标识

1.1.1 适用的系统

略。

1.1.2 适用的 CSCI

适用的 CSCI 见表 A-49。

表 A-49 适用的 CSCI 列表

CSCI 名称	CSCI 标识	CSCI 包含的软件	版本	技术状态
数据采集软件	SJCJ	数据采集软件	V1.0.0.0	新研

1.2 软件概述

1.2.1 系统用途

网络数据采集系统部署于车内局域网环境中。主要完成对车内音视频、报文数据的采集和存储。其主要使用场景见图 A-18。

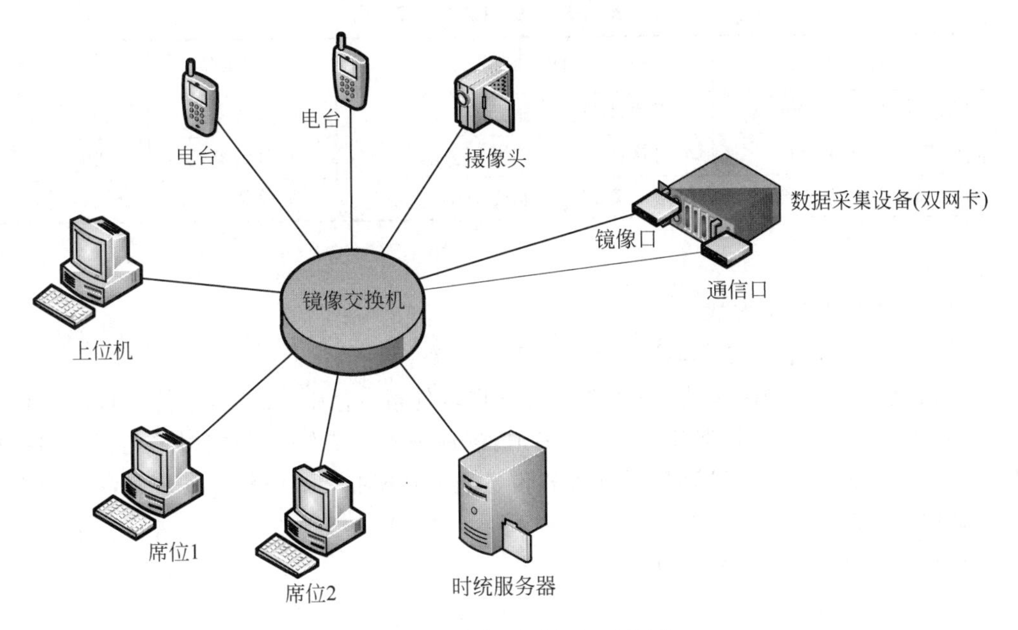

图 A-18 数据采集软件部署图

1.2.2 软件概述

数据采集软件部署在网络数据采集系统的采集设备上，主要功能是按照部署在上位机的配置管理软件下发的采集策略，完成对流经镜像交换机的视频、音频和报文数据进行采集并记录成文件。

1.2.3 项目的各相关方

略。

1.3 文档概述

本条应概述本文档的用途和内容，并描述与它的使用有关的保密性方面的要求。

本文档针对数据采集软件进行需求分析和分解，为软件的设计、测试提供依据，约束软件的设计和相关文档的编写。

文档主要包括六个部分。

第一部分主要概述数据采集软件的基本情况。

第二部分主要列出引用的文件。

第三部分是重点，分别描述数据采集软件的软件需求，包括功能需求、接口需求、设计约束需求、质量属性需求，标明了各个需求的优先次序和关键程度。

第四部分列出了每个需求项的合格性规定。

第五部分列出了每个需求项与软件研制任务书的追踪关系。

第六部分列出了注释内容。

2. 引用文档

引用文档见表 A-50。

表 A-50 引用文档列表

序号	文档标识/版本	标　　题	编写单位	发布日期
1	GJB 2786A—2009	军用软件开发通用要求	原总装备部	2009.08
2	GJB 438B—2009	军用软件开发文档通用要求	原总装备部	2009.08
3	xxx-2018001-SDTD	数据采集软件研制任务书	某单位	2018.08

3. 需求

3.1 要求的状态和方式

数据采集软件有两种工作状态：待机态和工作态。

软件启动后，默认进入待机态，等待配置管理软件指令；在待机态，软件可接收配置管理软件的任意指令；当接收到开始工作指令时，软件进入工作态，开始实时采集记录网络数据。在工作态，软件只接收处理配置管理软件发送的待机指令；当软件发现磁盘空间不足时，自动切换为待机态。

两种状态的转换如图 A-19 所示。

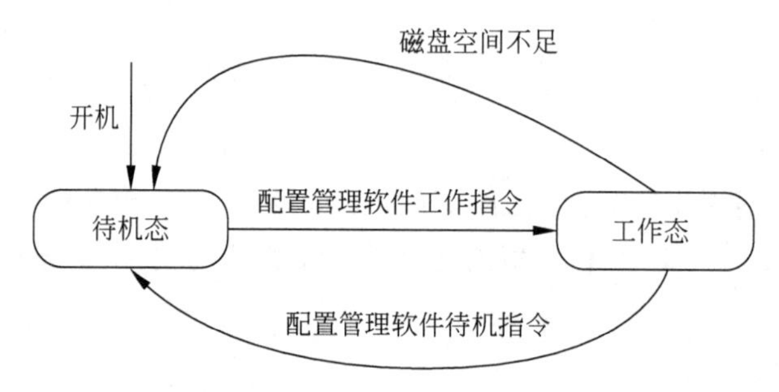

图 A-19 状态转换关系图

两种状态下，相关的 CSCI 能力需求见表 A-51。

表 A-51 要求的状态和方式与 CSCI 能力关系

用　　例	待　机　态	工　作　态
配置采集策略	√	—
导出数据	√	—
采集音频数据	—	√
采集视频数据	—	√
采集报文数据	—	√
校时	√	√
检测磁盘空间	√	√
配置报文类型	√	—
配置校时源地址	√	—
配置磁盘监测参数	√	—

3.2 CSCI 能力需求

CSCI 的用例图见图 A-20，用例列表见表 A-52。

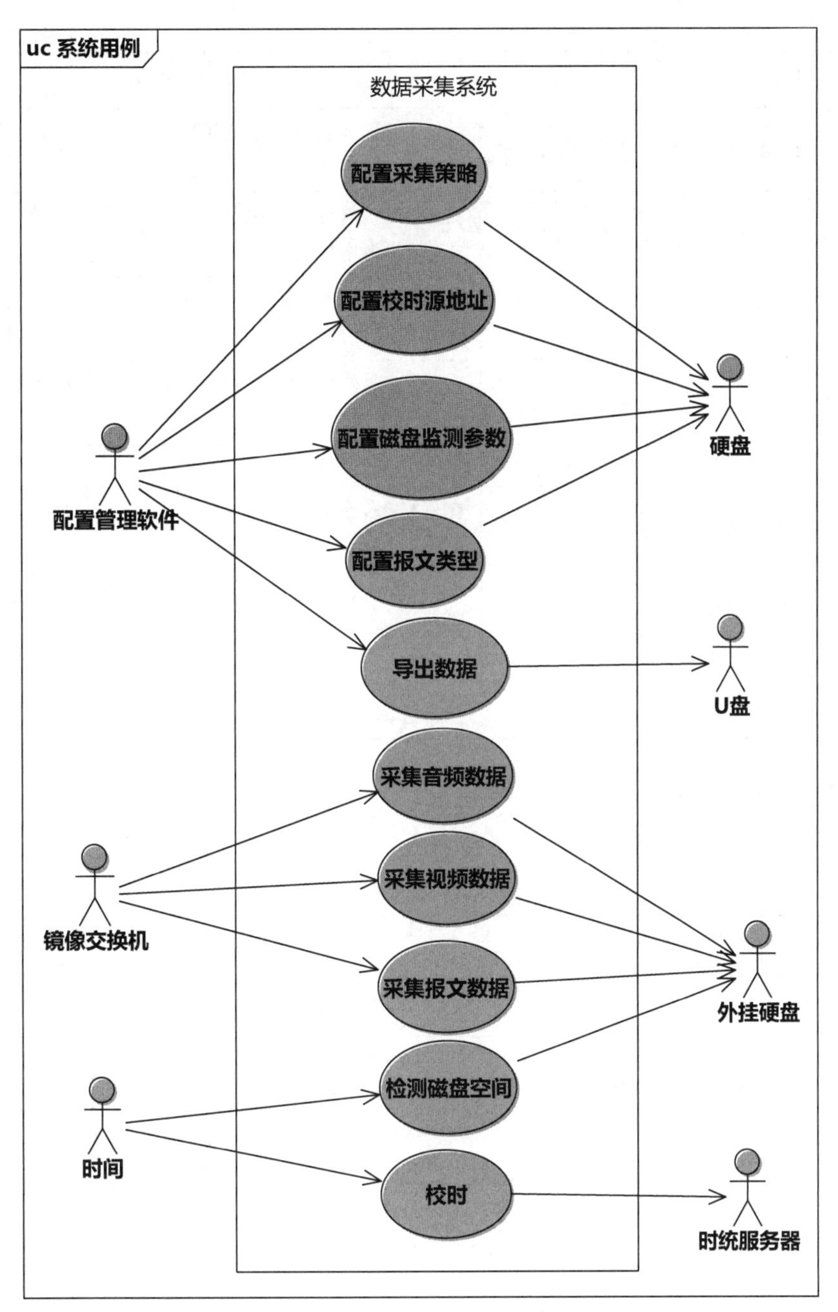

图 A-20　数据采集软件用例图

表 A-52　CSCI 的用例列表

序号	用例名称	标　识	功能描述
1	配置采集策略	UC-SJCJ-001	在待机态，软件根据配置管理软件指令配置、保存采集策略
2	采集音频数据	UC-SJCJ-002	在工作态，软件按照采集策略实时采集网络上的音频流，存储为本地文件

续表

序号	用例名称	标识	功能描述
3	采集视频数据	UC-SJCJ-003	在工作态，软件按照采集策略实时采集网络上的视频流，存储为本地文件
4	采集报文数据	UC-SJCJ-004	在工作态，软件按照采集策略实时采集网络上的数据报文，存储为本地文件
5	检测磁盘空间	UC-SJCJ-005	软件周期检测磁盘剩余空间，空间不足时按配置的采集策略删除文件
6	导出数据	UC-SJCJ-006	在待机态，软件根据配置管理软件的导出命令，将指定的文件按规定目录结构导出至外部存储设备
7	校时	UC-SJCJ-007	软件周期与时统服务器进行校时
8	配置报文类型	UC-SJCJ-008	在待机态，软件接收并保存配置管理软件的配置报文类型
9	配置校时源地址	UC-SJCJ-009	在待机态，软件接收并保存配置管理软件的配置时统服务器地址
10	配置磁盘监测参数	UC-SJCJ-010	在待机态，软件接收并保存配置管理软件下发的剩余磁盘告警阈值和循环覆盖策略

3.2.1 配置采集策略/UC-SJCJ-001

配置采集策略用例见表 A-53。

表 A-53 配置采集策略用例表

用例名称	配置采集策略		项目唯一标识符	UC-SJCJ-001
研制要求章节	略			
简要描述	软件接收并保存配置管理软件发送的采集策略指令			
参与者	主执行者：配置管理软件；辅助执行者：硬盘			
前置条件	软件处于待机态			
主流程	步骤	描述		
	1	配置管理软件向数据采集软件发送采集策略配置指令，软件回复应答		
	2	软件验证采集策略指令的相关参数		
	3	软件将参数保存至本地采集策略配置文件		
	4	软件向配置管理软件回复所接收的命令		
扩展流程	2a	[参数超出范围]		
	2a1	软件向配置管理软件回复异常，不更新本地策略配置文件		
后置条件	采集策略配置文件更新			
规则与约束	(1) 视频采集策略：视频文件优先级(HIGH/MEDIUM/LOW)、视频文件结束方式(SIZE/TIME)、视频文件结束值(MB 或 s)、是否启用视频记录 (2) 音频采集策略：音频文件优先级(HIGH/MEDIUM/LOW)、是否压缩存储、音频文件结束方式(SIZE/TIME)、音频文件结束值(MB 或 s)、是否启用音频记录 (3) 报文采集策略：报文文件优先级(HIGH/MEDIUM/LOW)、报文记录是否压缩、报文文件结束值(min)			

3.2.2 采集音频数据/UC-SJCJ-002

采集音频数据用例见表 A-54。

表 A-54 采集音频数据用例表

用例名称	采集音频数据	项目唯一标识符	UC-SJCJ-002
研制要求章节	略		
简要描述	软件实时采集网络上的音频数据，按照采集策略将音频数据存储为本地文件		
参与者	主执行者：镜像交换机；辅助执行者：外挂硬盘		
前置条件	软件处于工作态，且采集策略的“是否启用”配置为“是”		
主流程	步骤	描　　述	
	1	软件识别并捕获镜像网口的音频流数据	
	2	软件采集一帧数据，识别音频流的来源(源地址、目的地址)	
	3	软件判断采集的一路音频流满足策略设置的采集结束方式后，开始写文件	
	4	软件向配置管理软件上报开始录制文件消息	
	5	软件将该路音频流按策略设置的封装要求存储在指定路径下的一个本地文件后，向配置管理软件上报完成录制文件消息	
扩展流程	2a	[某一路音频流 2s 内无新数据]	
	2a1	软件停止采集该路音频	
	2a2	软件将该路音频流封装存储在指定路径下的一个本地文件	
后置条件	无		
规则与约束	(1) 采集策略设置的采集结束方式包括：大小和时间 (2) 音频流为 PCM 裸流 (3) 当策略设置的封装要求为压缩存储时，音频记录文件格式为 aac，否则为 wav (4) 最多同时采集 8 路音频流。当超过 8 路音频流时，软件根据音频源被发现的先后顺序选取前 8 路音频源采集记录 (5) 存储音频文件的目录为四级目录：根目录/AUDIO/源地址-目的地址/YYYYMMDD/文件名称。其中，文件名称为 HHMMSS.wav 或 HHMMSS.acc，YYYYMMDD 和 HHMMSS 分别为文件存储时的日期和时间 (6) 音频文件记录内容包括：PCM 裸包 (7) 文件开始录制或结束录制消息包括：文件类型(音频文件)、是否压缩存储、文件相对路径、文件开始记录的时间、文件结束记录的时间、文件大小(B) (8) 采集音频的丢包率不大于 0.1%		

3.2.3 采集视频数据/UC-SJCJ-003

采集视频数据用例见表 A-55。

表 A-55 采集视频数据用例表

用例名称	采集视频数据	项目唯一标识符	UC-SJCJ-003
研制要求章节	略		
简要描述	软件实时采集网络上的视频数据，按照采集策略将视频数据存储为本地文件		
参与者	主执行者：镜像交换机；辅助执行者：外挂硬盘		
前置条件	软件处于工作态，且采集策略的“是否启用”配置为“是”		

续表

	步骤	描述
主流程	1	软件识别并捕获镜像网口的视频流数据
	2	软件采集一帧数据，识别视频流的来源(源地址、目的地址)
	3	软件判断采集的一路视频流满足策略设置的采集结束方式后，开始写文件
	4	软件向配置管理软件上报开始录制文件消息
	5	软件将该路视频流存储在指定路径下的一个本地文件后，向配置管理软件上报完成录制文件消息
扩展流程	2a	[某一路视频流超时 2s]
	2a1	软件停止当前视频记录
	2a2	软件将该路视频流封装存储为一个本地文件
后置条件	无	
规则与约束	(1) 采集策略设置的采集结束方式包括：大小和时间 (2) 视频码流的控制协议为 RTSP、传输协议为 RTP、编码方式为 H264 (3) 视频码流封装后存储为标准 flv 格式文件 (4) 软件最多同时支持 1 路视频的记录 (5) 采集视频的丢包率不大于 0.1% (6) 存储视频文件为四级目录：根目录/VIDEO/源 IP-目的 IP/YYYYMMDD/文件名称。其中，文件名称为 HHMMSS.flv。YYYYMMDD 和 HHMMSS 分别为文件存储时的日期和时间 (7) 文件开始录制或结束录制消息包括：文件类型(视频文件)、文件相对路径、文件开始记录的时间、文件结束记录的时间、文件大小(B)	

3.2.4 采集报文数据/UC-SJCJ-004

采集报文数据用例见表 A-56。

表 A-56 采集报文数据用例表

用例名称	采集报文数据	项目唯一标识符	UC-SJCJ-004
研制要求章节	略		
简要描述	软件实时采集网络上的报文数据，按照采集策略将报文数据存储为本地文件		
参与者	主执行者：镜像交换机；辅助执行者：外挂硬盘		
前置条件	软件处于工作态，且采集策略的“是否记录”配置为“是”		
主流程	步骤	描述	
	1	软件识别并捕获镜像网口的报文数据	
	2	软件采集一帧数据，识别报文的来源(源地址、端口号、类别)	
	3	软件判断采集的一路报文满足策略设置的采集结束方式后，开始写文件	
	4	软件向配置管理软件上报开始录制文件消息	
	5	软件将该路报文存储在指定路径下的一个本地文件后，向配置管理软件上报完成录制文件消息	
扩展流程	2a	[报文类别不是预定义的 32 种]	
	2a1	软件记录日志	
	2a2	软件向配置管理软件上报异常	
后置条件	无		

规则与约束	(1) 采集策略设置的采集结束方式包括：大小和时间 (2) 当配置为压缩存储时，本地数据报文记录为 ZIP 文件，否则为 DAT 文件 (3) 软件最多同时支持 32 类报文的识别和记录 (4) 报文数据文件记录内容应包括：采集时间+网络层 ID+源 IP+源端口+目的 IP+目的端口+报文长度+报文 (5) 采集数据报文的丢包率不大于 0.1% (6) 存储报文文件为四级目录：根目录/DATA/设备标识/YYYYMMDD/文件名称。其中，文件名称为 HHMMSS.zip 或 HHMMSS.dat。YYYYMMDD 和 HHMMSS 分别为文件存储时的日期和时间 (7) 文件开始录制或结束录制消息包括：文件类型(报文文件)、是否压缩存储、对应采集器的 ID 号、文件相对路径、文件开始记录的时间、文件结束记录的时间、文件大小(B)

3.2.5 检测磁盘空间/UC-SJCJ-005

检测磁盘空间用例见表 A-57。

表 A-57 检测磁盘空间用例表

用例名称	检测磁盘空间	项目唯一标识符	UC-SJCJ-005
研制要求章节	略		
简要描述	软件周期检测本地剩余磁盘空间，当磁盘空间不足时，按照采集策略配置的循环覆盖要求，对存储的文件进行删除		
参与者	主执行者：时间；辅助执行者：外挂硬盘		
前置条件	无		
主流程	步骤	描　述	
	1	软件周期(5s)检测一次外挂硬盘的剩余磁盘空间	
	2	软件判断剩余磁盘空间，当小于磁盘告警阈值时，按照循环覆盖策略，删除最先时间记录的优先等级最低的文件，直至外挂硬盘剩余空间不小于总量的 40%	
扩展流程	2a	[剩余磁盘空间小于等于磁盘满阈值]	
	2a1	软件自动切换为待机状态	
	2a2	软件向配置管理软件上报待机状态和告警状态	
后置条件	无		
规则与约束	无		

3.2.6 导出数据/UC-SJCJ-006

导出数据用例见表 A-58。

表 A-58 导出数据用例表

用例名称	导出数据	项目唯一标识符	UC-SJCJ-006
研制要求章节	略		
简要描述	软件根据配置管理软件的导出命令，将指定的采集记录文件导出至外部存储设备		
参与者	主执行者：配置管理软件；辅助执行者：U 盘		
前置条件	软件处于待机态		

续表

	步骤	描　　述
主流程	1	配置管理软件向数据采集软件发送文件导出指令，软件回复应答
	2	软件确定所指定采集记录文件的本地存储位置
	3	软件将文件输出至U盘
	4	软件向配置管理软件上报导出文件成功消息
扩展流程	2a	[所指定文件不存在]
	2a1	软件向配置管理软件回复导出失败消息
	3a	[U盘存储空间不足]
	3a1	软件向配置管理软件回复导出失败消息
后置条件	无	
规则与约束	(1) 文件导出指令：文件相对路径、文件大小(B) (2) 导出成功消息：导出操作的唯一序号、文件原始路径、文件导出后的路径、本文件导出的耗时(ms) (3) 导出失败消息：导出操作的唯一序号、文件原始路径、文件导出后的路径、失败原因(源文件无读权限、文件名错误、导出文件夹无写权限、导出空间不足)	

3.2.7　校时/ UC-SJCJ-007

校时用例见表A-59。

表A-59　校时用例表

用例名称	校时	项目唯一标识符	UC-SJCJ-007
研制要求章节	略		
简要描述	软件按照采集策略配置的周期与时统服务器进行校时		
参与者	主执行者：时间；辅助执行者：时统服务器		
前置条件	无		
主流程	步骤	描　　述	
	1	软件周期向时统服务器发送校时请求	
	2	软件接收时统服务器发送的校时时间，并设置为系统时间	
扩展流程		无	
后置条件	无		
规则与约束	无		

3.2.8　配置报文类型/ UC-SJCJ-008

略。

3.2.9　配置校时源地址/ UC-SJCJ-009

略。

3.2.10　配置磁盘监测参数/ UC-SJCJ-010

略。

3.3　CSCI外部接口需求

3.3.1　接口标识和接口图

CSCI外部接口见图A-21，接口描述见表A-60。

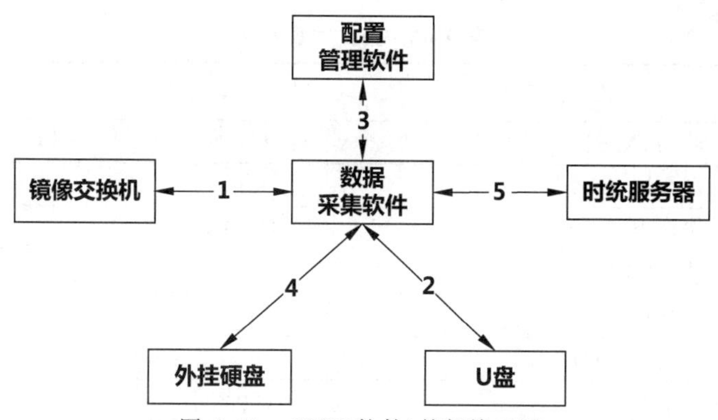

图 A-21　CSCI(软件)外部接口图

表 A-60　CSCI 外部接口需求表

序号	接口名称	标识	接口类型	接口用途	外部实体名称	外部实体状态
1	数据采集接口	JK-OU-001	网口	获取流经该镜像交换机的音频、视频和数据报文	镜像交换机	货架
2	数据导出接口	JK-OU-003	USB	向外部存储设备导出文件	外部存储设备	货架
3	管理接口	JK-IN-001	网口	(1) 接收配置管理软件发送采集配置指令和导出数据指令 (2) 向配置管理软件返回指令执行的响应	配置管理软件	新研
4	本地文件访问接口	JK-IN-002	文件	(1) 将配置参数信息保存到本地文件中 (2) 将采集到的音频、视频和数据报文数据保存到本地文件中	本地磁盘	货架
5	校时接口	JK-OU-002	网口	周期向时统服务器发送校时请求	时统服务器	沿用

3.3.2　数据采集接口/JK-OU-001

数据采集接口需求见表 A-61。

表 A-61　数据采集接口需求表

<table>
<tr><td>接口名称</td><td colspan="2">数据采集接口</td><td>接口标识</td><td>JK-OU-001</td></tr>
<tr><td>外部接口实体</td><td colspan="2">镜像交换机</td><td>接口类型</td><td>网络</td></tr>
<tr><td>接口用途</td><td colspan="4">软件通过该接口获取流经该镜像交换机的音频、视频和数据报文</td></tr>
<tr><td>接口数据</td><td colspan="4">包含以下三种接口数据。
(1) 音频数据：PCM 编码格式
(2) 视频数据：H264 编码格式
(3) 报文数据：报文数据需求见表 A-62</td></tr>
<tr><td rowspan="2">接口通信特征</td><td>通信链路</td><td colspan="3">100/1000MB 自适应</td></tr>
<tr><td>数据传输</td><td colspan="3">非周期性、单向传输</td></tr>
<tr><td>接口协议特征</td><td colspan="4">音频流的传输协议为 RTP
视频流的控制协议为 RTSP、传输协议为 RTP
报文的传输协议为 TCP/UDP</td></tr>
</table>

表 A-62 报文数据需求

序号	数据需求	备注
1	时间戳	自 1970 年 1 月 1 日 0 时 0 分 0 秒以来的时间
2	网络层 ID 号	
3	协议类型	TCP、UDP
4	源 IP 地址	
5	源端口号	[0,65 535]
6	目的 IP 地址	
7	目的端口号	[0,65 535]
8	应用层数据长度	
9	应用层数据	

3.3.3 数据导出接口/JK-OU-003

数据导出接口需求见表 A-63。

表 A-63 数据导出接口需求表

接口名称	数据导出接口		接口标识	JK-OU-003
外部接口实体	U 盘		接口类型	USB
接口用途	数据采集软件通过该接口向 U 盘导出数据文件			
接口数据	包含以下三种数据。 (1) 待导出的视频文件 (2) 待导出的音频文件 (3) 待导出的报文文件			
接口通信特征	通信链路	USB 2.0		
	数据传输	非周期、单向传输		
接口协议特征	无			

3.3.4 管理接口/JK-IN-001

管理接口需求见表 A-64。

表 A-64 管理接口需求表

接口名称	管理接口		接口标识	JK-IN-001
外部接口实体	配置管理软件		接口类型	网络
接口用途	配置管理软件通过该接口向数据采集软件发送采集策略、检索/导出数据指令 数据采集软件通过该接口向配置管理软件上报符合检索条件的文件信息、磁盘告警等异常信息 双方互相发送心跳报文			
接口数据	应用层数据需求见表 A-65 管理接口数据 共包含 17 种数据：见表 A-66 管理类数据需求			
接口通信特征	通信链路	100/1000MB 自适应		
	数据传输	非周期性、双向传输		

续表

接口协议特征	(1) 接口同步机制如下。 ① 数据采集软件与配置管理软件建立TCP连接后,配置管理软件向数据采集软件周期发送握手请求,直到数据采集软件响应,建立握手 ② 双方建立握手后,配置管理软件周期(2s)向采集软件发送心跳询问,采集软件回复心跳应答,若采集软件连续3次未能回复,则配置管理软件应判定采集软件离线 (2) 数据采集软件收到配置管理软件发送的任何数据,正常结束处理后,均需以同消息类型将原报文回送应答 (3) 数据传输协议为TCP (4) 应用层数据载荷遵循可扩展标记语言(eXtensible Markup Language,XML)

表 A-65 管理接口数据格式

序号	数据需求	备注
1	请求方或应答方标识	主动发送报文的一方是请求方
2	17种消息类型	请求和响应应有相同的消息类型,见表A-66
3	数据载荷长度	如果发送方的报文格式错误,或者处理报文失败,则响应方应答时将长度置为0,并且实际数据载荷为空
4	实际数据载荷	见表A-66

表 A-66 管理类数据需求

序号	消息类型	数据组成
1	握手消息	无实际数据载荷
2	修改磁盘配置消息	磁盘满阈值(MB)+磁盘告警阈值(MB)
3	修改循环覆盖消息	启用循环覆盖(是、否)
4	修改时源服务器消息	新的时源服务器的IP地址
5	修改视频记录参数消息	视频文件优先级(HIGH/MEDIUM/LOW)+视频文件结束方式(SIZE/TIME)+视频文件结束值(MB或s)+启用视频记录(TRUE/FALSE)
6	修改音频记录参数消息	压缩存储(TRUE/FALSE)+音频文件优先级(HIGH/MEDIUM/LOW)+音频文件结束方式(SIZE/TIME)+音频文件结束值(MB或s)+启用音频记录(TRUE/FALSE)
7	修改报文记录参数消息	压缩(TRUE/FALSE)+文件优先级(HIGH/MEDIUM/LOW)+报文文件结束值(min)
8	添加报文采集器消息	报文类型编号[1,32]+报文传输层协议(UDP/TCP)+报文端口号(0~65 535)+报文标识偏移(0~259)+报文标识(不大于520B的字符串)
9	删除报文采集器消息	要删除的报文类型编号[1,32]
10	修改报文采集器消息	报文类型编号[1,32]+报文传输层协议(UDP/TCP)+报文端口号(0~65 535)+报文标识偏移(0~259)+报文标识(不大于520B的字符串)
11	校时消息	无实际数据载荷
12	暂停/继续工作消息	无实际数据载荷
13	文件录制报告消息	文件类型(视频、音频、报文)+压缩存储(TRUE/FALSE)+文件相对路径(不大于250B的字符串)+文件开始记录的时间(YYYY-MM-DD HH:MM:SS)+文件结束记录的时间(YYYY-MM-DD HH:MM:SS)+文件大小(B)
14	删除文件消息	要删除的文件相对路径(不大于250B的字符串)+要删除的文件大小(B)

续表

序号	消息类型	数据组成
15	心跳消息	无实际数据载荷
16	复制文件消息	要导出的文件相对路径(不大于250B的字符串)+要导出的文件大小(B)
17	文件导出报告消息	如果文件导出成功：文件原始路径(不大于250B的字符串)+文件导出后的路径(不大于250B的字符串)+本文件导出的耗时(ms) 如果文件导出失败：错误原因(源文件无读权限/文件名错误/文件夹无写权限)

3.3.5 本地文件访问接口/JK-IN-002

本地文件访问接口需求见表A-67。

表A-67 本地文件访问接口需求表

接口名称	本地文件访问接口	接口标识	JK-IN-002
外部接口实体	外挂硬盘	接口类型	文件
接口用途	软件将采集数据保存至本地文件中		
接口数据	包含以下三种数据。 (1) 待写入的视频数据，数据采集软件按照标准FLV(详见*Adobe Flash Video File Format Specification*)格式向文件中写入H264数据 (2) 待写入的音频数据，数据采集软件调用ffmpeg提供的SDK，按照标准WAV(不压缩)或AAC(压缩)格式向文件中写入PCM或AAC数据 (3) 待写入的报文数据，数据采集软件将特定的TCP/UDP报文，按照“块”的形式，连续写入一个文件		
接口通信特征	通信链路	SATA	
	数据传输	非周期性、单向传输	
接口协议特征	无		

3.3.6 校时接口/JK-OU-002

校时接口需求见表A-68。

表A-68 校时接口需求表

接口名称	校时接口	接口标识	JK-OU-002
外部接口实体	时统服务器	接口类型	网络
接口用途	软件通过该接口向时统服务器发送校时请求，并接收时统服务器发送的校时时间		
接口数据	遵循标准NTP V3协议(详见RFC 1305(Network Time Protocol(Version3)Specification, Implementation and Analysis))		
接口通信特征	通信链路	100/1000MB自适应	
	数据传输	周期性、双向传输	
接口协议特征	NTP V3协议		

3.4 CSCI 内部接口需求

留待设计时描述。

3.5 CSCI 内部数据需求

CSCI 内部数据见图 A-22,类的列表见表 A-69。

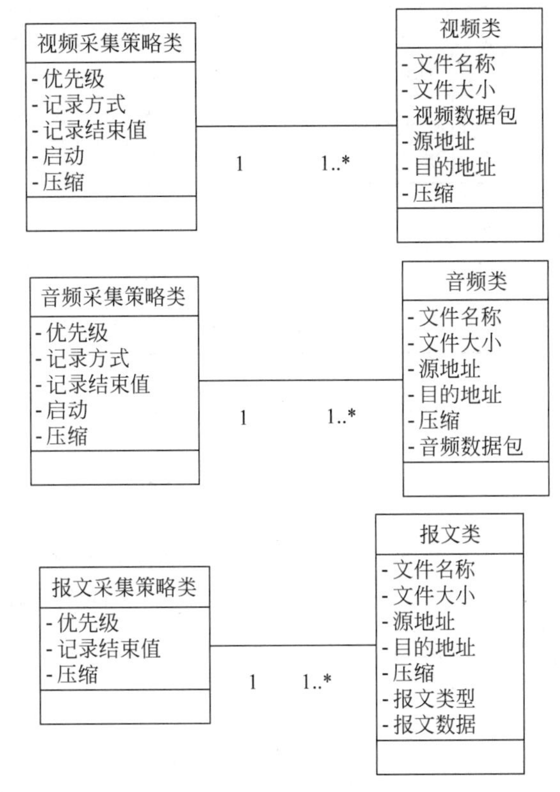

图 A-22 CSCI 类图

表 A-69 CSCI 的类列表

号	类 名 称	标 识	涉及的系统用例/标识
1	视频采集策略类	EN-SJCJ-001	配置采集策略/UC-SJCJ-001 采集视频数据/UC-SJCJ-003
2	视频类	EN-SJCJ-002	采集视频数据/UC-SJCJ-003
3	音频采集策略类	EN-SJCJ-003	配置采集策略/UC-SJCJ-001 采集音频数据/UC-SJCJ-002
4	音频类	EN-SJCJ-004	采集音频数据/UC-SJCJ-002
5	报文采集策略类	EN-SJCJ-005	配置采集策略/UC-SJCJ-001 采集报文数据/UC-SJCJ-004
6	报文类	EN-SJCJ-006	采集报文数据/UC-SJCJ-004

3.5.1 视频采集策略类/EN-SJCJ-001

视频采集策略类见表 A-70。

表 A-70 视频采集策略类

序号	属性名称	标识	取值范围	精度要求	组成格式	是否为公共属性
1	优先级	略	高、中、低	无	无	是
2	记录方式	略	大小、时长	无	无	是
3	记录结束值	略	大小：[1,2048]MB 时长：[1,30]min	无	无	是
4	启动	略	是、否	无	无	是
5	压缩	略	是、否	无	无	是

3.5.2 视频类/EN-SJCJ-002

视频类见表 A-71。

表 A-71 视频类

序号	属性名称	标识	取值范围	精度要求	组成格式	是否为公共属性
1	文件名称	略	无	无	根目录/VIDEO/源 IP-目的 IP/YYYYMMDD/HHMMSS.flv。其中，YYYYMMDD 和 HHMMSS 分别为文件存储时的日期和时间	否
2	文件大小	略	[1,2048]MB	无	无	否
3	源地址	略	无	无	IP 地址	否
4	目的地址	略	无	无	IP 地址	否
5	压缩	略	是、否	无	无	否
6	视频数据包	略	无	无	H264 编码格式	否

3.5.3 音频采集策略类/EN-SJCJ-003

音频采集策略类见表 A-72。

表 A-72 音频采集策略类

序号	属性名称	标识	取值范围	精度要求	组成格式	是否为公共属性
1	优先级	略	高、中、低	无	无	是
2	记录方式	略	大小、时长	无	无	是
3	记录结束值	略	大小：[1,2048]MB 时长：[1,30]min	无	无	是
4	启动	略	是、否	无	无	是
5	压缩	略	是、否	无	无	是

3.5.4 音频类/EN-SJCJ-004

音频类见表 A-73。

表 A-73 音频类

序号	属性名称	标识	取值范围	精度要求	组成格式	是否为公共属性
1	文件名称	略	无	无	根目录/AUDIO/源地址-目的地址/YYYYMMDD/文件名称。其中,文件名称为 HHMMSS.wav 或 HHMMSS.aac。YYYYMMDD 和 HHMMSS 分别为文件存储时的日期和时间	否
2	文件大小	略	[1,2048]MB	无	无	否
3	源地址	略	无	无	IP 地址	否
4	目的地址	略	无	无	IP 地址	否
5	压缩	略	是、否	无	无	否
6	音频数据包	略	无	无	PCM 流格式	否

3.5.5 报文采集策略类/EN-SJCJ-005

报文采集策略类见表 A-74。

表 A-74 报文采集策略类

序号	属性名称	标识	取值范围	精度要求	组成格式	是否为公共属性
1	优先级	略	高、中、低	无	无	是
2	记录结束值	略	时长:[1,30]min	无	无	是
3	压缩	略	是、否	无	无	是

3.5.6 报文类/EN-SJCJ-006

报文类见表 A-75。

表 A-75 报文类

序号	属性名称	标识	取值范围	精度要求	组成格式	是否为公共属性
1	文件名称	略	无	无	根目录/DATA/设备标识/YYYYMMDD/文件名称。文件名称为 HHMMSS.zip 或 HHMMSS.dat。YYYYMMDD 和 HHMMSS 分别为文件存储时的日期和时间	否
2	文件大小	略	[1,2048]MB	无	无	否
3	源地址	略	无	无	IP 地址	否
4	目的地址	略	无	无	IP 地址	否
5	压缩	略	是、否	无	无	否
6	报文类型	略	[1,32]	无	无	否
7	报文数据包	略	无	无	源 IP+源端口+目的 IP+目的端口+报文长度+报文	否

3.6 适应性需求

无。

3.7 安全性需求

无。

3.8 保密性需求

无。

3.9 CSCI 运行环境需求

CSCI 运行环境需求见表 A-76。

表 A-76 CSCI 运行环境需求表

序号	硬件名称	类型	软件名称	类型
1	数据采集设备	主机设备	CentOS	操作系统
2			SQLite	数据库系统
3			ZIP	文件压缩软件

3.10 计算机资源需求

3.10.1 计算机硬件需求

计算机硬件需求见表 A-77。

表 A-77 计算机硬件需求表

序号	硬件名称	类型	配置	来源	数量
1	数据采集设备	主机设备	CPU：Intel® Atom E3854/1.92GHz，4 核 内存：板载 DDR3L 2GB 硬盘：16GB 机械硬盘 网卡：双网卡，100/1000MB 自适应	货架	1
2	外挂硬盘	存储设备	2TB 自毁硬盘	货架	1

3.10.2 计算机硬件资源使用需求

计算机硬件资源使用需求见表 A-78。

表 A-78 计算机硬件资源使用需求表

序号	硬件名称	类型	使用要求	备注
1	数据采集计算机	计算机	为保证连续运行正常，CSCI 应满足 CPU 占用率低于 80%、内存余量 20%，以及硬盘空间余量 20%的要求	
2	外挂硬盘	存储设备	最多使用 60%～70%的磁盘空间	

3.10.3 计算机软件需求

计算机软件需求见表 A-79。

表 A-79 计算机软件需求表

序号	软件名称	类型	版本	来源	数量
1	CentOS	操作系统软件	6.7	货架	1
2	SQLite	数据库系统	4.8.0	开源	1
3	ZIP	文件压缩软件	1.6.1	开源	1

3.10.4 计算机通信需求

无。

3.11 软件质量因素

软件质量因素见表 A-80。

表 A-80 软件质量因素表

质量属性类型	质量子特性	CSCI 质量因素要求
可靠性	成熟性 ZL-CS	软件应能够无故障连续运行 12h
	容错性 ZL-RC	软件应能够识别外挂硬盘故障。故障时上报配置管理软件
	易恢复性 ZL-HF	软件应与配置管理软件建立心跳；当配置管理软件发现心跳超时后，能够自动重启采集软件；采集软件重启后，应按照宕机前的采集策略开始工作

3.12 设计和实现约束

无。

3.13 人员需求

数据采集设备的操作人员和操作配置管理软件是同一人即可。对操作人员没有特别的专业知识和操作技能要求。

3.14 培训需求

无。

3.15 软件保障需求

无。

3.16 其他需求

无。

3.17 验收、交付和包装需求

数据采集软件安装部署于数据采集设备，随数据采集设备一起交付。交付内容包括：

(1) 软件应单独交付安装光盘，光盘上明示软件名称、版本、日期、厂家等。

(2) 软件安装光盘应包括软件运行的全部环境：操作系统、ZIP 软件、数据库软件、外挂硬盘驱动软件、USB 口驱动软件，以及软件运行库和其他必需的第三方软件。

(3) 软件应交付软件用户手册和软件产品规格说明。

3.18 需求的优先顺序和关键程度

需求的优先顺序和关键程度见表 A-81。

表 A-81 需求优先顺序和关键程度列表

序号	需求名称	需求标识	优先顺序	关键程度
1	配置采集策略	UC-SJCJ-001	1	C
2	采集音频数据	UC-SJCJ-002	1	C
3	采集视频数据	UC-SJCJ-003	1	C
4	采集报文数据	UC-SJCJ-004	1	C
5	检测磁盘空间	UC-SJCJ-005	1	C
6	导出数据	UC-SJCJ-006	2	C

续表

序号	需求名称	需求标识	优先顺序	关键程度
7	校时	UC-SJCJ-007	1	C
8	配置报文类型	UC-SJCJ-008	2	C
9	配置校时源地址	UC-SJCJ-009	2	C
10	配置磁盘监测参数	UC-SJCJ-010	2	C

优先顺序1是需要优先实现的基本需求；2是增强需求。

4. 合格性规定

合格性规定见表A-82。

表A-82　合格性规定

序号	需求名称	需求标识	合格性方法
1	配置采集策略	UC-SJCJ-001	演示
2	采集音频数据	UC-SJCJ-002	演示、测试
3	采集视频数据	UC-SJCJ-003	演示、测试、分析
4	采集报文数据	UC-SJCJ-004	演示、测试、分析
5	检测磁盘空间	UC-SJCJ-005	测试、分析
6	导出数据	UC-SJCJ-006	演示
7	校时	UC-SJCJ-007	演示
8	配置报文类型	UC-SJCJ-008	演示
9	配置校时源地址	UC-SJCJ-009	演示

5. 需求可追踪性

略。

6. 注释

略。

附录A-4　数据采集软件设计说明

1. 范围

1.1　标识

略。

1.2　系统概述

1.2.1　系统用途

数据采集设备部署于局域网网络环境中，接入一台镜像交换机，负责对流经镜像交换机的视频、音频和报文数据进行实时采集和存储。其主要使用场景见图A-23。

1.2.2　软件概述

数据采集软件部署在网络数据采集系统的采集设备上，主要功能是按照部署在上位机的配置管理软件下发的采集策略，完成对流经镜像交换机的视频、音频和报文数据进行采集并记录成文件。

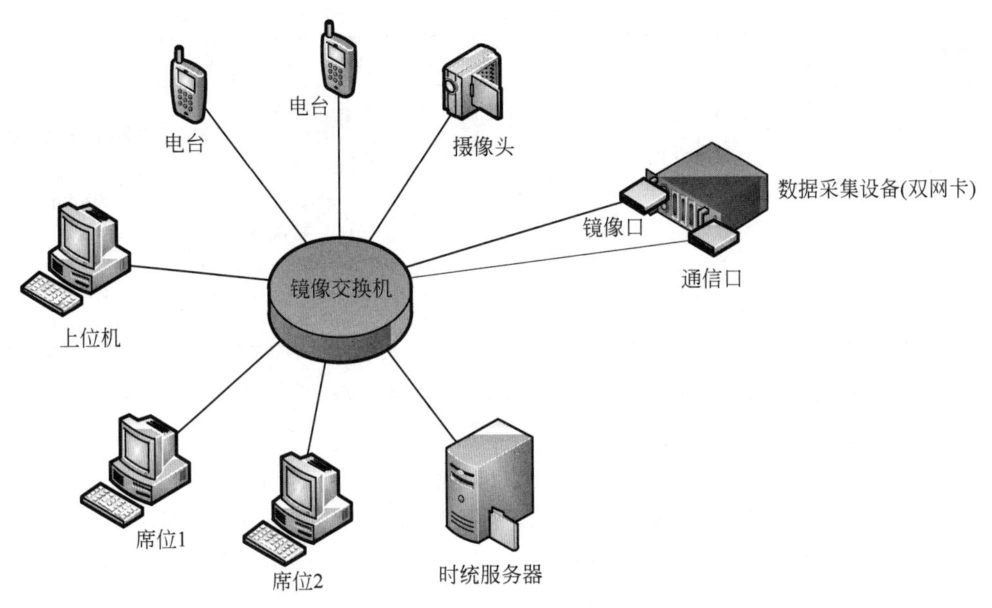

图 A-23　数据采集系统部署图

1.2.3　项目的各相关方

略。

1.3　文档概述

略。

2. 引用文档

本文档的引用文档见表 A-83。

表 A-83　引用文档列表

序号	文档标识/版本	标　　题	编写单位	发布日期
1	GJB 2786A—2009	略	略	略
2	GJB 438B—2009	略	略	略
3	略	数据采集软件需求规格说明书	略	略

3. CSCI 级设计决策

数据采集软件(本 CSCI)运行于数据采集设备上。

对 CSCI 的软件需求规格说明进一步分析后，得到 CSCI 的两类需求中的关键性需求，见表 A-84。

表 A-84　CSCI 级需求矩阵

需求	功　　能	质 量 属 性	约　　束
业务级需求	—	—	—
用户级需求	采集视频数据 采集音频数据 采集报文数据 导出数据	(1) 性能可靠，采集数据的丢包率不大于 0.1% (2) 运行稳定，避免遗漏重要数据	使用环境约束： CSCI 运行环境为双网卡，100/1000MB 自适应。一个网卡负责与上位机通信，一个网卡负责接收镜像交换机数据

续表

需求	功　　能	质量属性	约　　束
开发级需求	—	—	开发环境约束： (1) 采集镜像交换机数据有多个 SDK 可选 (2) 录制音频数据有多个 SDK 可选 (3) 采集软件与上位机之间实现文件共享有多种方式可选 (4) 采集软件存储文件索引信息有多种数据库可选

对上述关键需求进行分析，得到以下 CSCI 级设计决策。

(1) 对于开发环境约束，有以下设计决策。

① 使用 libpcap 提供的 SDK 作为采集镜像交换机数据开发工具，libpcap 是 UNIX/Linux 平台下的网络数据包捕获工具，大多数网络监控软件都以它为基础来捕获数据包，稳定可靠。

② 音频录制为非压缩文件时，使用 ffmpeg 提供的 SDK，音频录制为压缩文件时，使用 libaac 提供的 SDK。

③ 由于上位机运行在 Windows 平台上，为便于共享，使用操作系统(CentOS)自带的 Samba 工具实现数据采集设备与上位机之间的文件共享，文件共享所需的用户名、密码在固件配置文件(firmware.xml)中手动配置。

④ 数据采集软件只需要存储文件的索引信息，上位机软件可根据索引信息定位至具体的共享文件，因此选用轻量级数据库 SQLite。

(2) 对用户级的三个采集数据关键功能，重点是保证数据处理的实时性，最好的实现方法是采用多线程，对视频、音频和报文各有一个线程负责处理。于是，得到 CSCI 的初步概念性架构：一个主线程，启动三个数据处理线程；主线程负责接收网络数据，如果是上位机指令，主线程负责处理，并将采集策略发送给相应线程；如果是音频/视频/报文数据，则将不同的数据分发给相应的处理线程，处理线程按采集策略要求将数据存储为文件。

(3) 采用目标-场景-决策表(见表 A-85)考虑关键质量属性，调整上一步给出的概念架构设计和设计决策。

表 A-85　目标-场景-决策表

目标	场　　景	设计决策
可扩展性	在不同场合使用时，能够改变采集报文数据的类型	采集报文的类型和特征保存在配置文件中，上位机可对其进行配置，配置文件采用 XML 格式
性能	实时记录镜像网卡上采集到的所有数据，丢包率符合要求	(1) 采用多线程，为避免多线程共享一片缓冲区造成阻塞，CSCI 使用消息机制 (2) 3 个数据处理线程拥有自己的先进先出(FIFO)消息队列，主线程负责将消息放入队列，数据处理线程负责取出消息进行处理 (3) 由于磁盘 IO、数据库读写、数据压缩等操作耗时，所以增加一个写入数据库、配置文件的 IO 处理线程和一个专门用于压缩报文数据文件的处理线程
可靠性	工作期间一旦宕机能够自动重启	使用守护进程实时监控采集与工件进程状态，一旦宕机，守护进程负责重启软件

（4）数据采集软件的概念架构设计如图 A-24 所示。

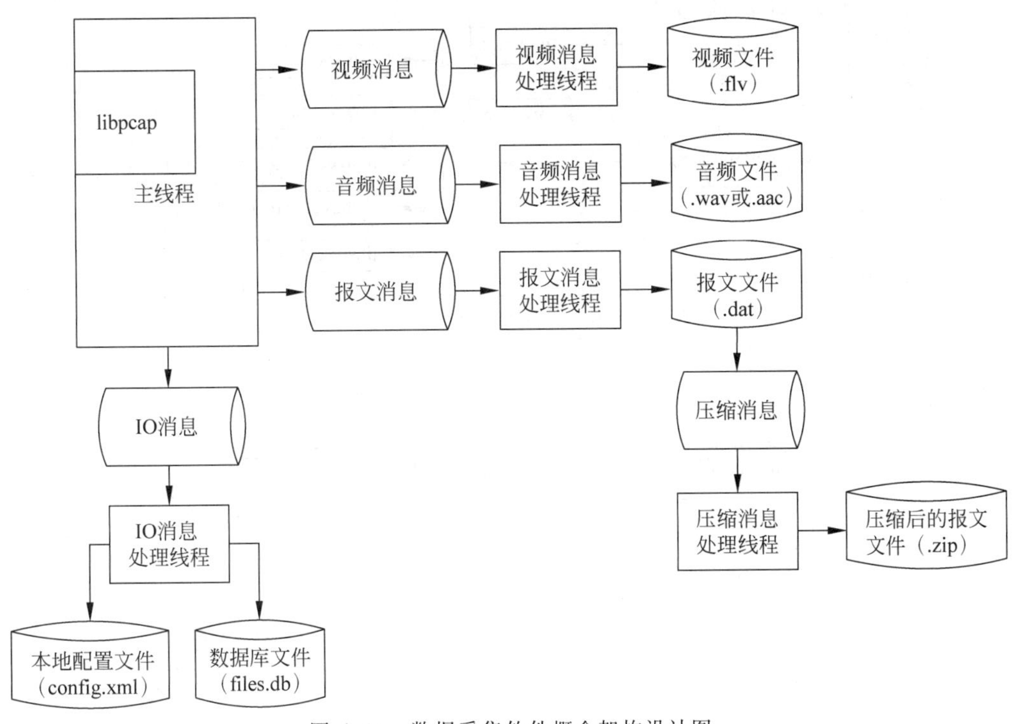

图 A-24　数据采集软件概念架构设计图

4. CSCI 体系结构设计

4.1　CSCI 部件

4.1.1　软件单元

CSCI 共包含 10 个.c 模块，分布在 3 层结构中。源文件及调用的第三方模块的分层结构见图 A-25，详细说明见表 A-86。

表 A-86　CSCI 软件模块列表

序号	程序文件	概述	服务对象	函数个数	开发状态
1	gather.c	主线程模块，main()入口	—	46	新研
2	protocol.c	协议处理模块	主线程模块	27	新研
3	audiorecorder.c	音频处理模块。音频处理线程的入口	主线程模块	12	新研
4	videorecorder.c	视频处理模块。视频处理线程的入口	主线程模块	23	新研
5	datarecorder.c	数据报文处理模块。报文处理线程的入口	主线程模块	14	新研
6	event.c	事件处理模块	主线程模块和 3 个处理线程模块	6	新研
7	h264unpack.c	视频数据解包模块	视频处理模块	5	新研
8	flv.c	视频 FLV 文件处理模块	视频处理模块	6	新研
9	utility.c	辅助模块	其他模块	49	新研
10	tinyxml.c	开源程序	协议处理模块	13	开源

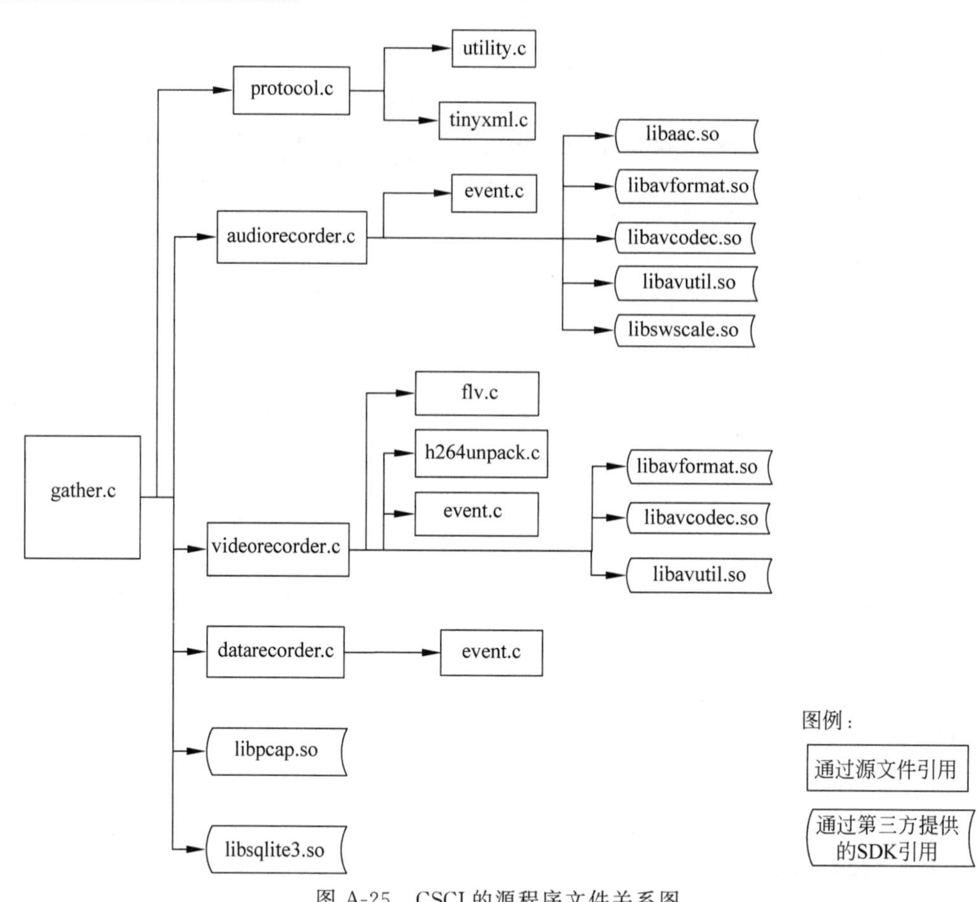

图 A-25 CSCI 的源程序文件关系图

4.1.1.1 gather.c 模块

gather.c 模块的主要用途见表 A-87,该模块中的函数的调用关系见图 A-26,该模块函数列表见表 A-88,模块调用其他模块的接口见表 A-89。

表 A-87 gather.c 模块简要描述

用 途 描 述	对外提供接口	涉及用例
gather.c 是数据采集软件的主线程模块,主要完成以下工作。 (1) 提供入口函数,在该函数中进行各种初始化 (2) 启动视频、音频、报文、上位机通信的线程处理函数 (3) 启动 libpcap 的回调函数,在该函数中,生成网络数据包到来消息,并将该消息放置入主消息循环 (4) 启动主消息循环线程处理函数,处理退出、网络数据包到来,以及各种上位机发出的命令等消息类型 (5) 启动 IO 消息循环线程处理函数,在该消息循环中处理存储本地配置文件,写入数据库等消息类型 (6) 启动校时线程处理函数,每间隔指定时间,则向消息队列中放入一次校时消息,并处理该消息 (7) 启动检测磁盘空间线程处理函数,每隔 5s,检查一次磁盘剩余空间,若磁盘剩余空间过小,则进行循环覆盖 (8) 启动导出数据线程处理函数,处理数据导出事件	无	全部用例

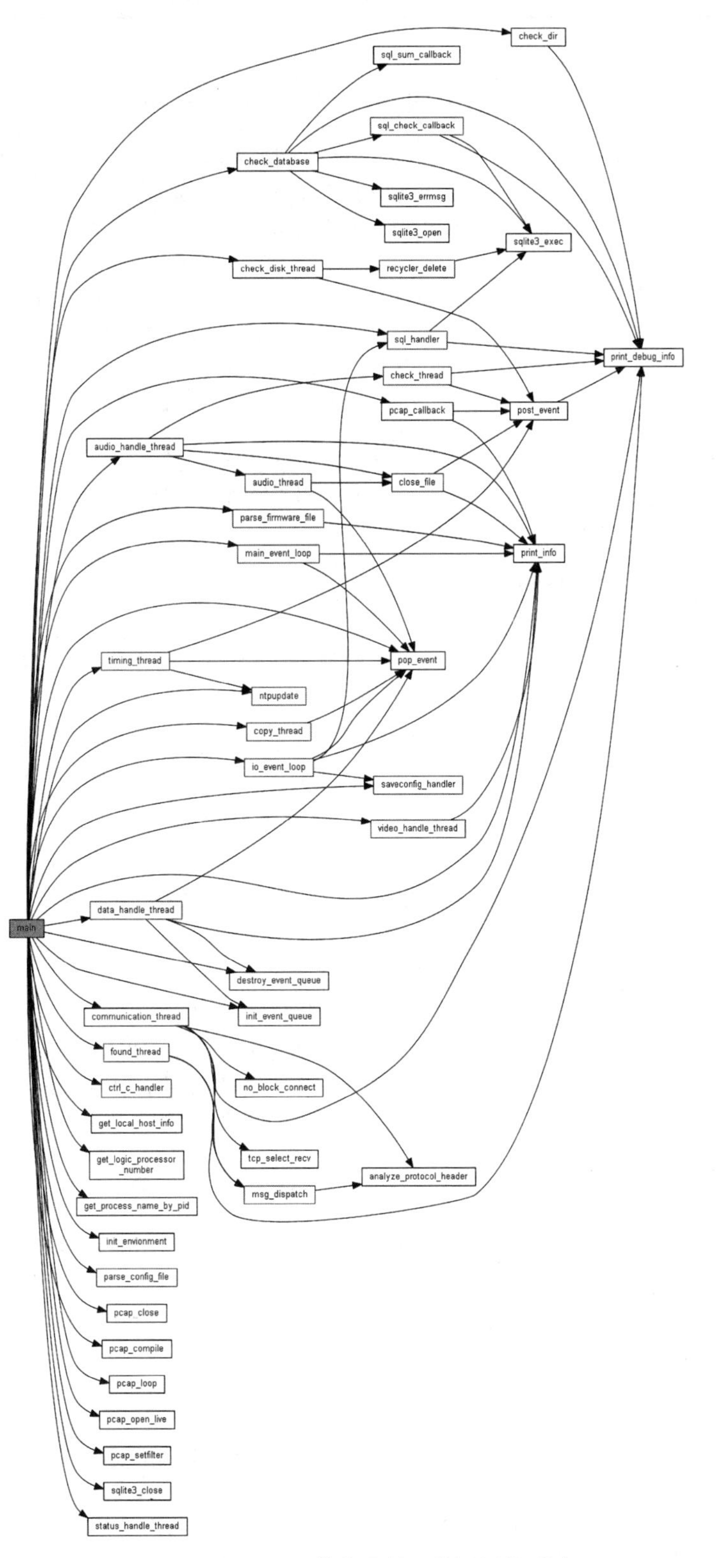

图 A-26　gather.c 模块中的函数调用关系图

表 A-88　gather.c 模块的函数列表

序号	函数定义	用　　途	对外接口	开发状态
1	int main(int argc, char ** argv)	入口函数： 对局部变量进行初始化，解析固件配置文件、本地配置文件，检查本地数据 尝试首次同步时间 启动主消息循环，视频、音频、报文、通信、检测磁盘空间、校时、IO、导出数据等线程函数 注册并启动 libpcap 的回调函数 等待所有线程函数结束 清空 IO 消息队列中的所有消息 退出应用程序	否	新研
2	void init_environment(Environment * env)	初始化应用程序所需要的上下文环境	否	新研
3	int32_t parse_firmware_file(Environment * env, const char * file_name)	主线程的函数：解析存储在 firmware.xml 中的固件项	否	新研
4	int32_t parse_config_file(Environment * env, const char * file_name)	主线程的函数：解析本地存储的采集策略配置文件	否	新研
5	int32_t check_dir(Environment * env)	主线程的函数：检查各数据根目录是否正确，如果不正确，尝试创建之。数据根目录包括：VIDEO、AUDIO、DATA	否	新研
6	static int32_t packet_filter(Environment * env, uint8_t * bytes, int32_t data_length, IPv4Stream * stream)	主消息处理线程的函数：使用各种过滤器，对数据包进行识别，并将相关数据放入 3 个二级缓冲队列	否	新研
7	void broadcast_event(Environment * env, Event * event)	向后端所有队列广播消息	否	新研
8	void packet_handler(Environment * env, Event * event)	主消息处理线程的函数：EVENT_PACKET 消息处理函数；对网络数据包进行预处理，调用 packet_filter()将 3 类数据放到各自消息队列	否	新研
9	void modify_disk_handler(Environment * env, Event * event)	主消息处理线程的函数：修改磁盘配置的处理函数	否	新研
10	void modify_cycle(Environment * env, Event * event)	主消息处理线程的函数：处理修改循环覆盖的函数	否	新研
11	void modify_ts(Environment * env, Event * event)	主消息处理线程的函数：处理修改 NTP 时统服务器的函数	否	新研
12	void change_video(Environment * env, Event * event)	主消息处理线程的函数：启用/停用视频采集器	否	新研
13	void modify_video(Environment * env, Event * event)	主消息处理线程的函数：修改 VIDEO 采集器	否	新研
14	void change_audio(Environment * env, Event * event)	主消息处理线程的函数：启用/停用音频采集器	否	新研

续表

序号	函数定义	用　途	对外接口	开发状态
15	void modify_audio(Environment * env, Event * event)	主消息处理线程的函数：修改 AUDIO 采集器	否	新研
16	void change_msgs(Environment * env, Event * event)	主消息处理线程的函数：启用/停用数据采集器	否	新研
17	void modify_msgsgobal(Environment * env, Event * event)	主消息处理线程的函数：修改报文录制全局配置的事件处理函数	否	新研
18	void add_msgs_handler(Environment * env, Event * event)	主消息处理线程的函数：添加数据采集器	否	新研
19	void del_msgs_handler(Environment * env, Event * event)	主消息处理线程的函数：删除数据采集器	否	新研
20	void modify_msgs_handler(Environment * env, Event * event)	主消息处理线程的函数：修改数据采集器	否	新研
21	void modify_fsize_handler(Environment * env, Event * event)	IO 处理线程的函数：修改数据库中文件的大小	否	新研
22	void timing_handler(Environment * env, Event * event)	校时处理线程的函数：立即校时的事件处理函数	否	新研
23	void pause_handler(Environment * env, Event * event)	主消息处理线程的函数：立即暂停工作的事件处理函数	否	新研
24	void resume_handler(Environment * env, Event * event)	主消息处理线程的函数：立即恢复工作的事件处理函数	否	新研
25	void reboot_handler(Environment * env, Event * event)	主消息处理线程的函数：立即重启程序的事件处理函数	否	新研
26	void delete_files_handler(Environment * env, Event * event)	IO 处理线程的函数：删除文件的事件处理函数	否	新研
27	void sql_handler(Environment * env, Event * event)	IO 处理线程的函数：数据库语句执行事件处理函数	否	新研
28	void saveconfig_handler(Environment * env, Event * event)	IO 处理线程的函数：保存本地配置文件	否	新研
29	void report_file_handler(Environment * env, Event * event)	IO 处理线程的函数：向配置管理软件报告有文件产生或结束录制	否	新研
30	void pcap_callback(uint8_t * user, const struct pcap_pkthdr * h, const uint8_t * bytes)	网络抓包回调函数：得到 libcap 开源软件捕获的原始网络数据包，将消息 EVENT_PACKET 和数据包压入主消息队列中等待分类处理	否	新研
31	static void * main_event_loop(void * param)	主消息处理线程的线程入口函数：处理主消息队列	否	新研
32	static void * io_event_loop(void * param)	IO 处理线程的线程入口函数：处理一些与磁盘 IO 相关的事件	否	新研
33	FileType get_file_type(Environment * env, Level level)	IO 处理线程的函数：获取指定优先级的文件类型	否	新研
34	static int32_t delete_lowest_file(void * param, int32_t num, char ** value, char ** name)	IO 处理线程的函数：删除一个低级别的文件	否	新研

续表

序号	函数定义	用途	对外接口	开发状态
35	int32_t recycler_delete(Environment * env, int64_t full, int64_t warn, int64_t free, int64_t used)	IO处理线程的函数：循环覆盖，按照从早到晚的顺序，开始删除各种文件	否	新研
36	static void * check_disk_thread(void * param)	IO处理线程的函数：检查当前磁盘空间是否满足阈值，或者启用循环覆盖等	否	新研
37	static int32_t sql_check_callback(void * param, int32_t num, char ** value, char ** name)	实时检查所有的文件是否一致	否	新研
38	static int32_t sql_sum_callback(void * param, int32_t num, char ** value, char ** name)	计算当前数据库中文件的总大小	否	新研
39	static int32_t check_database(Environment * env)	主线程的函数：检查数据库文件的正确与否	否	新研
40	static int32_t ntpupdate(Environment * env)	主线程的函数：向指定的NTP服务器同步时间	否	新研
41	static int32_t file_copy_handler(Environment * env, Event * event)	文件导出线程的函数：复制指定的文件到U盘中	否	新研
42	static void * timing_thread(void * param)	校时线程的入口函数：处理校时消息队列中的事件	否	新研
43	static void * copy_thread(void * param)	文件导出线程的函数：处理导出文件队列中的事件	否	新研

表 A-89　gather.c 模块调用其他模块的接口列表

序号	调用者	被调用者	
1	int main(int argc, char ** argv)	video_recorder.c	void * video_handle_thread(void * param)
		audio_recorder.c	void * audio_handle_thread(void * param)
		data_recorder.c	void * data_handle_thread(void * param)
		protocol.c	void * communication_thread(void * param)
		event.c	(1) init_event_queue (2) destroy_event_queue
		libpcap	(1) pcap_open_live (2) pcap_compile (3) pcap_setfilter (4) pcap_loop (5) pcap_close
		libsqlite3	(1) sqlite3_open (2) sqlite3_exec (3) sqlite3_close (4) sqlite3_errmsg
		libavformat(ffmpeg)	av_register_all

4.1.1.2 videorecorder.c 模块

videorecorder.c 模块的主要功能见表 A-90,该模块中的函数的调用关系见图 A-27,该模块函数列表见表 A-91,详细描述见表 A-92。

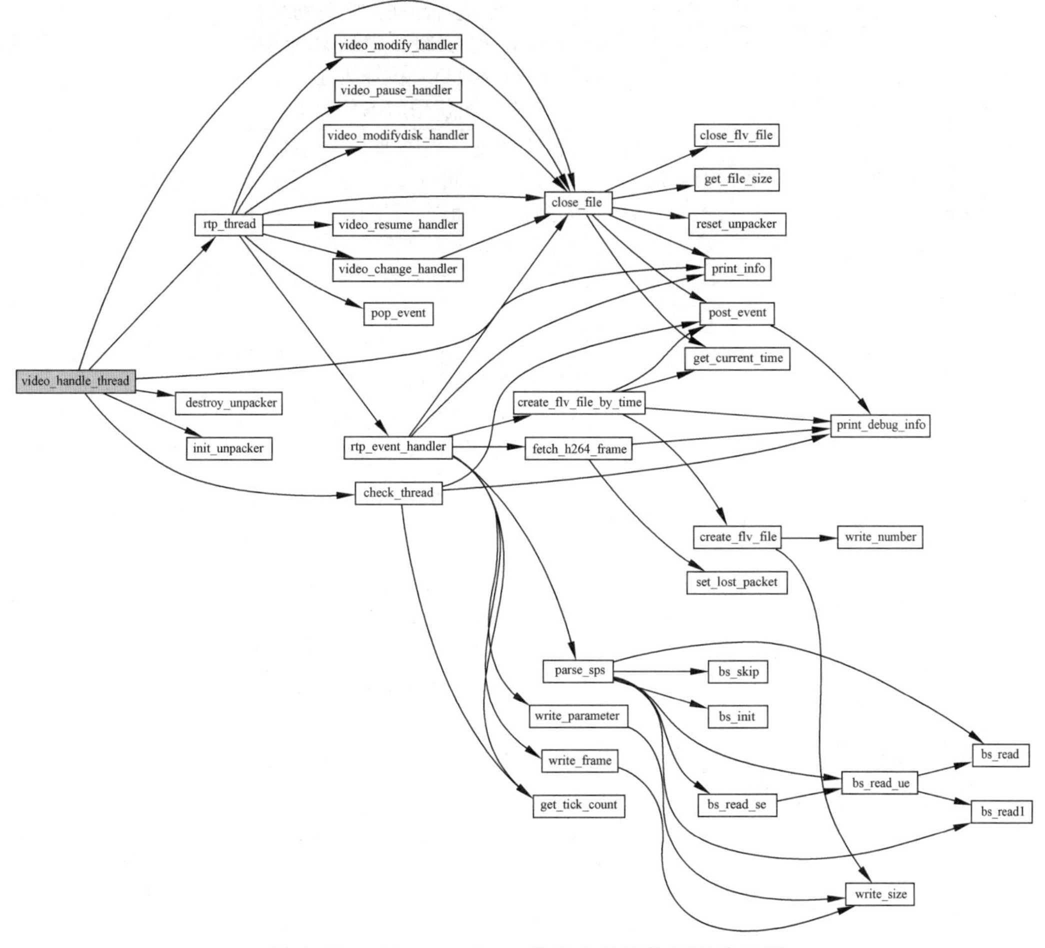

图 A-27 videorecorder.c 模块中的函数调用关系图

表 A-90 videorecorder.c 模块用途

用途描述	对外提供的接口	涉及用例
videorecorder.c 模块是负责录制视频数据的模块,主要完成以下工作。 (1) 提供供主模块调用的接口函数,并在接口函数中对模块运行的变量进行初始化 (2) 启动视频处理主消息循环线程,在该线程中,处理视频采集、修改视频采集参数、启用/停用视频采集、进入待机态、进入工作态、关闭视频文件等消息 (3) 启动视频超时检查线程,在该线程中,每秒钟检查一次当前视频文件是否超时 2s(2s 内未接收到视频数据),若超时,则向视频处理主消息循环队列中放置一个关闭视频文件消息 (4) 销毁模块使用的各种资源	void * video_handle_thread (void * param)	采集视频数据/UC-SJCJ_003

表 A-91 videorecorder.c 模块的函数列表

序号	函数定义	用途	对外接口	开发状态
1	void * video_handle_thread(void * param)	线程函数,也是本模块的入口函数: (1) 对模块运行的变量进行初始化 (2) 启动视频处理主消息循环线程 (3) 启动视频超时检查线程 (4) 销毁模块使用的各种资源	是	新研
2	static void * check_thread(void * param)	每秒钟检查一次当前正在录制的视频文件(若有),如果超过2s未能接收到新的视频数据,则认为当前视频文件超时,向视频处理主消息循环队列中放置一个结束文件事件	否	新研
3	static void bs_init(bs_t * s, void * p_data, int32_t i_data)	解析SPS——初始化一个结构体,用于解析H264中的SPS	否	新研
4	static uint32_t bs_read1(bs_t * s)	解析SPS——从bs_t结构体读一位,该操作将导致指针向前移动一位	否	新研
5	static uint32_t bs_read(bs_t * s, int32_t i_count)	解析SPS——从bs_t结构体中读取一定长度的值,该操作将导致指针向前移动一定的位数	否	新研
6	static void bs_skip(bs_t * s, int32_t i_count)	将bs_t结构体的指针向前移动一定的位数	否	新研
7	static int32_t bs_read_ue(bs_t * s)	解析SPS——从当前指针开始,按照无符号指数哥伦布编码的算法,读出编码值	否	新研
8	static int32_t bs_read_se(bs_t * s)	解析SPS——从当前指针开始,按照有符号指数哥伦布编码的算法,读出编码值	否	新研
9	static void parse_sps(const char * sps, const int32_t sps_length, H264Info * h264_info)	解析SPS——解析sps字符串	否	新研
10	static void close_file(Environment * env)	关闭当前正在录制的文件	否	新研
11	static FILE * create_flv_file_by_time(Environment * env, double width, double height, IPv4Stream * stream)	在指定目录下创建一个新的FLV文件	否	新研
12	void rtp_event_handler(Environment * env, Event * event)	RTP的事件处理函数	否	新研
13	static void video_modifydisk_handler(Environment * env, Event * event)	修改磁盘参数的事件处理函数	否	新研
14	static void video_change_handler(Environment * env, Event * event)	启用/禁用视频采集器的事件处理函数	否	新研
15	static void video_modify_handler(Environment * env, Event * event)	修改视频采集器参数的事件处理函数	否	新研
16	static void video_pause_handler(Environment * env, Event * event)	暂停工作的事件处理函数	否	新研
17	static void video_resume_handler(Environment * env, Event * event)	继续工作的事件处理函数	否	新研
18	static void * rtp_thread(void * param)	视频处理线程的入口函数;RTP_EVENT消息处理函数,负责将视频消息队列数据保存为文件	否	新研

表 A-92 videorecorder.c 模块调用其他模块的接口列表

序号	调 用 者	被调用者	
1	void * video_handle_thread(void * param)	h264unpack.c	(1) init_unpacker (2) destroy_unpacker
2	static void * check_thread(void * param)	event.c	post_event
3	static void * rtp_thread(void * param)	event.c	pop_event
4	static void rtp_event_handler(Envrionment * env, Event * event)	h264unpack.c	fetch_h264_frame
		flv.c	(1) write_parameter (2) write_frame
略去其他函数			

4.1.1.3 audiorecorder.c 模块

略。

4.1.1.4 datarecorder.c 模块

略。

4.1.1.5 protocol.c 模块

略。

4.1.1.6 event.c 模块

略。

4.1.1.7 h264unpack.c 模块

略。

4.1.1.8 flv.c 模块

略。

4.1.1.9 utility.c 模块

略。

4.1.1.10 tinyxml.c 模块

tinyxml 是一个开放源代码的、轻量级的基于 C++的 XML 解析器，相关文档参见其官网地址：http://www.grinninglizard.com/tinyxml。

4.1.2 全局变量

CSCI 使用的全局变量定义见表 A-93，其中的结构体定义见表 A-94。

表 A-93 全局变量列表

序号	程序文件	全局变量	作用域	初始值	用途简介
1	gather.c	Environment * env	本文件	NULL	定义了程序运行所需的上下文，包括本地配置文件、固件配置文件中的相关参数信息
2	videorecorder.c	VideoContainer container	本文件	{0}	定义了视频录制所需的上下文，包括视频文件句柄、路径、名称、大小、H264 解析器等
3	audiorecorder.c	AudioContainer container	本文件	{0}	定义了音频录制所需的上下文，包括音频文件句柄、路径、名称、大小等

续表

序号	程序文件	全局变量	作用域	初始值	用途简介
4	datarecorder.c	DataContainer containters[32]	本文件	{0}	定义了数据录制所需的上下文，包括数据文件句柄、路径、大小等，最多支持同时录制 32 路数据
5		EventQueue compress_queue	本文件	{0}	压缩事件队列，当数据文件需要压缩录制时，为避免压缩过程阻塞录制主过程，需要使用压缩队列来专门处理文件的压缩

表 A-94 定义全局变量的结构体

序号	结构体定义	用途描述	定义文件

1	typedef struct _H264Info{
	uint8_t packet_mode; //打包模式
	uint8_t profile_id; //档次
	uint8_t profile_compat;
	uint8_t level_id;
	uint32_t width; //视频宽
	uint32_t height; //视频高
	uint32_t time_scale;
	uint32_t frame_duration;
	uint32_t fps;
	uint8_t profile_str[MAX_PATH * 2];
	}H264Info;
		存储视频的 H264 参数，在解析 RTP 时，获取 RTP 的 SPS 后，可以从中解析出视频的相关参数，并存储在该结构体中	structures.h

2	typedef struct _VideoCollector{
	uint32_tsip; //摄像头 IP 地址
	Compress compress; //是否压缩
	Level level; //优先级：0 低，1 中，2 高
	StopType stype; //视频文件的停止方式
	int32_t svalue; //视频文件的停止值(MB 或 min)
	uint8_t enabled; //采集器是否被启用(0：未启用，1：启用)
	EventQueue queue; //视频数据(RTP)队列
	}VideoCollector;
		视频采集器。用于保存视频采集策略和视频数据消息队列	structures.h

3	typedef struct _AudioCollector{
	uint32_t sip; //发送音频的设备的源 IP 地址
	Compress compress; //是否压缩
	Level level; //优先级：0 低，1 中，2 高
	StopType stype; //音频文件的停止方式
	int32_t svalue; //音频文件的停止值(MB 或 min)
	uint8_t enabled; //采集器是否被启用(0：未启用，1：启用)
	EventQueue queue; //音频数据队列
	}AudioCollector;
		音频采集器。用于保存音频采集策略和音频数据消息队列	structures.h

续表

序号	结构体定义	用途描述	定义文件

4	typedef struct _DataCollector{
	//所有采集器的公用属性
	static Compress compress;　//是否压缩
	static Level level;　//数据优先级
	static int32_t max_time;　//单个文件最大的时间(min)
	static uint8_t enabled;　//采集器是否被启用(0: 未启用,
	　//1: 启用)
	static EventQueue queue;　//报文数据队列,所有的数据采
	　//集插件共用一个队列
	uint8_t id;　//采集器 ID[1-32]
	ProtocolType proto;　//协议类型,0:UDP,1:TCP
	uint16_t port;　//数据端口//识别器
	int32_t offset;　//识别标志的偏移(从 0 开始)
	uint8_t flag[MAX_PATH];　//识别标志 uint16_t flag_length;
	　//识别标志的长度
	_DataCollector * previous;　//上一个被启用的数据采集器的指针
	_DataCollector * next;　//下一个被启用的数据采集器的指针
	}DataCollector;
		数据采集器。
		用于保存报文采集策略和报文数据消息队列
			structures. h

5	typedef struct _Environment{
	VideoCollector video_collector;　//视频采集器
	AudioCollector audio_collector;　//音频采集器
	DataCollector data_collector[MAX_DATA_COLLECTORS];
	　//数据采集器
	DataCollector * head_collector;　//指向被启用的首个数据采集器
	DataCollector * tail_collector;　//指向被启用的最后一个数据
	　//采集器
	EventQueue timing_queue;　//用于校时的队列
	EventQueue copy_queue;　//专门用于导出 U 盘的队列
	int32_t d full_areas;　//磁盘最大空间(虚拟)
	int32_t d warn_areas;　//磁盘告警空间
	Cycle cycle;　//是否启用循环覆盖
	int64_t used_size;　//当前磁盘已经使用的总空间(B)
	int64_t free_size;　//当前磁盘剩余的空间(B)
	int64_t low_size;　//低优先级的文件总大小(B)
	int64_t medium_size;　//中优先级的文件总大小(B)
	int64_t high_size;　//高优先级的文件总大小(B)
	pthread_mutex_t global_mutex;　//用于一些资源的互斥
	char timesource[MAX_PATH];　//NTP 时统服务器 IP 地址
	char analysis_ip[MAX_PATH];　//上位机软件的 IP 地址
	　//(从 UDP 发现包的对端获取)
	uint8_t found_analysis;　//是否发现了上位机软件,
	　//0; 未发现,1: 发现
		CSCI 运行环境变量。
		用于保存三个数据采集器;主消息循环队列、导出文件消息队列、校时队列、IO 操作队列;以及磁盘空间数据等
			structures. h

续表

序号	结构体定义	用途描述	定义文件

5	//固定项(一般不会修改,从
	//firmware.xml 中读取)
	//略
	//与存储相关
	//略
	pcap_t * pcap_handle; //libpcap 的采集器
	uint8_t continue_process; //程序是否继续(0: 停止,1: 工作)
	uint8_t pause; //是否暂停工作(0: 不暂停,
	//1: 暂停)
	EventQueue queue; //主消息循环队列
	EventQueue io_queue; //用于完成磁盘 IO 操作的队列
	struct sqlite3 * db; //数据库操作结构体
	int32_t reboot; //0: 否,1: 是
	}Environment;		

4.2 执行方案

4.2.1 CSCI 用例执行方案

4.2.1.1 配置采集策略

略。

4.2.1.2 采集音频数据

略。

4.2.1.3 采集视频数据

采集视频数据用例的序列图见图 A-28。

4.2.1.4 采集报文数据

略。

4.2.1.5 检测磁盘空间

略。

4.2.1.6 导出数据

略。

4.2.1.7 校时

略。

4.2.1.8 配置报文类型

略。

4.2.1.9 配置校时源地址

略。

4.2.1.10 配置磁盘检测参数

略。

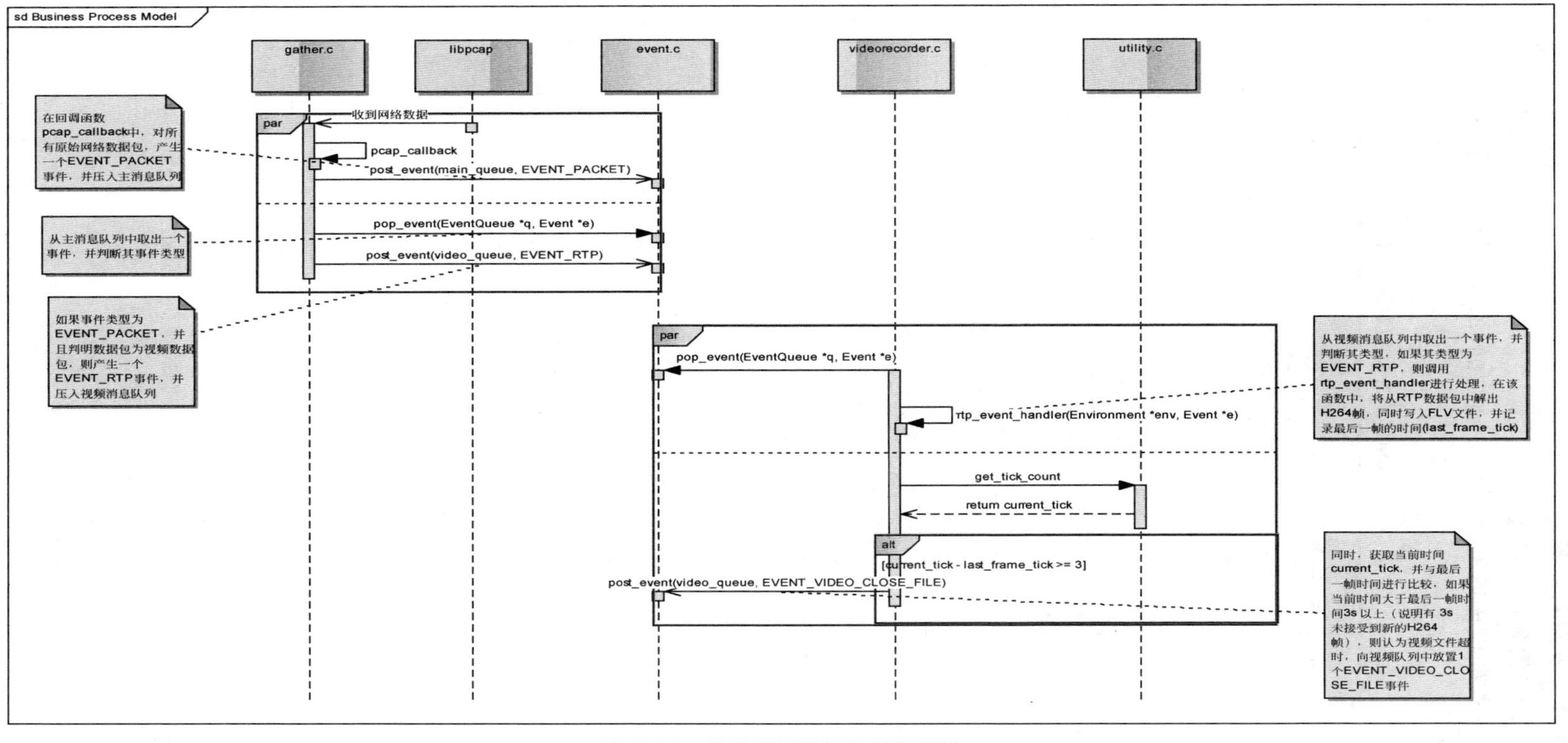

图 A-28 采集视频数据用例序列图

4.2.2 CSCI 并发控制方案

4.2.2.1 CSCI 的并发控制流

CSCI 的并发控制流描述见表 A-95，线程之间的竞争资源见表 A-96，竞争描述及解决方案见表 A-97。

表 A-95 CSCI 的并发控制流描述表

序号	控制流名称	类型	任务	创建者	销毁时机
1	pcap_callback	—	由 libpcap 负责调用，处理 libpcap 捕获的数据包	pcap_loop	调用 pcap_close 时
2	main_event_loop	线程	负责 env 对象中主消息队列处理；识别 env 主消息队列中各类消息，分别处理到 env 的不同二级消息队列中	main()	程序结束时
3	video_handle_thread	线程	启动视频采集的线程函数，负责开启 rtp_thread 和 check_thread	main()	程序结束时
4	rtp_thread	线程	从视频消息队列中，取出各种消息并处理	video_handle_thread()	程序结束时
5	check_thread	线程	负责监测视频数据是否中断，中断则将 EVENT_VIDEO_CLOSE_FILE 压入视频消息队列	video_handle_thread()	程序结束时
6	audio_handle_thread	线程	启动音频采集的线程函数，负责开启 audio_thread 和 check_thread	main()	程序结束时
7	audio_thread	线程	从音频消息队列中，取出各种消息并处理	audio_handle_thread()	程序结束时
8	check_thread	线程	负责监测音频数据是否中断；中断则将 EVENT_AUDIO_CLOSE_FILE 压入音频消息队列	audio_handle_thread()	程序结束时
9	data_handle_thread	线程	启动报文采集的线程函数，从报文消息队列中取出各种消息并处理	main()	程序结束时
10	zip_thread	线程	从压缩消息队列中，取出消息并处理	data_handle_thread()	程序结束时
11	count_thread	线程	计数线程，每隔 1s 检查所有正在录制的报文文件的时间戳，如果时间戳超过单个文件的最大时间戳，则向报文数据处理主消息队列中放置一个 EVENT_DATA_CLOSE_FILE 事件	data_handle_thread()	程序结束时

续表

序号	控制流名称	类型	任务	创建者	销毁时机
12	check_disk_thread	线程	检测磁盘空间线程，每隔1s，检查一次磁盘空间	main()	程序结束时
13	io_event_loop	线程	从IO消息队列中，取出各种消息并处理	main()	程序结束时
14	timing_thread	线程	根据本地配置文件的配置，每隔指定时间向校时队列中放置一个EVENT_TIMING时间，同时取出该时间，然后进行校时	main()	程序结束时
15	copy_thread	线程	从导出数据消息队列中，取出消息，并进行数据导出	main()	程序结束时
16	communication_thread	线程	与配置管理软件进行通信，接受并处理来自配置管理软件的指令	main()	程序结束时

表 A-96　并发控制流之间可能出现的竞争

序号	竞争资源	竞争对象	可能的竞争主体及竞争方式
1	env. queue	线程读写竞争	main_event_loop(读) pacp_callback(写) communication_thread(写) check_disk_thread(写)
2	env. video_collector. queue	线程读写竞争	main_event_loop(写) [videorecorder. c]check_thread(写) rtp_thread(读)
3	env. audio_collector. queue	线程读写竞争	main_event_loop(写) [audiorecorder. c]check_thread(写) audio_thread(读)
4	env. data_collector. queue	线程读写竞争	main_event_loop(写) data_handle_thread(读) count_thread(写)
5	env. video_collector. level	线程读写竞争	main_event_loop(写) rtp_thread(读)
6	env. video_collector. stype	线程读写竞争	main_event_loop(写) rtp_thread(读)
7	env. video_collector. svalue	线程读写竞争	main_event_loop(写) rtp_thread(读)
8	其他略		

表 A-97 线程之间资源竞争描述及解决方案

序号	竞争资源	实　例	竞　争　者	解决方式
1	消息队列	(1) env. video_collector. queue(视频消息队列) (2) env. audio_collector. queue(音频消息队列) (3) static env. data_collector[]. queue(报文消息队列) (4) env. queue(主消息队列) (5) env. io_queue(IO 消息队列)	所有消息队列的读写操作均使用 post_event(入队列)和 pop_event(出队列)来完成,当这两个操作在不同线程中完成时,可能出现对队列的读写竞争	在 EventQueue 队列中,定义互斥量(pthread_mutext_t)和条件变量(pthread_cond_t),在 pop_event()和 post_event()中,通过操作这两个变量,解决队列读写的互斥
2	视频录制参数	(1) env. video_collector. level(视频录制优先级) (2) env. video_collector. stype(单个视频文件停止的方式) (3) env. video_collector. svalue(单个视频文件停止的值)	main_event_loop 线程接收配置管理软件发送报文,修改视频录制的参数; video_handle_thread 线程循环方式读取视频录制参数决定当前文件录制的方式,可能产生读写竞争	在 video_handle_thread 线程中,定义视频录制参数的副本,当接收到修改视频参数消息后,立即停止当前正在录制的文件,更新录制参数的副本数据。利用消息队列将并行操作修改为同步操作,从而解决竞争
3	其他略			

4.2.2.2 视频处理并发控制流程

视频处理的并发控制流见图 A-29。

视频处理并发控制说明如下。

(1) 主线程:main()中开启各个线程,包括:pacp_callback、main_event_loop、video_handle_thread 等。

(2) libcap 线程:收到镜像网卡数据包时,激活回调函数 pacp_callback,该函数负责将原始数据包放入全局变量 env 对象中的主消息队列中(长度 4096B)。

(3) main_event_loop 线程:启动后进入处理循环,识别 env 主消息队列中各类消息并处理,对于视频、音频、报文 3 类消息,分别将其放置到 env 的视频、音频、报文消息队列中(长度 4096B)。

(4) 视频处理线程 video_handle_thread:

① 定义了一个全局变量 struct _VideoContainer 保存 env 中视频记录参数的副本,包括视频源 IP 地址、是否压缩、优先级、文件结束方式、文件结束值。

② 分别启动 rtp_thread 线程和 check_thread 线程,然后阻塞,等待这两个线程的结束。

③ rtp_thread 线程启动后,循环从视频消息队列中取出消息,并识别处理,当接收到由主线程发送的修改视频参数消息时,首先停止当前正在录制的文件,然后更新视频记录参数的副本;当接收到由主线程发送的视频数据消息时,根据当前的记录参数,处理该消息中存储的 RTP 包,并更新当前时间戳。

④ check_thread 线程启动后,每秒钟检查一次当前的时间戳,如果发现时间戳超过 2s 未更新,则认为当前视频流超时,向视频消息队列中放置一个停止文件录制消息。

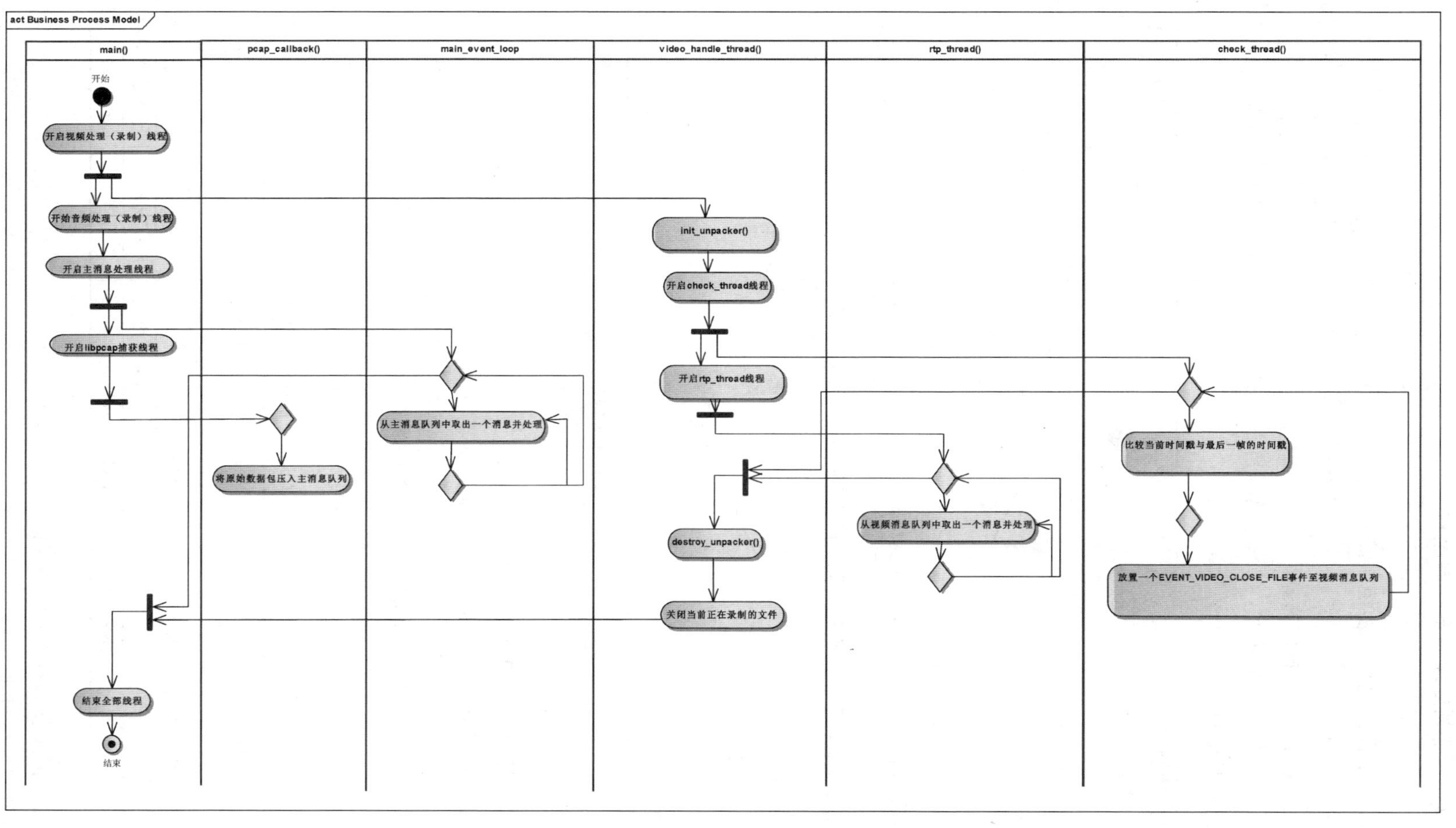

图 A-29 并发控制流图——视频处理控制流图

4.2.2.3 音频处理并发控制流程

略。

4.2.2.4 报文处理并发控制流程

略。

4.2.3 CSCI 状态转换方案

CSCI 运行存在两个状态：待机态和工作态。这两个状态由一个全局变量(env. pause)控制，状态转换图见图 A-30。

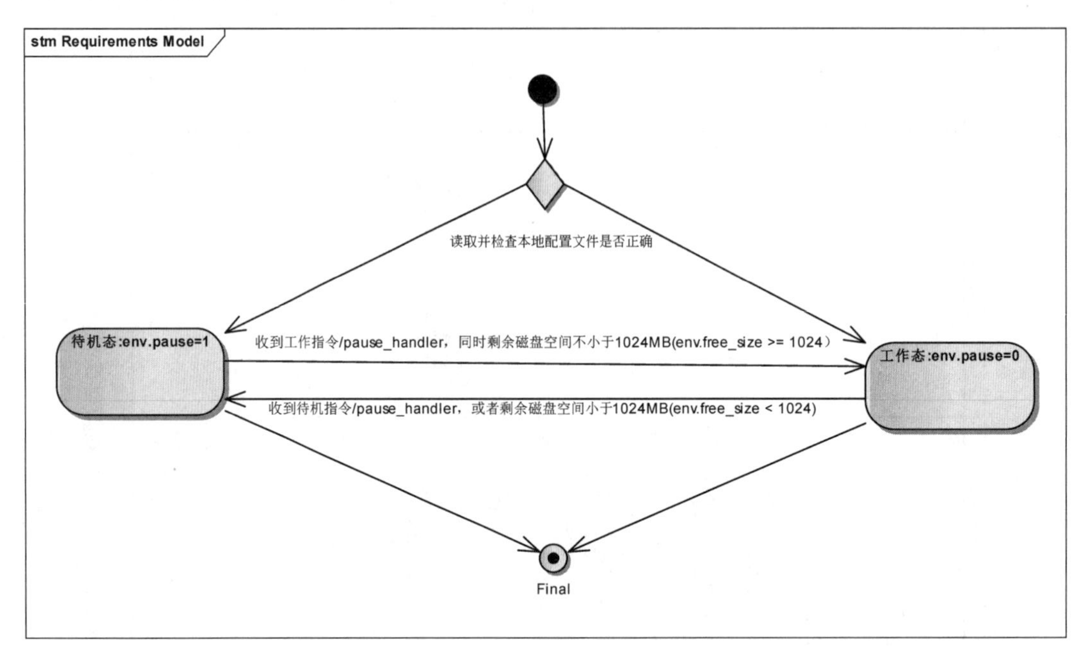

图 A-30 CSCI 运行状态转换图

4.3 接口设计

4.3.1 接口标识和接口图

CSCI 的外部接口见图 A-31，接口描述见表 A-98。

图 A-31 CSCI 外部接口图

表 A-98 CSCI 外部接口描述表

序号	接口名称	接口标识	接口类型	接口实体	接口实体状态	接口用途
1	配置管理接口	JK-IN-001	网络	配置管理软件	新研	心跳报文收发 下发采集策略
				数据采集软件	新研	上报磁盘空间告警
2	记录文件接口	JK-IN-002	文件	外挂硬盘	货架	向硬盘写入文件

4.3.2 配置管理接口 JK-IN-001

配置管理接口见表 A-99。

表 A-99　配置管理接口描述表

<table>
<tr><td>接口名称</td><td colspan="2">配置管理接口</td><td>接口标识</td><td>JK-IN-001</td></tr>
<tr><td>接口实体</td><td colspan="2">配置管理软件、数据采集软件</td><td>接口类型</td><td>网络</td></tr>
<tr><td>接口用途</td><td colspan="4">配置管理软件通过该接口向数据采集软件发送采集策略、检索/导出数据指令
数据采集软件通过该接口向配置管理软件上报符合检索条件的文件信息、磁盘告警等异常信息
双方互相发送心跳报文</td></tr>
<tr><td>接口数据</td><td colspan="4">应用层数据格式统一见表 A-100 管理接口数据格式
共包含 17 种数据：见表 A-101 管理消息类型
17 种数据的详细数据格式定义见表 A-101</td></tr>
<tr><td rowspan="2">接口通信特征</td><td>通信链路</td><td colspan="3">100/1000MB 自适应</td></tr>
<tr><td>数据传输</td><td colspan="3">非周期性、双向传输</td></tr>
<tr><td>接口协议特征</td><td colspan="4">(1) 接口同步机制如下：
① 数据采集软件与配置管理软件建立 TCP 连接后，配置管理软件向数据采集软件周期发送握手请求，直到数据采集软件响应，建立握手
② 双方建立握手后，配置管理软件周期(2s)向采集软件发送心跳询问，采集软件回复心跳应答，若采集软件连续 3 次未能回复，则配置管理软件应判定采集软件离线
(2) 数据传输协议为 TCP
(3) 应用层数据载荷遵循可扩展标记语言(eXtensible Markup Language，XML)</td></tr>
</table>

表 A-100　配置管理接口数据格式

序号	长度/B	值	备　　注
1	2	0xCCB7	报文标识
2	1	0x00/0x01	0x00：请求(主动发送报文的一方应将此字段置为 0x00) 0x01：响应(响应的一方应将此字段置为 0x01)
3	1	详见表 A-10	消息类型，请求和响应应有相同的消息类型
4	4	—	数据载荷长度(大端序)，如果发送方的报文格式错误，或者处理报文失败，则响应的一方将此字段置为 0xFFFFFFFF，并且实际数据载荷为空
5	—	—	实际数据载荷(XML 格式)

表 A-101　配置管理接口消息类型

序号	值	消 息 名 称	含　　义
1	0x00	None	未知消息类型
2	0x02	HandShake	握手消息
3	0x03	ModifyDisk	修改磁盘配置消息
4	0x04	ModifyCycle	修改循环覆盖消息
5	0x05	ModifyTimesource	修改时统服务器消息
6	0x09	ModifyVideo	修改视频记录参数消息
7	0x0B	ModifyAudio	修改音频记录参数消息
8	0x0A	ModifyMsgsGobal	修改报文记录参数消息
9	0x0E	AddMsgs	添加报文采集器消息
10	0x0F	DeleteMsgs	删除报文采集器消息

续表

序号	值	消 息 名 称	含 义
11	0x10	ModifyMsgs	修改报文采集器消息
12	0x12	Timing	校时消息
13	0x13	PauseOrNot	暂停/继续工作消息
14	0x14	ReportFileStatus	文件录制报告消息
15	0x15	DeleteFiles	删除文件消息
16	0x16	Heartbeat	心跳消息
17	0x17	CopyFiles	复制文件消息
18	0x18	ReportFileCopy	文件导出报告消息

4.3.3 记录文件接口 JK-IN-002

记录文件接口见表 A-102。

表 A-102 记录文件接口描述表

<table>
<tr><td>接口名称</td><td colspan="2">记录文件接口</td><td>接口标识</td><td>JK-IN-002</td></tr>
<tr><td>接口实体</td><td colspan="2">数据采集软件、外挂硬盘</td><td>接口类型</td><td>文件</td></tr>
<tr><td>接口用途</td><td colspan="4">数据采集软件通过该接口向外挂硬盘写入文件</td></tr>
<tr><td>接口数据</td><td colspan="4">包含以下三种数据：
(1) 待写入的视频数据，数据采集软件按照标准 FLV(详见 Adobe Flash Video File Format Specification)格式向文件中写入 H264 数据
(2) 待写入的音频数据，数据采集软件调用 ffmpeg 提供的 SAK，按照标准 WAV(不压缩)或 AAC(压缩)格式向文件中写入 PCM 或 AAC 数据
(3) 待写入的报文数据，数据采集软件将特定的 TCP/UDP 报文，按照“块”的形式，连续写入一个文件</td></tr>
<tr><td rowspan="2">接口通信特征</td><td>通信链路</td><td colspan="3">SATA</td></tr>
<tr><td>数据传输</td><td colspan="3">非周期性、单向传输</td></tr>
<tr><td>接口协议特征</td><td colspan="4">无</td></tr>
</table>

5. CSCI 详细设计

5.1 gather.c 模块

5.1.1 main 函数

main 函数见表 A-103。

表 A-103 main 函数

<table>
<tr><td>函数定义</td><td>int main(int argc, char ** argv)</td></tr>
<tr><td>功能描述</td><td>程序入口函数</td></tr>
<tr><td>输入</td><td>int argc：外部参数个数
char ** argv：外部参数</td></tr>
<tr><td>输出</td><td>无</td></tr>
<tr><td>返回值</td><td>−1</td></tr>
<tr><td>处理的全局变量</td><td>Environment env</td></tr>
</table>

续表

处理逻辑	(1) 初始化环境变量指针 (2) 调用 ffmpegav_register_all(),初始化 ffmpeg 环境 (3) 解析固件配置文件 parse_firmware_file() (4) 检查目录是否正确 check_dir(&env),如果不正确则结束 (5) 检查数据库,以及数据库的一致性 check_database(&env),如果不正确则结束 (6) 解析本地策略配置文件,如果解析失败,则进入待机态 (7) 启动时,同步一次时间 ntpupdate(&env) (8) 获取本地网卡信息 (9) 初始化主消息队列 (10) 初始化 IO 消息队列 (11) 初始化视频采集器队列 (12) 初始化音频采集器队列 (13) 初始化数据采集器队列 (14) 初始化状态报文队列 (15) 初始化时间同步队列 (16) 初始化导出队列 (17) 打开指定网卡名称的网卡 pcap_open_live(),如果失败则结束 (18) 编译过滤器 pcap_compile(),如果失败则结束 (19) 设置过滤器 pcap_compile(),如果失败则结束 (20) 开启主消息处理线程,如果失败则结束 (21) 开启 IO 消息处理线程,如果失败则结束 (22) 开启镜像口通信线程,如果失败则结束 (23) 开启管理口通信线程,如果失败则结束 (24) 开启数据库检查线程 (25) 开启报文处理(录制)线程 (26) 开启视频处理(录制)线程 (27) 开启音频处理(录制)线程 (28) 开始时间同步线程 (29) 开启导出线程 (30) 开启 libpcap 捕获线程 (31) 结束处理 (31-1)清空 IO 队列中的所有事件 (31-2)销毁主消息队列 (31-3)销毁 IO 消息队列 (31-4)销毁视频采集器队列 (31-5)销毁音频采集器队列 (31-6)销毁数据采集器队列 (31-7)销毁状态报文队列 (31-8)销毁时间同步队列 (31-9)销毁导出队列 (31-10)关闭数据库
人机交互界面设计	无

5.1.2 main_event_loop 函数

main_event_loop 函数见表 A-104。

表 A-104 main_event_loop 函数

函数定义	static void * main_event_loop(void * param)
功能描述	主消息处理线程函数。负责处理通信线程、libpcap 抓包回调函数放入到全局环境变量 env 的主消息队列的消息和相应数据
输入	void * param：环境变量指针
输出	void * param：环境变量指针
返回值	0
处理的全局变量	无
处理逻辑	(1) 循环处理消息队列的消息，直至全部处理完毕 (1-1) 调用 event.c 模块的 pop_event()取出一个消息 (1-1-1) 如果消息是 EVENT_PACKET：调用 packet_handler()，识别是哪类数据包，放入到 env 的相应视频、音频、报文消息队列中 (1-1-2) 如果消息是 EVENT_MODIFY_DISK：调用 modify_disk_handler()，修改磁盘监测配置 (1-1-3) 如果消息是 EVENT_MODIFY_CYCLE：调用 modify_cycle()，修改循环覆盖策略配置 (1-1-4) 如果消息是 EVENT_MODIFY_TS：调用 modify_ts()，修改时统服务器的 IP 地址 (1-1-5) 如果消息是 EVENT_CHANGE_VIDEO：调用 change_video()，修改视频采集策略配置 (1-1-6) 如果消息是 EVENT_MODIFY_AUDIO：调用 change_audio()，修改音频采集策略配置 (1-1-7) 如果消息是 EVENT_CHANGE_MSGS：调用 change_msgs()，修改报文策略配置 (1-1-8) 如果消息是 EVENT_MODIFY_MSGSGLOBAL：调用 modify_msgsgobal()，修改报文采集的全局策略：包括报文是否压缩存储、报文文件优先级、单个报文文件的最长长度(min) (1-1-9) 如果消息是 EVENT_ADD_MSGS：调用 add_msgs_handler()，增加指定的报文类型配置 (1-1-10) 如果消息是 EVENT_DELETE_MSGS：调用 del_msgs_handler()，删除指定的报文类型配置 (1-1-11) 如果消息是 EVENT_MODIFY_MSG：调用 modify_msgs_handler()，修改报文类型配置 (1-1-12) 如果消息是 EVENT_TIMING：调用 timing_handler()，立即产生一个 EVENT_TIMING 消息，并将该消息发送至 IO 队列 (1-1-13) 如果消息是 EVENT_PAUSE：调用 pause_handler()，立即置环境变量的待机态标识(env.pause)为 1 (1-1-14) 如果消息是 EVENT_RESUME：调用 resume_handler()，立即置环境变量的待机态标识(env.pause)为 0 (1-1-15) 如果消息是 EVENT_DELETE_FILES：调用 delete_files_handler()，立即从消息中取出当前需要删除文件的路径信息，并组合为相应的 SQL 语句，产生一个 EVENT_SQL 消息，并将该消息发送至 IO 队列 (2) 返回 0
人机交互界面设计	无

5.1.3 packet_handler 函数

packet_handler 函数见表 A-105。

表 A-105 packet_handler 函数

函数定义	static void packet_handler(Environment * env, Event * event)
功能描述	数据包处理程序,对各数据包进行预处理,识别协议类型,并将其分发到相应的子队列中
输入	Environment * env: 环境变量指针 Event * event: 待处理的事件
输出	Environment * env: 环境变量指针
返回值	无
处理的全局变量	无
处理逻辑	(1) 从 event 的网络原始数据包的网络层取出源地址、目的地址、包数据长度、捕获时间戳、协议类型(TCP、UDP) (2) 从输出层得到源端口号、目的端口号、数据长度等 (3) 如果应用层数据大小为 0(握手或者应答包),返回 (4) 调用 packet_filter(),识别视频、音频和报文数据,并将其分别推入 3 个消息队列中 (5) 返回
人机交互界面设计	无

5.1.4 packet_filter 函数

packet_filter 函数见表 A-106。

表 A-106 packet_filter 函数

函数定义	static int32_t packet_filter(Environment * env, uint8_t * bytes, int32_t data_length, IPv4Stream * stream)
功能描述	识别网络数据包类型(视频、音频、报文),并将其放入全局环境变量 env 的 3 个消息队列
输入	Environment * env: 环境变量指针 uint8_t * bytes: 数据包内容(应用层数据) int32_t data_length: 应用层数据长度 IPv4Stream * stream: 一个指向流信息的指针
输出	Environment * env: 环境变量指针
返回值	返回 0,则数据包被识别,并置入相应处理消息队列; 否则返回 -1
处理的全局变量	无
处理逻辑	(1) 首先判断视频流(视频流数据较多); 如果视频采集器开启 (1-1) 如果是 RTP 数据包(RTP version 2,且负载类型为 96) (1-1-1) 消息类型赋值 event.type = EVENT_RTP (1-1-2) 将应用层数据内存复制至 event 的 udata1 成员变量中 (1-1-3) 将该数据包的网络层信息(源、目的地址,源、目的端口,传输层协议号,时间戳)复制至 event 的 udata2 成员变量中 (1-1-4) 调用 Event.c 模块的 post_event()将消息 EVENT_RTP 和相应的数据压入 env 中的视频采集器消息队列中 (1-1-5) 返回 0

续表

处理逻辑	(2) 其次判断音频数据,如果音频采集器开启 (2-1) 如果是 PCM 包 (2-1-1) 消息类型赋值 event. type = EVENT_AUDIO (2-1-2) 将应用层数据内存复制至 event 的 udata1 成员变量中 (2-1-3) 将该数据包的网络层信息(源、目的地址,源、目的端口,传输层协议号,时间戳)复制至 event 的 udata2 成员变量中 (2-1-4) 调用 Event. c 模块的 post_event()将消息 EVENT_AUDIO 和相应的数据压入 env 中的音频采集器消息队列中 (2-1-5) 返回 0 (3) 最后判断报文数据 (3-1) 遍历所有的报文采集器(DataCollector),如果当前应用层数据从 DataCollector. offset 开始,与 DataCollector. flag 的内容相同,则认为匹配 (3-1-1) 消息类型赋值 event. type = EVENT_DATA (3-1-2) 将应用层数据内存复制至 event 的 udata1 成员变量中 (3-1-3) 将该数据包的网络层信息(源、目的地址,源、目的端口,传输层协议号,时间戳)复制至 event 的 udata2 成员变量中 (3-1-4) 调用 Event. c 模块的 post_event()将消息 EVENT_DATA 和相应的数据压入 env 中的报文采集器消息队列中 (3-1-5) 返回 0 (4) 返回-1
人机交互界面设计	无

5.1.5 略

5.2 videorecorder. c 模块

5.2.1 video_handle_thread 函数

video_handle_thread 函数见表 A-107。

表 A-107 video_handle_thread 函数

函数定义	void * video_handle_thread(void * param)
功能描述	视频录制线程的入口函数;处理 * param 指针指向的视频消息队列中的待处理消息
输入	void * param:环境变量指针
输出	无
返回值	返回 0
处理的全局变量	static VideoContainer container;

处理逻辑	(1) 将主模块传递的环境变量指针赋值给一个临时变量
	`Environment * env = (Environment * )param;`
	(2) 将环境变量 env 中的视频采集参数赋值给静态全局变量 VideoContainer container,存储一个副本
	`container.compress = env->video_collector.compress;`
	`container.level = env->video_collector.level;`
	`container.stype = env->video_collector.stype;`
	`container.svalue = env->video_collector.svalue;`
	`container.enabled = env->video_collector.enabled;`

处理逻辑	(3) 调用 h264unpack.c 模块的 init_unpacker 函数，初始化 H264 解包器，该解包器用于从 RTP 数据包中解出 H264 帧
	(4) 启动 RTP 检查线程，该线程用于检查视频数据是否超时
	`pthread_create(&check_t, NULL, check_thread, env);`
	(5) 启动 RTP 消息处理线程，处理视频消息队列中的待处理消息
	`pthread_create(&rtp_t, NULL, rtp_thread, env);`
	(6) 等待 RTP 检查线程和消息处理线程结束
	`pthread_join(rtp_t, NULL);`
	`pthread_join(check_t, NULL);`
	(7) 调用 h264unpack.c 模块的 destroy_unpacker()，销毁 H264 解包器所使用的资源
	(8) 退出前尝试关闭当前正在录制的文件
	(9) 返回 0

人机交互界面设计	无

5.2.2 rtp_thread 函数

rtp_thread 函数见表 A-108。

表 A-108 rtp_thread 函数

函数定义	static void * rtp_thread(void * param)
功能描述	RTP 信道的处理函数
输入	void * param：环境变量指针
输出	无
返回值	0
处理的全局变量	无
处理逻辑	(1) 将输入参数传递的环境变量指针赋值给一个临时变量 `Environment * env = (Environment * )param;` (2) 循环以下处理，直到程序继续标识符(env.continue_process)被置为 0 (3) 调用 event.c 的 pop_event 函数，从视频消息队列的头部取出消息，并判断消息类型，若 (3-1-1) 消息是 EVENT_RTP(视频数据包消息)，调用 rtp_event_handler(env, &event) (3-1-2) 消息是 EVENT_CHANGE_VIDEO，调用 video_change_handler(env, &event) (3-1-3) 消息是 EVENT_MODIFY_VIDEO，调用 video_modify_handler(env, &event) (3-1-4) 消息是 EVENT_PAUSE，调用 video_pause_handler(env, &event) (3-1-5) 消息是 EVENT_RESUME，调用 video_resume_handler(env, &event) (3-1-6) 消息是 EVENT_VIDEO_CLOSE_FILE，调用 close_file(env) (4) 视频消息队列处理结束后返回 0
人机交互界面设计	无

5.2.3 check_thread 函数

check_thread 函数见表 A-109。

表 A-109 check_thread 函数

函数定义	static void * check_thread(void * param)
功能描述	检查 RTP 连接是否超时
输入	void * param：环境变量指针
输出	无
返回值	0;
处理的全局变量	static VideoContainer container;
处理逻辑	(1) 将输入参数传递的环境变量指针赋值给一个临时变量 `Environment * env = (Environment * )param;` (2) 循环以下处理，直到程序继续标识符(env. continue_process)被置为 0 (2-1) 用 container. fd 判断文件状态，如果文件还没有开始录制，则等待 1s 后继续 (2-2) 如果文件正在录制 (2-2-1) 调用 utility. c 模块的 get_tick_count()函数，获取当前时间戳 tick (2-2-2) 比较 tick 与视频文件最后一个数据包的时间戳之差，若差值大于 3(3s 未收到新的数据包)，则认为视频文件超时 (2-2-2-1) 产生一个 EVENT_VIDEO_CLOSE_FILE(关闭文件)消息，调用 event. c 模块的 post_event()，将消息 EVENT_VIDEO_CLOSE_FILE 压入视频消息队列 (2-3) 等待 1s (3) 循环结束后返回 0
人机交互界面设计	无

5.2.4 rtp_event_handler 函数

rtp_event_handler 函数见表 A-110。

表 A-110 rtp_event_handler 函数

函数定义	void rtp_event_handler(Environment * env, Event * event)
功能描述	EVENT_RTP 的消息处理函数
输入	Environment * env：环境变量指针 Event * event：RTP 事件
输出	无
返回值	无
处理的全局变量	static VideoContainer container
处理逻辑	(1) 将环境变量 env 中的视频采集器赋值给 static VideoCollector * collector = &env-> video_collector (2) 如果视频采集器被停用，则直接返回 (3) 如果当前是待机状态(停止工作)，则直接返回 (4) 否则，首先调用 h264unpack. c 模块的 fetch_h264_frame()对视频数据解帧 (4-1) 如果没有解出来 H264 帧，直接返回 (4-2) 如果解出来是 SPS 帧

续表

处理逻辑	(4-2-1) 当未缓存 SPS 帧时,从 SPS 帧中解码出视频宽、高等信息,并缓存该帧 (4-3) 如果解出来是 PPS 帧 (4-3-1) 当未缓存 PPS 帧时,缓存该帧 (4-4) 如果解出来是 I 帧或 P 帧 (4-4-1) 如果还没有找到 SPS 和 PPS,直接返回 (4-4-2) 否则调用 create_flv_file_by_time()创建一个 flv 文件 (4-4-3) 文件创建成功,调用 write_parameter()向文件中写 SPS 和 PPS (4-4-4) 更新接收到最后一个帧的时间戳,container. tick = get_tick_count() (4-4-5) 根据 RTP 时间戳(相对时间,单位 1/90 000s),计算当前视频帧的时间戳(相对时间,单位 ms) (4-4-6) 更新当前文件大小 (4-4-7) 如果策略是按大小结束 (4-4-7-1) 如果文件已经超大了(container. svalue×1024×1024),则关闭文件 (4-4-8) 如果策略是按时长结束 (4-4-8-1) 如果当前视频帧的时间戳超过 container. svalue,则关闭文件 (5) 函数返回
人机交互界面设计	无

5.3 protocol. c 模块

略。

5.4 audiorecorder. c 模块

略。

5.5 datarecorder. c 模块

略。

5.6 event. c 模块

略。

5.7 h264unpack. c 模块

略。

5.8 flv. c 模块

略。

5.9 utility. c 模块

略。

6. 需求可追踪性

略。

7. 注释

略。

参考文献

[1] 潘加宇.软件方法：上册,业务建模和需求[M].北京：清华大学出版社,2013：55-59,157-167.
[2] 温昱.一线架构师实践指南[M].北京：电子工业出版社,2009：6-8,30-35.
[3] 徐锋.软件需求最佳实践：SERU过程策划框架原理与应用[M].北京：电子工业出版社,2008：208-209.
[4] Maciaszek L A.需求分析与系统设计[M].金芝,译.北京：机械工业出版社,2003：45-49.
[5] 李伟,吴庆海.软件架构的艺术[M].北京：电子工业出版社,2009：100.
[6] GJB 2786A—2009 军用软件开发通用要求[S].北京：中国人民解放军总装备部,2009.
[7] GJB 438B—2009 军用软件开发文档通用要求[S].北京：中国人民解放军总装备部,2009.
[8] GJB 438B和GJB 2786A实施指南[S].北京：总装电子信息基础部标准化研究所,2010：78-81.

图书资源支持

感谢您一直以来对清华版图书的支持和爱护。为了配合本书的使用，本书提供配套的资源，有需求的读者请扫描下方的“书圈”微信公众号二维码，在图书专区下载，也可以拨打电话或发送电子邮件咨询。

如果您在使用本书的过程中遇到了什么问题，或者有相关图书出版计划，也请您发邮件告诉我们，以便我们更好地为您服务。

我们的联系方式：

地　　址：北京市海淀区双清路学研大厦 A 座 714

邮　　编：100084

电　　话：010-83470236　010-83470237

客服邮箱：2301891038@qq.com

QQ：2301891038（请写明您的单位和姓名）

资源下载：关注公众号“书圈”下载配套资源。

资源下载、样书申请

书圈

获取最新书目

观看课程直播